高职高专"十一五"规划教材★食品类系列

食品分析与检验

（模块教学法教改教材）

程云燕　李双石　主编

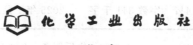

·北京·

本书为高职高专食品类"十一五"规划教材。本教材依据模块教学法教改成果，以技术为主线，按技术分类将教学内容模块化。内容分为食品分析与检验的基本知识、食品感官分析检验技术、食品物理分析检验技术、食品化学分析检验技术、食品仪器分析检验技术、综合实训等十三个模块。实验实训包括基本技能训练、单项实验技术、综合实训三种不同层次的训练。在内容的编排上知识讲解与实验实训相互配套，适合于理论课与实践课相结合的边讲、边做、边练的"三明治"教学形式。

本书是一本适合于高职高专食品类及生物技术类专业使用的教材，也可供食品相关企业培训食品检验工使用。

图书在版编目（CIP）数据

食品分析与检验/程云燕，李双石主编. —北京：化学工业出版社，2007.8（2025.1重印）
高职高专"十一五"规划教材★食品类系列

ISBN 978-7-122-00578-6

Ⅰ. 食… Ⅱ. ①程…②李… Ⅲ. ①食品分析-高等学校：技术学院-教材②食品检验-高等学校：技术学院-教材 Ⅳ. TS207.3

中国版本图书馆 CIP 数据核字（2007）第 118533 号

责任编辑：李植峰　梁静丽　郎红旗	文字编辑：周　偰
责任校对：李　林	装帧设计：韩　飞

出版发行：化学工业出版社（北京市东城区青年湖南街 13 号　邮政编码 100011）
印　　装：北京科印技术咨询服务有限公司数码印刷分部
787mm×1092mm　1/16　印张 14¼　字数 341 千字　2025 年 1 月北京第 1 版第 16 次印刷

购书咨询：010-64518888　　　　　　　　　售后服务：010-64518899
网　　址：http://www.cip.com.cn

凡购买本书，如有缺损质量问题，本社销售中心负责调换。

定　　价：**34.00 元**　　　　　　　　　　　　　　　　版权所有　违者必究

《食品分析与检验》编写人员

主　　编　程云燕（广西职业技术学院）
　　　　　　李双石（北京电子科技职业学院）
副 主 编　赵俊杰（河南濮阳职业技术学院）
　　　　　　麻文胜（广西职业技术学院）
　　　　　　胡相云（重庆工贸职业技术学院）
参编人员（按姓氏笔画排序）
　　　　　　王绍领（河南濮阳职业技术学院）
　　　　　　刘亚红（北京电子科技职业学院）
　　　　　　刘殿锋（河南濮阳职业技术学院）
　　　　　　李双石（北京电子科技职业学院）
　　　　　　李双妹（河南濮阳职业技术学院）
　　　　　　李汝珍（广西职业技术学院）
　　　　　　陈红兰（江西应用技术职业学院）
　　　　　　赵俊杰（河南濮阳职业技术学院）
　　　　　　胡相云（重庆工贸职业技术学院）
　　　　　　侯书芬（河南濮阳职业技术学院）
　　　　　　麻文胜（广西职业技术学院）
　　　　　　韩　明（广州城市职业学院）
　　　　　　程云燕（广西职业技术学院）

出版说明

"十五"期间，我国的高职高专教育经历了跨越式发展，高职高专教育的专业建设、改革和发展思路进一步明晰，教育研究和教学实践都取得了丰硕成果。但我们也清醒地认识到，高职高专教育的人才培养效果与市场需求之间还存在着一定的偏差，课程改革和教材建设的相对滞后是导致这一偏差的两大直接原因。虽然"十五"期间各级教育主管部门、高职高专院校以及各类出版社对高职高专教材建设给予了较大的支持和投入，出版了一些特色教材，但由于整个高职高专教育尚未进入成熟期，教育改革尚处于探索阶段，故而现行的一些教材难免存在一定程度的不足。如某些教材仅仅注重内容上的增减变化，过分强调知识的系统性，没有真正反映出高职高专教育的特征与要求；编写人员缺少对生产实际的调查研究和深入了解，缺乏对职业岗位所需的专业知识和专项能力的科学分析，教材的内容脱离生产经营实际，针对性不强，新技术、新工艺、新案例、新材料不能及时反映到教材中来，与高职高专教育应紧密联系行业实际的要求不相适应；专业课程教材的编写缺少规划性，同一专业的各门课程所使用的教材缺乏内在的沟通衔接等。为适应高职高专教学的需要，在总结"十五"期间高职高专教学改革成果的基础上，组织编写一批突出高职高专教育特色，以培养适应行业需要的高级技能型人才为目标的高质量的教材不仅十分必要，而且十分迫切。

"十一五"期间，教育部将深化教学内容和课程体系改革作为工作重点，大力推进教材向合理化、规范化方向发展。2006年，教育部不仅首次成立了高职高专40个专业类别的"教育部高等学校教学指导委员会"，加强了对高职高专教学改革和教材建设的直接指导，还组织了普通高等教育"十一五"国家级规划教材的申报工作。化学工业出版社申报的200余本教材经教育部专家评审，被列选为普通高等教育"十一五"国家级规划教材，为高等教育的发展做出了积极贡献。依照教育部的部署和要求，2006年化学工业出版社在"教育部高等学校高职高专食品类专业教学指导委员会"的指导下，邀请开设食品类专业的60余家高职高专骨干院校和食品相关企业作为教材建设单位，共同研讨开发食品类高职高专"十一五"规划教材，成立了"高职高专食品类'十一五'规划教材建设委员会"和"高职高专食品类'十一五'规划教材编审委员会"，拟在"十一五"期间组织相关院校的一线教师和相关企业的技术人员，在深入调研、整体规划的基础上，编写出版一套食品类相关专业基础课、专业课及专业相关外延课程教材——"高职高专'十一五'规划教材★食品类系列"。该批教材将涵盖各类高职高专院校的食品加工、食品营养与检测和食品生物技术等专业开设的课程，从而形成优化配套的高职高专教材体系。该套教材将于2007年开始陆续出版。目前，该套教材的首批编写计划已顺利实施。首批编写的教材中，《食品质量管理》已列选为"普通高等教育'十一五'国家级规划教材"。

该套教材的建设宗旨是从根本上体现以应用型职业岗位需求为中心，以素质教育、创新教育为基础，以学生能力培养为本位的教育理念，满足高职高专教学改革的需要和人才培养的需求。编写中主要遵循以下原则：①理论教材和实训教材中的理论知识遵循"必需"、"够用"、"管用"的原则；②依据企业对人才的知识、能力、素质的要求，贯彻职业需求导向的原则;③坚持职业能力培养为主线的原则,多加入实际案例、技术路线、操作技能的论述,教材内容采用模块化形式组织,具有一定的可剪裁性和可拼接性,可根据不同的培养目标将内容模块剪裁、拼接成不同类型的知识体系;④考虑多岗位需求和学生继续学习的要求,在职业岗位现实需要的基础上,注重学生的全面发展,以常规技术为基础,关键技术为重点,先进技术为导向,体现与时俱进的原则;⑤围绕各种具体专业,制定统一、全面、规范性的教材建设标准,以协调同一专业相关课程教材间的衔接,形成有机整体,体现整套教材的系统性和规划性。同时,结合目前行业发展和教学模式的变化,吸纳并鼓励编写特色课程教材,以适应新的教学要求;并注重开发实验实训教材、电子教案、多媒体课件、网络教学资源等配套教学资源,方便教师教学和学生学习,满足现代化教学模式和课程改革的需要。

在该套教材的组织建设和使用过程中,欢迎高职高专院校的广大师生提出宝贵意见,也欢迎相关行业的管理人员、技术人员与社会各界关注高职高专教育和人才培养的有识之士提出中肯的建议,以便我们进一步做好该套教材的建设工作;更盼望有更多的高职高专院校教师和相关行业的管理人员、技术人员参加到教材的建设工作和编审工作中来,与我们共同努力,编写和出版更多高质量的教材。

化学工业出版社教育分社

前　言

食品分析与检验是食品类专业，尤其是食品营养与检测相关专业的重要专业课程。为适应以就业为导向的高等职业教育的要求，培养学生对食品分析与检验岗位（群）的适应性，我们依据模块教学法教改成果，本着"以能力为本位，以技术为主线，以理论够用为度"的原则编写了本教材。教材将分析化学、食品分析、仪器分析、食品感官评定等课程的内容进行优化整合，把基础知识与专业技能融为一体，突出基础理论的应用性，呈现了课程综合化的特点。

本教材以技术为主线，按实验实训技术分类将教学内容模块化，教材内容分为食品分析检验的基本知识、食品感官分析检验技术、食品物理分析检验技术、食品化学分析检验技术、食品仪器分析检验技术、综合实训等十三个模块。实验实训包括基本技能训练、单项实验技术、综合实训三种不同层次的训练，在内容的编排上将知识讲解与实验实训相互配套，适合于理论课与实践课相结合的边讲、边做、边练的"三明治"教学形式。

本教材的教学内容以《中华人民共和国国家标准·食品卫生检验方法·理化部分》为蓝本，主要介绍国家的标准分析方法，以培养学生在今后的工作中执行国家标准的能力。本教材还依据劳动和社会保障部最新颁布的《国家职业标准—食品检验工》要求编写，并在附录部分编入了食品检验工的考核大纲，教师可根据大纲中的要求，选择相关内容对学生进行训练。

本书由广西职业技术学院、北京电子科技职业学院等多所高职院校的教师合作编写。全书由程云燕（广西职业技术学院）和李双石（北京电子科技职业学院）主编，赵俊杰（河南濮阳职业技术学院）、麻文胜（广西职业技术学院）、胡相云（重庆工贸职业技术学院）副主编。其他参编人员有广州城市职业学院韩明；江西应用技术职业学院陈红兰；广西职业技术学院李汝珍；河南濮阳职业技术学院李双妹、王绍领、侯书芬、刘殿锋；北京电子科技职业学院刘亚红。

本书是一本适合于高职高专层次的生物技术、食品加工技术、食品营养与检测等与食品相关专业使用的教材，同时可供食品相关企业培训食品检验工使用。

限于编者水平，书中疏漏之处在所难免，希望广大读者批评指正。

编　者
2007 年 6 月

目 录

绪论 ……………………………………………………………………………………………… 1
 一、食品分析与检验的性质、任务和作用 …………………………………………………… 1
 二、食品分析与检验的内容 …………………………………………………………………… 2
 三、食品分析与检验的发展趋势 ……………………………………………………………… 2
 四、食品质量标准 ……………………………………………………………………………… 3
 五、食品检验工概述 …………………………………………………………………………… 5
 复习题 …………………………………………………………………………………………… 6

模块一 食品分析与检验的基本知识 …………………………………………………… 7
 第一节 知识讲解 ……………………………………………………………………………… 7
  一、样品的采集、制备与保存 ……………………………………………………………… 7
  二、样品的预处理 …………………………………………………………………………… 10
  三、食品分析方法的选择 …………………………………………………………………… 12
  四、食品分析中的误差分析 ………………………………………………………………… 13
  五、分析结果的数据处理 …………………………………………………………………… 15
  六、食品分析检验报告单的填写 …………………………………………………………… 18
 第二节 实验实训 ……………………………………………………………………………… 20
  一、对某一检测结果作分析 ………………………………………………………………… 20
  二、填写食品分析检验报告单 ……………………………………………………………… 20
 复习题 …………………………………………………………………………………………… 20

模块二 食品感官分析检验技术 …………………………………………………………… 22
 第一节 知识讲解 ……………………………………………………………………………… 22
  一、感觉的基本规律 ………………………………………………………………………… 22
  二、食品感官分析的基础知识 ……………………………………………………………… 26
  三、食品感官分析的条件 …………………………………………………………………… 27
  四、食品感官分析检验的方法 ……………………………………………………………… 29
 第二节 实验实训 ……………………………………………………………………………… 38
  一、配偶试验法 ……………………………………………………………………………… 38
  二、三点检验法 ……………………………………………………………………………… 39
  三、啤酒的感官检验 ………………………………………………………………………… 40
  四、白酒的感官检验 ………………………………………………………………………… 41
 复习题 …………………………………………………………………………………………… 43

模块三　食品物理分析检验技术 ······ 44
第一节　知识讲解 ······ 44
一、相对密度法 ······ 44
二、折射法 ······ 47
三、旋光法 ······ 50
第二节　实验实训 ······ 54
一、食品相对密度的测定——密度瓶法（参照 GB/T 5009.2—2003） ······ 54
二、水果、蔬菜制品中可溶性固形物含量的测定——折射仪法
　　（参照 GB/T 12295—90） ······ 55
复习题 ······ 56

模块四　食品化学分析检验技术——重量分析法 ······ 57
第一节　知识讲解 ······ 57
一、水分的测定 ······ 57
二、灰分的测定 ······ 62
三、脂肪的测定 ······ 64
第二节　实验实训 ······ 67
一、面粉中水分的测定——直接干燥法（参照 GB/T 5009.3—2003） ······ 67
二、大米中灰分的测定（参照 GB/T 5009.4—2003） ······ 68
三、花生中脂肪的测定——索氏提取法（参照 GB/T 5009.6—2003） ······ 69
复习题 ······ 69
阅读材料　天平的构造、作用原理、使用和维护 ······ 70

模块五　食品化学分析检验技术——滴定分析法 ······ 77
第一节　知识讲解 ······ 77
一、滴定分析法的基本概念、条件及滴定方式 ······ 77
二、滴定分析法的分类 ······ 78
三、标准溶液浓度的表示方法 ······ 79
四、滴定分析中标准溶液的配制 ······ 80
五、标准溶液浓度的标定 ······ 80
六、滴定分析法中的计算 ······ 81
第二节　实验实训　滴定分析常用仪器及其操作要求 ······ 83
复习题 ······ 87

模块六　食品化学分析检验技术——酸碱滴定法 ······ 88
第一节　知识讲解 ······ 88
一、酸碱滴定的基本原理 ······ 88
二、酸度的测定 ······ 90
三、蛋白质的测定 ······ 92

四、氨基酸态氮的测定 …………………………………………………………… 95
　第二节　实验实训 …………………………………………………………………… 95
　　一、盐酸标准溶液的配制和标定（参照 GB/T 5009.1—2003） ………………… 95
　　二、氢氧化钠标准溶液的配制和标定（参照 GB/T 5009.1—2003）…………… 97
　　三、食品总酸度及有效酸度的测定（参照 GB/T 12456—1990） ……………… 98
　　四、食品中蛋白质测定——微量凯氏定氮法（参照 GB/T 5009.5—2003）…… 100
　　五、酱油中氨态氮的测定（参照 GB/T 5009.39—2003） ……………………… 102
　复习题 ………………………………………………………………………………… 104

模块七　食品化学分析检验技术——配位滴定法 ……………………………… 105
　第一节　知识讲解 …………………………………………………………………… 105
　　一、配位滴定法的基本原理 ………………………………………………………… 105
　　二、配位滴定法的应用 …………………………………………………………… 109
　第二节　实验实训　水的总硬度的测定（参照 GB 5750—85）…………………… 110
　　复习题 ……………………………………………………………………………… 112

模块八　食品化学分析检验技术——氧化还原滴定法 ………………………… 113
　第一节　知识讲解 …………………………………………………………………… 113
　　一、氧化还原滴定法概述 ………………………………………………………… 113
　　二、食品中碳水化合物的测定 …………………………………………………… 120
　第二节　实验实训 …………………………………………………………………… 125
　　一、硫代硫酸钠标准溶液的配制和标定
　　　　（参照 GB/T 601—2002 4.6；GB/T 5009.1—2003）………………………… 125
　　二、食品中还原糖的含量测定——直接滴定法（参照 GB/T 5009.7—2003） … 125
　　三、水果、蔬菜中维生素 C 含量的测定——2,6-二氯靛酚滴定法
　　　　（参照 GB/T 6195—86）………………………………………………………… 128
　　复习题 ……………………………………………………………………………… 129

模块九　食品化学分析检验技术——沉淀滴定法 ……………………………… 131
　第一节　知识讲解 …………………………………………………………………… 131
　　一、沉淀滴定法的基本原理 ……………………………………………………… 131
　　二、食品中氯化钠含量的测定 …………………………………………………… 136
　第二节　实验实训　酱油中食盐含量的测定——莫尔法
　　　　（参照 GB/T 5009.39—2003；GB/T 12457—1990）………………………… 136
　复习题 ………………………………………………………………………………… 137

模块十　食品仪器分析检验技术——紫外-可见分光光度法 …………………… 138
　第一节　知识讲解 …………………………………………………………………… 138
　　一、紫外-可见分光光度法概述 …………………………………………………… 138

二、食用护色剂（亚硝酸盐与硝酸盐）的测定 …………………………………………… 141
　　三、食用漂白剂的测定 ……………………………………………………………………… 142
　第二节　实验实训 …………………………………………………………………………… 143
　　一、火腿肠中亚硝酸盐的测定——盐酸萘乙胺比色法
　　　　（参照 GB/T 5009.33—2003） ……………………………………………………… 143
　　二、白砂糖中亚硫酸盐的测定——盐酸副玫瑰苯胺光度法
　　　　（参照 GB/T 5009.34—2003） ……………………………………………………… 145
　　三、方便面中铅含量的测定——二硫腙比色法
　　　　（参照 GB/T 5009.12—2003） ……………………………………………………… 148
　　四、酱油中砷的测定——砷斑法（参照 GB/T 5009.11—2003） ……………………… 151
　复习题 ………………………………………………………………………………………… 154
　阅读材料　紫外-可见分光光度计的构造、使用及维护 ………………………………… 154

模块十一　食品仪器分析检验技术——色谱分析法 ……………………………… 158
　第一节　知识讲解 …………………………………………………………………………… 158
　　一、色谱分析法的基本原理及分类 ………………………………………………………… 158
　　二、气相色谱法 ……………………………………………………………………………… 159
　　三、高效液相色谱法 ………………………………………………………………………… 160
　　四、食品添加剂的测定 ……………………………………………………………………… 161
　　五、食品中农药及兽药残留量测定 ………………………………………………………… 163
　　六、食品中毒素的测定 ……………………………………………………………………… 164
　第二节　实验实训 …………………………………………………………………………… 165
　　一、饮料中甜味剂的测定——高效液相色谱法、薄层色谱法
　　　　（参照 GB/T 5009.28—2003） ……………………………………………………… 165
　　二、饮料中苯甲酸、山梨酸的测定——高效液相色谱法
　　　　（参照 GB/T 5009.29—2003） ……………………………………………………… 168
　　三、食品中有机磷农药残留量的测定——气相色谱法
　　　　（参照 GB/T 5009.20—2003） ……………………………………………………… 169
　　　　复习题 ………………………………………………………………………………… 170
　阅读材料　气相色谱仪及高效液相色谱仪的构造、作用原理、使用及维护 ………… 170

模块十二　食品仪器分析检验技术——原子吸收光谱法 ………………………… 177
　第一节　知识讲解 …………………………………………………………………………… 177
　　一、原子吸收光谱法概述 …………………………………………………………………… 177
　　二、食品中微量元素的测定 ………………………………………………………………… 182
　第二节　实验实训 …………………………………………………………………………… 183
　　一、食品中铅的测定——石墨炉、火焰原子吸收光谱法
　　　　（参照 GB/T 5009.12—2003） ……………………………………………………… 183
　　二、食品中钙的测定——火焰原子吸收光谱法

　　　　（参照 GB/T 5009.92—2003） ……………………………………………………… 186
　　三、食品中铁的测定——火焰原子吸收光谱法
　　　　（参照 GB/T 5009.90—2003） ……………………………………………………… 188
　　四、食品中铜的测定——原子吸收光谱法
　　　　（参照 GB/T 5009.13—2003） ……………………………………………………… 190
　复习题 ……………………………………………………………………………………… 192
　阅读材料　原子吸收光谱仪的构造、作用原理、使用及维护 ………………………… 192

模块十三　综合实训 …………………………………………………………………… 198
　第一节　乳及乳制品的检验 ……………………………………………………………… 198
　　一、知识讲解 …………………………………………………………………………… 198
　　二、综合实训——酸乳某理化指标的分析检测 ……………………………………… 200
　第二节　肉及肉制品的检验 ……………………………………………………………… 201
　　一、知识讲解 …………………………………………………………………………… 201
　　二、综合实训——中国腊肉某理化指标的分析检测 ………………………………… 202
　第三节　饮料的检验 ……………………………………………………………………… 202
　　一、知识讲解 …………………………………………………………………………… 202
　　二、综合实训——果（蔬）汁饮料某理化指标的分析检测 ………………………… 204
　第四节　罐头食品的检验 ………………………………………………………………… 204
　　一、知识讲解 …………………………………………………………………………… 204
　　二、综合实训——罐头某理化指标的分析检测 ……………………………………… 206
　第五节　粮油及其制品的检验 …………………………………………………………… 206
　　一、知识讲解 …………………………………………………………………………… 206
　　二、综合实训——方便面某理化指标的分析检测 …………………………………… 207

附录　国家职业标准针对食品检验工的知识及技能的要求 ……………………… 208

参考文献 ……………………………………………………………………………………… 212

绪 论

> **学习目标**
> 1. 重点掌握食品分析与检验的内容、国内外常见的食品标准。
> 2. 掌握食品分析与检验的性质、任务和作用。
> 3. 了解食品分析与检验的发展趋势、食品检验工的定义及基本要求。

一、食品分析与检验的性质、任务和作用

1. 食品分析检验的性质及任务

食品是人类赖以生存、繁衍、维持健康的基本物质条件，人们每天必须摄取一定数量的食品来维持自己的生命与健康。根据我国的《食品卫生法》，食品"指各种供人食用或者饮用的成品和原料，以及按照传统是食品又是药品的物品，但是不包括以治疗为目的的物品"。这是对食品的法律含义。由此看来，食品既包括已经加工好的能够直接食用的各种食物，如饮料、糕点等，还包括一切食品的半成品及原料，如粮食、奶类、肉类等。食品质量与人类健康密切相关。评价食品质量的好坏，就是要分析它的营养性、安全性和可接受性，即营养成分含量多少、是否存在有毒有害的物质和感官性状如何。

食品分析检验就是专门研究各类食品组成成分的检测方法及有关理论，进而评定食品品质及安全卫生的一门技术性学科。

食品分析检验的主要任务就是根据食品质量标准及食品生产管理规范的有关规定，运用物理、化学、生物等技术手段全面控制食品质量，保证食品的营养性、安全性和可接受性。

2. 食品分析检验的作用

食品分析检验是食物营养评价与食品加工过程中质量保证体系的一个重要组成部分，它始终贯穿于食物资源的开发、食品加工生产与销售的全过程。因此，无论是消费者、食品生产企业、政府监管机构，还是高等院校、科研院所等，都需要分析食品的组成和性质，以确保食品的营养性、安全性和可接受性。

（1）控制管理优化生产，监督和提高产品质量　食品分析检验工作者应与生产者紧密配合，开展食品工业生产中物料（原料、辅料、半成品、成品、副产品等）的质量检测及控制，发现影响质量的主要工艺流程，从而监督物料质量，优化生产条件，促进生产和提高产品质量。

（2）政府管理部门对食品质量宏观监控　政府监督管理部门对生产企业的产品或市场的商品进行检验，以保证食品的质量。

（3）为食品新资源、新产品、新技术的开发提供技术手段　食品分析是食品科学研究中不可缺少的手段，食品分析检验工作者在开发新的食品资源、试制新的产品、改进生产工艺、创立新的分析检验方法等方面的研究中，都发挥着巨大的作用。

（4）对进出口食品的质量进行把关　在进出口食品的贸易中，商品检验机构中食品分析

检验工作者需根据国际标准或供货合同对商品进行检测,以确定是否放行。

(5) 为食品质量纠纷的解决提供技术依据 当发生食品质量纠纷时,第三方检验机构根据解决纠纷的有关机构如法院、质量管理行政部门等的委托,对有争议的产品做出仲裁检验,为有关机构解决产品质量纠纷提供技术依据。

二、食品分析与检验的内容

1. 食品的感官检验

食品的感官品质包括色、香、味、外观形态、稀稠度等,是食品质量最敏感的部分。因为每个消费者面对一产品时首先是它的这些感官品质映入眼帘,然后才会感觉到是否喜欢以及下定决心购买与否,所以产品的感官质量直接关系到产品的市场销售情况,好的食品不仅要符合营养和卫生的要求,而且要有良好的可接受性。为保证产品的质量,食品企业所生产的每批产品都必须通过训练有素的具有一定感官鉴评能力的质控人员检验合格后方能进入市场。食品的感官特征历来都是食品质量检验的主要内容,它不仅能对食品的嗜好性做出评价,对食品的其他品质也可做出判断,感官检验有时可鉴别出精密仪器难以检出的食品的轻微劣变,还可监控产品的稳定性。

国家标准对各类食品都制定有相应的感官指标,感官检验往往是食品检验各项检验内容中的第一项。如果食品感官检验不合格,即可判定产品不合格,不需再进行理化检验。

2. 食品的理化检验

食品理化检验是利用物理、化学和仪器等分析方法对食品中的营养成分(如水分、灰分、矿物元素、脂肪、碳水化合物、蛋白质与氨基酸、有机酸、维生素等)、食品添加剂、有毒物质进行检验。

3. 食品的微生物检验

食品的微生物检验是应用微生物学的相关理论与方法,研究外界环境(如生产用水、空气、地面等)和食品中微生物的种类、数量、性质及其对人类健康的影响。食品的微生物污染情况是食品卫生质量的重要指标之一。食品的微生物检验包含细菌形态学检验、细菌生理学检验、食品卫生细菌学检验、真菌学检验,主要对食品中的细菌总数、大肠菌群及致病菌进行测定。

三、食品分析与检验的发展趋势

目前,随着食品工业生产的发展和科学技术的进步,食品分析与检测技术逐渐趋向于简便、快捷、灵敏和微量化,食品分析逐渐采用仪器分析和自动化分析方法来代替手工操作的陈旧方法。

1. 灵敏、微量

随着人们生活水平的提高,特别是我国加入 WTO 后,我国农产品走向世界的关税壁垒将逐渐被技术壁垒所取代,食品的功能性和安全性越来越受到重视,如食品的功能成分,农药、兽药残留,有毒有害物质,内分泌干扰物质等的分析精度和检测限要求越来越高,实验室检测向着设备日趋精密、检测限量逐步降低的方向发展。如出现了诸如二噁英等的超痕量指标的检测方法。食物中的许多营养成分如糖、维生素、多肽、胆固醇等,毒素如黄曲霉毒素,内分泌干扰物质如激素、甾醇等,农药残留如氨基甲酸酯、有机磷农药等,兽药残留如四环素、磺胺、氯霉素等,其分析方法以紫外(UV)、红外(IR)、核磁共振(NMR)、气相色谱（GC）、高效液相色谱（HPLC）及气相色谱/质谱（GC/MS）和液相色谱/质谱（LC/MS）等高、精、尖仪器为主，光谱、色谱及色质联机技术的应用范围越来越广，成为食品现代仪器分析的通用技术。

2. 简便、快捷

作为食品生产企业和政府监管机构对食品品质的控制，则要求技术速测化、装备便携化，能实现在现场无损检测，快速获取检测结果。

食品加工原料收购现场、商品购销现场、商品进出口贸易现场以及生产现场均需要对食品质量的形成过程和成品的质量进行监控，需要对食品现场进行快速分析。

日本、德国、瑞典、意大利等国开发了全自动凯氏定氮装置，用于分析食品中的蛋白质含量，此分析仪集消煮、蒸馏、滴定、自动保护、安全报警、结果计算于一体，可实现在4h内完成60个样品的分析，效率大大提高。美国一公司研制出了一种水分、脂肪分析仪，是由微波干燥装置与NMR有机组合的系统，可快速、准确地测定几乎所有食品中的脂肪和水分含量，时间短，微波干燥测水分约需2～3min，NMR测定脂肪只需1min。其最大优点就是非破坏性测定，无须前处理、无溶质，对样品无特殊要求。此仪器无驱动部分，故障少，附带食品分析的相应软件，可直接显示测定数值，现国外广泛用于乳制品、冰淇淋、调味品和涂味食品如黄油、果酱等食品的分析。

无损检测技术是现场快速分析的重要手段，内容广泛，涉及光学、力学、电学和磁学等学科，其基础涉及材料科学、计算机技术、生物技术、信息技术等诸多领域。无损检测技术已得到迅猛发展，主要表现为检测项目由表观品质检测向内部品质检测的趋势发展，检测仪器主要由实验室分析仪器向便携式检测器和在线检测装置方向迈进。如德国植物生理学专家发明了一种带传感器的水果采摘手套，它可以检测水果的成熟度。这个系统使用方法很简单，只要带上手套，用手指握住水果，传感器就会自动得到有关水果成熟程度的信息。传感器将信息传给使用者背包中的接受器，依靠便携式电脑对得到的信息进行处理，几秒钟就可以知道水果是否可以采摘。可谓"采果戴'手套'，生熟一摸知"，这便是利用微型近红外光谱仪检测活体的应用实例。

四、食品质量标准

标准是对重复性事物或概念所做的统一规定，它以科学、技术和实践经验的综合成果为基础，经有关方面协商一致，由主管机构批准，以特定方式发布，作为共同遵守的准则和依据。换句话说，标准就是为了在一定范围内获得最佳秩序，对活动或其结果规定共同的和重复使用的规则、导则或特性的文件。制定、发布及实施标准的活动过程称为标准化。标准化是为了获得最佳秩序和社会效益。

对任何物质进行定性定量分析都需要有相应的质量标准，标准是衡量产品质量的技术依据，因此依据标准对产品的质量实行监督对于提高产品质量、推动产品的生产和流通十分重要。目前对于食品生产的原辅料及最终产品，已经制定出相应的国际和国内标准，并且在不断地改进和改善。

根据使用范围的不同，食品质量标准可分为如下几类。

1. 国内标准

我国现行食品质量标准按效力或标准的权限分为：国家标准、行业标准、地方标准和企业标准。每级产品标准对产品的质量、规格和检验方法都有规定。

（1）国家标准　国家标准是全国食品工业必须共同遵守的统一标准，由国务院标准化行政主管部门制定是国内四级标准体系中的主体，其他各级标准均不得与之相抵触。

国家标准又可分为强制性国家标准和推荐性国家标准。强制性标准是国家通过法律的形式，明确要求对于一些标准所规定的技术内容和要求必须执行，不允许以任何理由或方式违反和变更，对违反强制性标准的，国家将依法追究当事人的法律责任。强制性国家标准的代号为"GB"。推荐性国家标准是国家鼓励自愿采用的具有指导作用，而又不宜强制执行的标准，即标准所规定的技术内容和要求具有普遍的指导作用，允许使用单位结合自己的实际情况，灵活选用。推荐性国家标准的代号为"GB/T"。

从1964年卫生部卫生防疫司编写《食品卫生检验方法》（初稿）以来，《中华人民共和国食品卫生检验方法（理化部分）》先后经过了1978年版、1985年版和1996年版的3次修订（1985年版正式予以国家标准编号），奠定了我国食品卫生检验方法的基础。GB/T 5009—2003《食品卫生检验方法（理化部分）》已由卫生部、国家标准化管理委员会（国标委）正式颁布，于2004年1月1日正式实施。该标准的实施对当前食品安全保障具有重要的意义，是贯彻执行《中华人民共和国食品卫生法》，防止化学物质通过污染和加工途径对人体健康造成危害，保障食品安全的重要手段，是食品安全监督的核心。《食品卫生检验方法》GB/T 5009—2003有标准编号203个，约200万字，是我国现有食品标准中涉及面最广、影响最大的标准。

（2）行业标准　行业标准是针对没有国家标准而又需要在全国食品行业范围内统一的技术要求而制定的。行业标准由国务院有关行政主管部门制定并发布，并报国务院标准化行政主管部门备案。行业标准是对国家标准的补充，是专业性、技术性较强的标准。在公布相应的国家标准之后，该项行业标准即行废止。

行业性标准也分强制性行业标准和推荐性行业标准。行业标准的代号，依行业的不同而有所区别，国务院标准化行政管理部门已规定了28个行业标准代号，如与食品工业相关的轻工业行业，强制性行业标准代号为"QB"，推荐性行业标准代号为"QB/T"。

（3）地方标准　地方标准是指对没有国家标准和行业标准，而又需要在省、自治区、直辖市范围内统一食品工业产品的安全、卫生要求而制定的标准。地方标准由省、自治区、直辖市标准化行政主管部门制定，并报国务院标准化行政主管部门和国务院有关行政主管部门备案。在公布国家标准或者行业标准之后，该项地方标准即行废止。

强制性地方标准的代号为"DB/地方标准代号"，如河南省代号为410000，则河南省强制性地方标准代号为DB/410000。

（4）企业标准　企业标准是企业所制定的标准，以此作为组织生产的依据。企业的产品标准需报当地政府标准化行政主管部门和有关行政主管部门备案。已有国家标准或行业标准的，国家鼓励企业制定严于国家标准或行业标准的企业标准，在企业内部使用。企业标准代号为"Q"，某企业的企业标准代号为"QB/企业代号"，企业代号可用汉语拼音字母或阿拉伯数字组成。

2. 国际标准

（1）CAC标准　国际食品法典（codex）是由国际食品法典委员会（Codex Alimentarius Commission，CAC）组织制定的食品标准、准则和建议，是国际食品贸易中必须遵循的基本规则。CAC是联合国粮农组织（FAO）和世界卫生组织（WHO）于1962年建立的协调各国政府间食品标准的国际组织，旨在通过建立国际政府组织之间以及非政府组织之间协调一致的农产品和食品标准体系,用于保护全球消费者的健康,促进国际农产品以及食品的公平贸易,协调制定国际食品法典。CAC 现有包括中国在内的 167 个成员国,覆盖区域占全球人口的 98%。食品法典体系让所有成员国都有机会参与国际食品/农产品标准的制修订和协调工作。进出口贸易额较大的发达国家和地区如美国、日本和欧盟积极主动地承担或参与了 CAC 各类标准的制修订工作。目前 CAC 标准已成为全球消费者、食品生产和加工者、各国食品管理机构和国际食品贸易重要的参照标准,也是世界贸易组织(WTO)认可的国际贸易仲裁依据。CAC 标准现已成为进入国际市场的通行证。

CAC 标准主要包括食品/农产品的产品标准、卫生或技术规范、农药/兽药残留限量标准、污染物准则、食品添加剂的评价标准等。CAC 系列标准已对食品生产加工者以及最终消费者的观念意识产生了巨大影响。食品生产者通过 CAC 国际标准来确保其在全球市场上的公平竞争地位;法规制定者和执行者将 CAC 标准作为其决策参考,制定政策改善和确保国内及进口食品的安全、卫生;采用了国际通用的 CAC 标准的食品和农产品能够增加消费者的信任,从而赢得更大的市场份额。

(2) AOAC 标准 国际官方分析化学家(AOAC)协会成立于 1884 年,为非营利性质的国际化行业协会。AOAC 被公认为全球分析方法校核(有效性评价)的领导者,它提供用以支持实验室质量保证(QA)的产品和服务,AOAC 在方法校核方面有长达 100 多年的经验,并为药品、食品行业提供了大量可靠、先进的分析方法,目前已被越来越多的国家所采用,作为标准方法。在现有 AOAC 方法库中存有 2800 多种经过认证的分析方法,均被作为世界公认的官方"金标准"。在长期的实践过程中,AOAC 于全球范围内同官方或非官方科学研究机构建立了广泛的合作和联系,在分析方法的认证和合作研究方面起到了总协调的作用。AOAC 下属设立了 11 个方法委员会,分别从事食物、饮料、药品、农产品、环境、卫生、毒物残留等方面的方法学研究、考察和认证。

五、食品检验工概述

1. 食品检验工的职业定义

食品检验工是国家职业技能鉴定的工种之一。食品检验工就是使用检测设备,用抽样检查方式对粮油及制品、糕点糖果、乳及乳制品、白酒、果酒、黄酒、啤酒、饮料、罐头食品、肉蛋及制品、调味品、酱腌制品、茶叶等各类食品的感官、理化、卫生及食品内包装材料等指标进行检验的人员。

本职业共分 5 个等级:初级(国家职业资格五级)、中级(国家职业资格四级)、高级(国家职业资格三级)、技师(国家职业资格二级)、高级技师(国家职业资格一级)。

本职业工作岗位有 10 个:粮油及制品检验岗位,糕点糖果检验岗位,乳及制品检验岗位,白酒、黄酒和果酒检验岗位,啤酒检验岗位,饮料检验岗位,罐头食品检验岗位,肉蛋及制品检验岗位,调味品、酱腌制品检验岗位,茶叶检验岗位。

2. 食品检验工的基本要求

食品检验工的基本要求包括职业道德和基础知识两部分。

基本职业道德规范包括:遵守国家法律、法规和企业的各项规章制度;认真负责,严于律己,不骄不躁,吃苦耐劳,勇于开拓;刻苦学习,钻研业务,努力提高思想和科学文化素质;敬业爱岗,团结同志,协调配合;科学求实,公正公平;程序规范,注重时效;秉公检测,严守秘密;遵章守纪,廉洁自律。

基本知识包括：法定计量单位知识和常用量的法定计量单位；误差和数据处理基本概念；实验室用电常识；食品检验基础知识；化学基础知识；微生物检测基础知识；实验室安全防护知识；食品卫生基础知识；质量法、标准化法、计量法、食品卫生法、劳动法等相关法律、法规知识。

作为食品检验人员应具备较强的理解、判断和计算能力，无色盲、色弱，并有一定的空间感和形体感，以适应食品检验的基本工作要求。

3. 食品检验工的职业技能鉴定

职业技能鉴定是国家职业资格证书制度的重要组成部分。

职业技能鉴定方式分为理论知识考试和技能操作考核。理论知识考试采用闭卷笔试方式，技能操作考核采用现场实际操作方式。理论知识考试和技能操作考核均实行百分制，成绩皆达 60 分以上者为合格。技师、高级技师鉴定还需进行综合评审。

国家职业标准针对食品检验工的知识和技能的要求见附录。

复 习 题

1. 食品分析与检验包括哪些内容？
2. 什么是标准？
3. 常见的食品质量标准有哪些？
4. 我国的标准分为哪几个级别？它们的代号分别是什么？
5. 食品检验人员应具备哪些基本工作要求？

模块一　食品分析与检验的基本知识

学习目标

1. 重点掌握样品的采集、制备与保存方法，样品预处理的方法，检验结果的数据处理分析方法。
2. 掌握分析结果的误差处理、分析检验报告单的编制。
3. 了解样品预处理的一般方法及选择恰当的食品分析方法需要考虑的因素。

第一节　知识讲解

食品的分析与检验包括感官、理化及微生物分析与检验，这3个分析检验过程往往由各职能检测部门分别进行。每一类检验过程，根据其检验目的、检测要求、检验方法的不同都有其相应的检测程序，其中食品的理化检验程序最为复杂。食品的理化检验主要是一个定量的检测过程，整个检验程序的每一个环节都必须体现准确的量的概念，因此食品的理化检验不同于感官及微生物检验，它必须严格地按一定的定量程序进行。

食品的分析与检验一般包括下面4个步骤：第一步，检测样品的准备过程，包括采样及样品的处理及制备过程；第二步，进行样品的预处理，使其处于便于检测的状态；第三步，选择适当的检测方法，进行一系列的检测并进行结果的计算，然后对所获得的数据（包括原始记录）进行数据统计及分析；第四步，将检测结果以报告的形式表达出来。本章将具体介绍食品理化分析与检验的基本知识。

一、样品的采集、制备与保存

（一）样品的采集

对食品进行检验的第一步就是样品的采集。从大量的分析对象中抽取具有代表性的一部分样品作为分析材料（分析样品），称为样品的采集。所抽取的分析材料称为样品或试样。

1. 正确采样的重要性

为保证食品分析检测结果的准确与结论的正确，在采样时要坚持下面几个原则。

第一，采集的样品有代表性。食品分析中，不同种类的样品，或即使同一种类的样品，也会因品种产地、成熟期、加工及贮存方法、保藏条件的不同，其成分和含量都会有相当大的变动。此外，即使同一检测对象，各部位间的组成和含量也会有显著性差异。因此，要保证检测结果的准确、结论的正确，首要条件就是采取的样品必须具有充分的代表性，能代表全部检验对象，代表食品整体，否则，无论检测工作做得如何认真、精确都是毫无意义的，甚至会得出错误的结论。

第二，采样过程中要设法保持原有的理化指标，防止成分逸散或带入杂质。如果检测样品的成分发生逸散（如水分、气味、挥发性酸等）或带入杂质，显然也将会影响检测结果和结论的正确性。

2. 采样的一般程序

要从一大批被测对象中采取能代表整批物品质量的样品，必须遵从一定的采样程序和原则。采样的程序分为如下几步。

待检样品 →采样→ 检样 →混合→ 原始样品 →处理、缩分→ 平均样品 → 检验样品 / 复检样品 / 保留样品

① 检样　先确定采样点数，由整批待检食品的各个部分分别采取的少量样品称为检样，这也是采样的第一步程序。

② 原始样品　把许多份检样混合在一起，构成能代表该批食品的原始样品。

③ 平均样品　将原始样品经过处理，按一定的方法和程序抽取一部分作为最后的检测材料，称平均样品。

④ 检验样品　由平均样品中分出，用于全部项目检验用的样品。

⑤ 复检样品　对检验结果有争议或分歧时，可根据具体情况进行复检，故必须有复检样品。

⑥ 保留样品　对某些样品，需封存保留一段时间，以备再次验证。

3. 采样的一般方法

样品的采集有随机抽样和代表性取样两种方法。

随机抽样，即按照随机的原则从大批物料中抽取部分样品。操作时，可用多点取样法，即从被检食品的不同部位、不同区域、不同深度，上、下、左、右、前、后多个地方采取样品，使所有的物料的各个部分都有机会被抽到。

代表性取样，是用系统抽样法进行采样，即已经了解样品随空间（位置）和时间而变化的规律，按此规律进行取样，以便采集的样品能代表其相应部分的组成和质量。如分层采样、依生产程序流动定时采样、按批次或件数采样、定期抽取货架上陈列的食品采样等。

随机抽样可以避免人为倾向因素的影响。但在某些情况下，某些难以混匀的食品（如果蔬、面点等），仅用随机抽样是不够的，必须结合代表性取样，从有代表性的各个部分分别取样，才能保证样品的代表性，从而保证检测结果的正确性。具体采样方法视样品不同而异。

（1）散粒状样品（如粮食、粉状食品）　粮食、砂糖、奶粉等均匀固体物料，应按不同批号分别进行采样，对同一批号的产品，采样点数可由以下采样公式决定，即：

$$S=\sqrt{\frac{N}{2}}$$

式中　N——检测对象的数目（件、袋、桶等）；
　　　S——采样点数。

然后从样品堆放的不同部位，按照采样点数确定具体采样袋（件、桶、包）数，用双套回转取样管，插入每一袋子的上、中、下3个部位，分别采取部分样品混合在一起。若为散堆状的散料样品，先划分若干等体积层，然后在每层的四角及中心点，也分为上、中、下3个部位，用双套回转取样管插入采样，将取得的检样混合在一起，得到原始样品。混合后得到的原始样品，按四分法对角取样，缩减至样品不少于所有检测项目所需样品总和的2倍，即得到平均样品。四分法是将散粒状样品由原始样品制成平均样品的方法，见图1-1。将原

始样品充分混合均匀后，堆集在一张干净平整的纸上，或一块洁净的玻璃板上；用洁净的玻璃棒充分搅拌均匀后堆成一圆锥形，将锥顶压平成一圆台，使圆台厚度约为3cm；划"+"字等分成4份，取对角2份其余弃去，将剩下2份按上法再行混合，四分取其二，重复操作至剩余为所需品量为止。

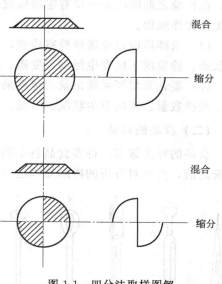

图1-1 四分法取样图解

（2）液体及半固体样品（如植物油、鲜乳、饮料等） 对桶（罐、缸）装样品，先按采样公式确定采取的桶数，再启开包装，用虹吸法分上、中、下三层各采取少部分检样，然后混合分取，缩减所需数量的平均样品。若是大桶或池（散）装样品，可在桶（或池）的四角及中点分上、中、下三层进行采样，充分混匀后，分取缩减至所需要的量。

（3）不均匀的固体样品（如肉、鱼、果蔬等） 此类食品本身各部位成分极不均匀，个体及成熟差异大，更应注意样品的代表性。

① 肉类 视不同的目的和要求而定，有时从不同部位采样，综合后代表该只动物，有时从很多只动物的同一部位采样混合后来代表某一部位的情况。

② 水产品 个体较小的鱼类可随机多个取样，切碎、混合均匀后，分取缩减至所需要的量；个体较大的点可以在若干个体上切割少量可食部分，切碎后混匀，分取缩减。

③ 果蔬 先去皮、核，只留下可食用的部分。体积较小的果蔬，如豆、枣、葡萄等，随机抽取多个整体，切碎混合均匀后，缩减至所需的量；体积较大的果蔬，如番茄、茄子、冬瓜、苹果、西瓜等，按成熟度及个体的大小比例，选取若干个个体，对每个个体单独取样，以消除样品间的差异。取样方法是从每个个体生长轴纵向剖成4份或8份，取对角线2份，再混合缩分，以减少内部差异；体积膨松型的蔬菜，如油菜、菠菜、小白菜等，应由多个包装（捆、筐）分别抽取一定数量，混合后做成平均样品。

（4）小包装食品（罐头、瓶装饮料、奶粉等） 根据批号连同包装一起，分批取样。如小包装外还有大包装，可按取样公式抽取一定的大包装，再从中抽取小包装，混匀后，分取至所需的量。

各种各类食品采样的数量、采样的方法均有具体的规定，可参照有关标准。

样品分检验用样品与送检样品两种。检验用样品是由较多的送检样品中，均匀混合后再取样，直接供分析检测用，取样量由各检测项目所需样品量决定，在以后的章节中会有详述。送检样品的取样量，至少应是全部检验用量的4倍。

4. 采样的要求

样品的采集，除了应注意样品的代表性之外，还需注意以下规则。

（1）采样应注意抽检样品的生产日期、批号、现场卫生状况、包装和包装容器状况等。

（2）小包装食品送检时应保持原包装的完整，并附上原包装上的一切商标及说明，供检验人员参考。

（3）盛放样品的容器不得含有待测物质及干扰物质，一切采样工具都应清洁、干燥无异味，在检验之前应防止一切有害物质或干扰物质带入样品。供细菌检验用的样品，应严格遵守无菌操作规程。

（4）采样后应迅速送检验室检验，尽量避免样品在检验前发生变化，使其保持原来的理化状态。检验前不应发生污染、变质、成分逸散、水分变化及酶的影响等。

（5）要认真填写采样记录，包括采样单位、地址、日期、样品批号、采样条件、包装情况、采样数量、现场卫生状况、运输、贮藏条件、外观、检验项目及采样人员等。

（二）样品的制备

食品的种类繁多，许多食品各个部位的组成都有差异。为了保证分析结果的正确性，在化验之前，必须对分析的样品加以适当的制备。样品的制备是指对采取的样品进行分取、粉碎及混匀等过程，目的是保证样品的均匀性，在检测时取任何部分都能代表全部样品的成分。

样品的制备一般将不可食部分先去除，再根据样品的不同状态采用不同的制备方法。制备过程中，应注意防止易挥发性成分的逸散和避免样品组成成分及理化性质发生变化。

样品制备的方法因样品的状态不同而异。

（1）液体、浆体或悬浮液体　一般是将样品充分混匀搅拌。常用的搅拌工具有玻璃棒、电动搅拌器、液体采样器，见图1-2。

（2）互不相溶的液体　如油与水的混合物，分离后分别采取。

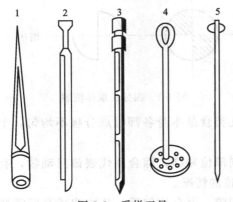

图1-2　采样工具
1—固体脂肪采样器；2—采取谷物、糖类采样器；
3—套筒式采样器；4—液体采样搅拌器；
5—液体采样器

（3）固体样品　应先粉碎或切分、捣碎、研磨或用其他方法研细、捣匀。常用工具有绞肉机、磨粉机、研钵、高速组织捣碎机等。

（4）水果罐头　在捣碎前须清除果核，肉、鱼类罐头应预先清除骨头、调味料（葱、八角、辣椒等）后再捣碎，常用高速组织捣碎机等。

（三）样品的保存

采取的样品，为了防止其水分或挥发性成分散失以及其他待测成分含量的变化（如光解、高温分解、发酵等），应在短时间内进行分析。如果不能立即分析，则应妥善保存，保存的原则是：干燥，低温，避光，密封。

制备好的样品应放在密封洁净的容器内，置于阴暗处保存；易腐败变质的样品应保存在0～5℃的冰箱里，保存时间也不宜过长；有些成分，如胡萝卜素、黄曲霉毒素B_1、维生素B_2等，容易发生光解，以这些成分作为分析项目的样品必须在避光条件下保存；特殊情况下，样品中可加入适量的不影响分析结果的防腐剂，或将样品置于冷冻干燥器内进行升华干燥来保存。此外，样品保存环境要清洁干燥；存放的样品要按日期、批号、编号摆放以便查找。

二、样品的预处理

食品的成分很复杂，既含有大分子有机化合物，如蛋白质、糖、脂肪、维生素及因污染引入的有机农药等,又含有各种无机元素,如钾、钠、钙、铁等。这些组分往往以复杂的结合态或配位态形式存在。当应用某种化学方法或物理方法对其中某种组分的含量进行测定时,其他组分的存在常给测定带来干扰。为保证检测工作的顺利进行,得到准确的结果,必须在测定前排除干扰;此外,有些被检测物的含量极低,如污染物、农药、黄曲霉毒素等,要准确地测出它们的含量,必须在测定前对样品进行浓缩。以上这些操作统称为样品预处理,又称样品前处理,是食品检验过程中的一个重要环节,直接关系着检验结果的客观和准确。

进行样品的预处理,要根据检测对象、检测项目选择合适的方法。总的原则是:排除干扰,完整保留被测组分并使之浓缩,以获得满意的分析结果。

样品预处理的方法主要有以下几种。

1. 有机物破坏法

主要用于食品中无机元素的测定。食品中的无机盐或金属离子,常与蛋白质等有机物质结合,成为难溶、难离解的有机金属化合物,欲测定其中金属离子或无机盐的含量,需在测定前破坏有机结合体,释放出被测组分。通常可采用高温,或高温及强氧化条件使有机物质分解,呈气态逸散,而被测组分残留下来。根据具体操作条件的不同,又可分为干法灰化和湿法消化两大类。

(1) 干法灰化 这是一种用高温灼烧的方式破坏样品中有机物的方法,因而又称为灼烧法。除汞外大多数金属元素和部分非金属的测定都可用此法处理样品。将一定数量的样品置于坩埚中加热,使其中的有机物脱水、炭化、分解、氧化,再置高温电炉中(一般为500～550℃)灼烧灰化,直至残灰为白色或浅灰色为止,所得的残渣即为无机成分,可供测定用。

(2) 湿法消化 向样品中加入强氧化剂,加热消解,使样品中的有机物质完全分解、氧化,呈气态逸出,而待测成分转化为无机物状态存于消化液中供测试用,简称消化。是常用的样品无机化方法,如蛋白质的测定。常用的强氧化剂有浓硝酸、浓硫酸、高氯酸、高锰酸钾、双氧水等。

2. 蒸馏法

蒸馏法是利用被测物质中各组分挥发性的差异来进行分离的方法。可以用于除去干扰组分,也可以用于被测组分的蒸馏逸出,收集馏出液进行分析。

常用的普通蒸馏装置见图1-3,加热方式据蒸馏物的沸点和特性不同有水浴、油浴和直接加热。

某些被蒸馏物热稳定性不好,或沸点太高,可采用减压蒸馏,减压装置可用水泵或真空泵。某些物质沸点较高,直接加热蒸馏时,可因受热不均引起局部炭化;还有些被测成分,当加热到沸点时可能发生分解。对于这些具有一定蒸气压的成分,常用水蒸气蒸馏法分离。即用水蒸气来加热混合液体,如挥发酸的测定。

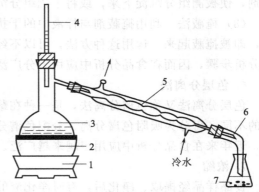

图1-3 普通蒸馏装置
1—电炉;2—水浴锅;3—蒸馏瓶;4—温度计;
5—冷凝管;6—接收管;7—接收瓶

3. 溶剂提取法

同一溶剂中,不同物质具有不同的溶解度。利用混合物中各物质溶解度的不同将混合物组分完全或部分分离的过程称为萃取，也称提取。常用方法有以下几种。

（1）浸提法　又称浸泡法。用于从固体混合物或有机体中提取某种物质，所采用的提取剂，应既能大量溶解被提取的物质，又要不破坏被提取物质的性质。为了提高物质在溶剂中的溶解度，往往在浸提时加热。如用索氏抽提法提取脂肪。提取剂是此类方法中的重要因素，可以用单一溶剂，也可以用混合溶剂。

（2）溶剂萃取法　溶剂萃取法用于从溶液中提取某一组分，利用该组分在两种互不相溶的试剂中分配系数的不同，使其从一种溶剂中转移至另一种溶剂中，从而与其他成分分离，达到分离和富集的目的。通常可用分液漏斗多次提取达到目的。若被转移的成分是有色化合物，可用有机相直接进行比色测定，即萃取比色法。萃取比色法具有较高的灵敏度和选择性。如双硫腙法测定食品中的铅含量。此法设备简单、操作迅速、分离效果好，但是成批试样分析时工作量大。同时，萃取溶剂常易挥发，易燃，且有毒性，操作时应加以注意。

4. 盐析法

向溶液中加入某种无机盐，使溶质在原溶剂中的溶解度大大降低，而从溶液中沉淀析出，这种方法叫做盐析。如在蛋白质溶液中加入大量的盐类，特别是加入重金属盐，使蛋白质从溶液中沉淀出来。

在进行盐析工作时，应注意溶液中所要加入的物质的选择。它应是不会破坏溶液中所要析出的物质，否则达不到盐析提取的目的。

5. 化学分离法

（1）磺化法和皂化法　这是处理油脂或含脂肪样品时经常使用的方法。例如，残留农药分析和脂溶性维生素测定中，油脂被浓硫酸磺化，或被碱皂化，由疏水性变成亲水性，使油脂中需检测的非极性物质能较容易地被非极性或弱极性溶剂提取出来。

（2）沉淀分离法　沉淀分离法是利用沉淀反应进行分离的方法。在试样中加入适当的沉淀剂，使被测组分沉淀下来，或将干扰组分沉淀除去，从而达到分离的目的。

（3）掩蔽法　利用掩蔽剂与样液中的干扰成分作用，使干扰成分转变为不干扰测定的状态，即被掩蔽起来。运用这种方法，可以不经过分离干扰成分的操作而消除其干扰作用，简化分析步骤，因而在食品分析中应用十分广泛。常用于金属元素的测定。

6. 色层分离法

色层分离法又称色谱分离法，是一种在载体上进行物质分离的方法的总称。根据分离原理的不同，可分为吸附色谱分离、分配色谱分离和离子交换色谱分离等。此类方法分离效果好，近年来在食品分析中应用得越来越广泛。

7. 浓缩

食品样品经提取、净化后，有时净化液的体积较大，在测定前需进行浓缩，以提高被测成分的浓度。常用的浓缩方法有常压浓缩法和减压浓缩法两种。

三、食品分析方法的选择

1. 正确选择分析方法的重要性

食品理化分析的目的在于为生产部门和市场管理监督部门提供准确、可靠的分析数据，以便生产部门根据这些数据对原料的质量进行控制，制定合理的工艺条件，保证生产正常进行，以较低的成本生产出符合质量标准和卫生标准的产品；市场管理和监督部门则根据这些数据对被检食品的品质和质量做出正确客观的判断和评定，防止质量低劣食品危害消费者的身心健康。为了达到上述目的，除了需要采取正确的方法采取样品，并对采取的样品进行合理的制备和预处理外，在现有的众多分析方法中，选择正确的分析方法是保证分析结果准确的又一关键环节。如果选择的分析方法不恰当，即使前序环节非常严格、正确，得到的分析结果也可能是毫无意义的，甚至会给生产和管理带来错误的信息，造成人力、物力的损失。

2. 选择恰当的分析方法需要考虑的因素

（1）分析要求的灵敏度、准确度和精密度　不同分析方法的灵敏度、准确度、精密度各不相同，要根据生产和科研工作对分析结果的要求选择适当的分析方法。

灵敏度是指分析方法所能检测到的最低量。在选择分析方法时，要根据待测成分的含量范围选择具有适宜灵敏度的方法。一般来说，待测成分含量低时，需选用灵敏度高的方法；待测成分含量高时宜选用灵敏度低的方法，以减少由于稀释倍数太大所引起的误差。总之，灵敏度的高低并不是评价分析方法好坏的绝对标准，一味追求高灵敏度的方法是不合理的。

（2）分析方法的繁简和速度　不同分析方法操作步骤的繁简程度和所需时间及劳动力各不相同，每样次分析的费用也不同。要根据待测样品的数目和要求取得分析结果的时间等来选择适当的分析方法。同一样品需要测定几种成分时，应尽可能选用能用同一份样品处理液同时测定该几种成分的方法，以达到简便、快速的目的。

（3）样品的特性　各种样品中待测成分的形态和含量不同，可能存在的干扰物质及其含量不同，样品的溶解和待测成分提取的难易程度也不相同。要根据样品的这些特征来选择制备待测液、定量某成分和消除干扰的适宜方法。

（4）现有条件　分析工作一般在实验室进行，各级实验室的设备条件和技术条件也不相同，应根据具体条件来选择适当的分析方法。

在具体情况下究竟选用哪一种方法必须综合考虑上述各项因素，但首先必须了解各类方法的特点，如方法的精密度、准确度、灵敏度等，以便加以比较。

四、食品分析中的误差分析

在食品分析实验中，由于仪器和感觉器官的限制，以及实验条件的变化，实验测得的数据只能达到一定的准确程度。测量值与真实值的差叫误差。在实验前了解测量所能达到的准确度，实验后科学地分析实验误差，对提高实验质量可起一定的指导作用。

（一）误差的分类

一般测量误差可分为系统误差、偶然误差及过失误差 3 类。

1. 系统误差

系统误差是指在分析过程中由于某些固定的原因所造成的误差，具有单向性和重现性。

系统误差产生的原因主要有：测量仪器的不准确性（如玻璃容器的刻度不准确、砝码未经校正等）；测量方法本身存在缺点（如所依据的理论或所用公式的近似性）；观察者本身的特点（如有人对颜色感觉不灵敏，滴定终点总是偏高等）。

系统误差的特点在于重复测量多次时，其误差的大小总是差不多，所以一般可以找出原因，设法消除或减少。

2. 偶然误差

偶然误差是指在分析过程中由于某些偶然的原因所造成的误差，也叫随机误差或不可定误差。

偶然误差产生的原因主要有：观察者感官灵敏度的限制或技巧不够熟练，实验条件的变化（如实验时温度、压力都不是绝对不变的）。

偶然误差是实验中无意引入的，无法完全避免，但在相同实验条件下进行多次测量，由于绝对值相同的正、负误差出现的可能性是相等的，所以在无系统误差存在时，取多次测量的算术平均值，就可消除误差，使结果更接近于真实值，且测量的次数愈多，也就愈接近真实值。因此在食品分析中不能以任何一次的观察值作为测量的结果，常取多次测量的算术平均值。设 $x_1, x_2, \cdots, x_n$ 是各次的测量值，测量次数是 n，则其算术平均值 $\bar{x}$ 为：

$$\bar{x} = \frac{x_1 + x_2 + \cdots + x_n}{n}$$

$\bar{x}$ 最接近于真实值。

3. 过失误差

过失误差是指由于在操作中犯了某种不应犯的错误而引起的误差，如加错试剂、看错标度、记错读数、溅出分析操作液等错误操作。这类误差应该是完全可以避免的。在数据分析过程中对出现的个别离群的数据，若查明是由于过失误差引起的，应弃去此测定数据。分析人员应加强工作的责任心，严格遵守操作规程，做好原始记录，反复核对，就能避免这类误差的发生。

（二）误差的表示方法

1. 准确度与误差

准确度是指测定值与真实值的接近程度。测定值与真实值越接近，则准确度越高。准确度反映了测定结果的可靠性，它的高低可用绝对误差或相对误差来表示。若以 x 表示测量值，以 μ 代表真实值，则绝对误差和相对误差的表示方法如下：

$$绝对误差 = x - \mu$$

$$相对误差 = \frac{x - \mu}{\mu}$$

同样的绝对误差，当被测定物的质量较大时，相对误差就比较小，测定的准确度就比较高。因此用相对误差来表示各种情况下测定结果的准确度更为确切些。

绝对误差和相对误差都有正值和负值。正值表示试验结果偏高，负值表示试验结果偏低。

食品分析方法的准确度，可以通过测定标准试样的误差来判断，也可以通过做回收试验计算回收率来判断。

在回收试验中，加入已知量标准物质的样品，称为加标样品。未加标准物质的样品称为未知样品。在相同条件下用同种方法对加标样品和未知样品进行预处理和测定，按下列公式计算出加入标准物质的回收率：

$$P = \frac{x_1 - x_0}{m} \times 100\%$$

式中　P——加入标准物质的回收率，%；

　　　m——加入标准物质的量；

　　　x_1——加标样品的测定值；

　　　x_0——未知样品的测定值。

2. 精密度与偏差

在食品检验中，一般来说，人们并不知道待测样品的真实值，因此无法用绝对误差或相对误差来衡量测定结果的好坏，但可以用偏差来衡量测定结果的好坏。偏差是指测定值 x_i 与测定的平均值 $\bar{x}$ 之差，它可以用来衡量测定结果的精密度。

精密度是指在同一条件下，对同一样品多次重复测定时各测定结果相互接近的程度，它代表着测定方法的稳定性和重现性。偏差越小，说明测定的精密度越高。

精密度的高低可用绝对偏差、平均偏差、相对平均偏差、标准偏差、相对标准偏差来衡量。

（1）绝对偏差和平均偏差　　测量值与平均值之差称为绝对偏差。绝对偏差越小，说明精密度越高。若以 $\bar{x}$ 表示一组平行测定的平均值，则单个测量值 x_i 的绝对偏差 d 为：

$$d = x_i - \bar{x}$$

d 值有正负之分。各单个偏差绝对值的平均值称为平均偏差，即：

$$\bar{d} = \frac{1}{n}\sum |x_i - \bar{x}|$$

式中　　n——测量次数。

（2）相对平均偏差　　平均偏差在平均值中所占的百分率称为相对平均偏差，即：

$$\frac{\bar{d}}{\bar{x}} \times 100\% = \frac{\frac{\sum |x_i - \bar{x}|}{n}}{\bar{x}} \times 100\%$$

（3）标准偏差　　使用标准偏差是为了突出较大偏差的存在对测量结果的影响，其计算公式为：

$$S = \sqrt{\frac{\sum (x_i - \bar{x})^2}{n-1}} = \sqrt{\frac{\sum d_i^2}{n-1}}$$

（4）相对标准偏差　　相对标准偏差对称变异系数，其计算公式为：

$$\text{变异系数} = \frac{S}{\bar{x}} \times 100\%$$

五、分析结果的数据处理

（一）有效数字及运算规则

1. 有效数字

在分析工作中实际能测量到的数字称为有效数字。在记录有效数字时，规定中允许数的末位欠准，可有±1 的误差。

2. 有效数字修约规则

用"四舍六入五成双"规则舍去过多的数字。即当尾数小于等于 4 时，则舍；尾数大于等于 6 时，则入；尾数等于 5 时，若 5 前面为偶数则舍，为奇数时则入；当 5 后面还有不是零的任何数时，无论 5 前面是偶是奇皆入。

3. 有效数字运算规则

在加减运算中，每数及它们的和或差的有效数字的保留，以小数点后面有效数字位数最少的为标准。在加减法中，因是各数值绝对误差的传递，所以结果的绝对误差必须与各数中绝对误差最大的那个相当。

在乘除法运算中，每数及它们的积或商的有效数字的保留，以每数中有效数字位数最少的为标准。在乘除法中，因是各数值相对误差的传递，所以结果的相对误差必须与各数中相对误差最大的那个相当。

(二)置信度与置信区间

在多次测定中,测定值 x 将随机地分布在其平均值 $\bar{x}$ 的两边。若以测定值的大小为横坐标,以其相应的重现的次数为纵坐标作图,可得到一个正态分布曲线,见图 1-4 所示。曲线与横坐标从 $-\infty \sim +\infty$ 之间所包围的面积,代表了具有各种大小误差的测定值出现的概率的总和,设为 100%。由概率统计计算可知:测定值在 $\bar{x}\pm\sigma$ 区间的占 68.27%,测定值在 $\bar{x}\pm 2\sigma$ 区间的占 95.45%,测定值在 $\bar{x}\pm 3\sigma$ 区间的占 99.73%。由此可见,测定值偏离平均值 $\bar{x}$ 愈大的,出现的概率愈小,这个概率称为置信度,而测定值所处的区间称

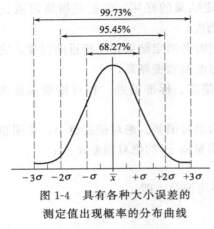

图 1-4 具有各种大小误差的测定值出现概率的分布曲线

为置信区间。换句话说,置信区间就是指在一定置信度下,以测定结果的平均值为中心,包括总体平均值在内的可靠性范围。

在消除了系统误差的前提下,对于有限次数的测定,总体平均值 $\bar{x}$ 的置信区间为:

$$\mu = \bar{x} \pm \frac{tS}{\sqrt{n}}$$

式中　μ——总体平均值(相当于真实值);

$\bar{x}$——已消除系统误差的有限次数测定值的平均值;

S——标准偏差;

n——测定次数;

t——校正系数,其数值随置信度和测定次数而定,可从表 1-1 中查得。

表 1-1　不同测定次数和置信度的 t 值

测定次数 n	置信度				
	50%	90%	95%	99%	99.5%
2	1.000	6.314	12.706	63.657	127.32
3	0.816	2.920	4.303	9.925	14.089
4	0.765	2.353	3.182	5.841	7.453
5	0.741	2.132	2.776	4.604	5.598
6	0.727	2.015	2.571	4.023	4.773
7	0.718	1.943	2.447	3.707	4.317
8	0.711	1.895	2.365	3.500	4.029
9	0.706	1.860	2.306	3.355	3.832
10	0.703	1.833	2.262	3.250	3.690
11	0.700	1.812	2.228	3.169	3.581
12	0.687	1.725	2.086	2.845	3.153
∞	0.647	1.645	1.960	2.576	2.807

(三)可疑数据的取舍

在分析工作中,往往需要进行多次重复的测定,然后求出平均值。然而并非每个数据都可以参加平均值的计算,对个别偏离其他数值较远的特大或特小的数据,应慎重处理。在分析过程中如果已经知道某个数据是可疑的,计算时应将此数据立即舍去;在复查分析结果时,如果已经找出可疑值出现的原因,也应将这个数据立即舍去;如找不出可疑值出现的原

因，不能随便保留或舍去，可以用 $4\bar{d}$ 检验法或 Q 检验法，它们是目前常用的统计检验方法。

1. $4\bar{d}$ 检验法

$4\bar{d}$ 检验法也称"4 乘平均偏差法"，用 $4\bar{d}$ 法判断异常值的取舍时，首先求出除异常值以外的其余数据的平均值 $\bar{x}$ 和平均偏差 $\bar{d}$，然后将异常值与平均值进行比较，如绝对差值大于 $4\bar{d}$，则将可疑值舍去，否则应予保留。

$4\bar{d}$ 法计算简单，不必查表，但数据统计处理不够严密，常用于处理一些要求不高的分析数据。当 $4\bar{d}$ 法与其他检验法矛盾时，以其他法则为准。

2. Q 检验法

适用于 3~10 次测定，且只有一个可疑数据。检验步骤如下。

① 将各数据从小到大排列：x_1、x_2、x_3、$\cdots$、x_n。
② 计算出最大与最小数据之差（$x_大 - x_小$），即（$x_n - x_1$）。
③ 计算可疑数据与最邻近数据之差（$x_可 - x_邻$），即 $x_n - x_{n-1}$ 或 $x_2 - x_1$。
④ 计算舍弃商 $Q_计 = \dfrac{x_可 - x_邻}{x_n - x_1}$。
⑤ 根据测定次数 n 和要求的置信度 P（如 90%），查 Q 值（表 1-2），得 $Q_表$。
⑥ 比较 $Q_表$ 与 $Q_计$：若 $Q_计 > Q_表$，可疑值应舍去；$Q_计 < Q_表$，可疑值应保留。

Q 检验法符合数理统计原理，比较严谨、简便，置信度可达 90% 以上，适用于测定 3~10 次之间的数据处理。

表 1-2　不同置信度下舍弃可疑数据的 Q 值

测定次数 n	置信度		
	90%（$Q_{0.90}$）	96%（$Q_{0.96}$）	99%（$Q_{0.99}$）
3	0.94	0.98	0.99
4	0.76	0.85	0.93
5	0.64	0.73	0.82
6	0.56	0.64	0.74
7	0.51	0.59	0.68
8	0.47	0.54	0.63
9	0.44	0.51	0.60
10	0.41	0.48	0.57

（四）分析结果的检验

在分析工作中，常用 t 检验法来检查分析方法的可靠性，以及测定过程中是否存在系统误差。方法是采用已知含量的标准试样进行分析测定，求出 n 次测定值的平均值和标准偏差，并求出 $t_计$，然后与表 1-1 中的 $t_{0.95}$ 相比较，如果 $t_计 < t_{0.95}$，则说明所采用的分析方法准确可靠，不存在系统误差。$t_计$ 的计算公式：

$$t_计 = \dfrac{|\bar{x} - \mu|}{S}\sqrt{n}$$

式中　μ——总体平均值；
　　　$\bar{x}$——各次测定值的算术平均值；
　　　S——标准偏差；

n——测定次数。

【例题】 测定某试样中蛋白质含量,进行7次平行测定,经校正系统误差后,数据为19.58、19.45、19.47、19.50、19.62、19.38、19.80,求置信度分别为90%和99%时平均值的置信区间。

解: (1) 首先对数据进行整理。其中19.80为离群值,按Q检验法决定取舍。

$$Q = \frac{19.80 - 19.62}{19.80 - 19.38} = \frac{0.18}{0.42} = 0.43$$

查表1-2,$n=7$时,$Q_{0.90}=0.51$,所以19.80应予保留。同理,$Q_{0.99}=0.68$,所以19.80也应保留。

(2) 平均值 $\bar{x} = \frac{1}{7}(19.38+19.45+19.47+19.50+19.58+19.62+19.80) = 19.54$

(3) 平均偏差 $\bar{d} = \frac{1}{7}(0.16+0.09+0.07+0.04+0.04+0.08+0.26) = 0.11$

(4) 标准偏差 $S = \sqrt{\frac{0.16^2+0.09^2+0.07^2+0.04^2+0.04^2+0.08^2+0.26^2}{7-1}} = 0.14$

(5) 查表1-1 置信度为90%,$n=7$时,$t=1.943$,则:

$$\mu = 19.54 \pm \frac{1.943 \times 0.14}{\sqrt{7}} = 19.54 \pm 0.10$$

同理,对于置信度为99%,可得:

$$\mu = 19.54 \pm \frac{3.707 \times 0.14}{\sqrt{7}} = 19.54 \pm 0.20$$

即:若平均值的置信区间取19.54±0.10,则真值在其出现的概率为90%,而若使真值出现的概率提高为99%时,其平均值的置信区间将扩大19.54±0.20。另一方面,从表1-1可见,测定次数n越大(当$n<20$的范围内),t值越小,因而求得的总体平均值μ越接近。这表明,在一定的测定次数范围内,增加测定次数可提高检测结果的可靠性。

六、食品分析检验报告单的填写

1. 原始记录的填写

原始记录是检测结果的体现,应如实地记录下来,并妥善保管,以备查验。因此应做到如下几点。

① 原始记录必须真实、齐全、清楚,记录方式应简单明了,可设计成一定的格式,内容包括来源、名称、编号、采样地点、样品处理方式、包装及保管状况、检验分析项目、采用的分析方法、检验日期、所用试剂的名称与浓度、称量记录、滴定记录、计算记录、计算结果等。原始记录表示例见表1-3。

② 原始记录本应统一编号、专用,用钢笔或圆珠笔填写,不得任意涂改、撕页、散失,有效数字的位数应按分析方法的规定填写。

③ 修改错误数字时不得涂改,而应在原数字上画一条横线表示消除,并由修改人签注。

④ 确知在操作过程中存在错误的检验数据,不论结果好坏,都必须舍去,并在备注栏中注明原因。

⑤ 原始记录应统一管理,归档保存,以备查验。

⑥ 原始记录未经批准,不得随意向外提供。

表 1-3　原始记录表示例

项目				编号	
日期					
样品				批号	
方法					
滴定次数		1		2	3
样品质量/g					
滴定管初读数/mL					
滴定管终读数/mL					
消耗滴定剂的体积/mL					
滴定剂的浓度/(mol/L)					
计算公式					
被测成分质量分数/%					
平均值					

2. 检验报告

检验报告是食品分析检验的最终产物，是产品质量的凭证，也是产品质量是否合格的技术根据，因此其反映的信息和数据，必须客观公正、准确可靠，填写要清晰完整。检验报告的内容一般包括样品名称、送检单位、生产日期及批号、取样时间、检验日期、检验项目、检验结果、报告日期、检验员签字、主管负责人签字、检验单位盖章等。

填写检验报告单应做到如下几点。

① 检验报告必须由考核合格的检验技术人员填报。进修及代培人员不得独自报出检验结果，必须有指导人员或室负责人的同意和签字，否则检验结果无效。

② 检验结果必须经第二者复核无误后，才能填写检验报告单。检验报告单上应有检验人员和复核人员的签字及室负责人的签字。

③ 检验报告单一式两份，其中正本提供给服务对象，副本留存备查。检验报告单经签字和盖章后即可报出，但如果遇到检验不合格或样品不符合要求等情况，检验报告单应交给技术人员审查签字后才能报出。

检验报告单可按规定格式设计，也可按产品特点单独设计。一般可设计成表 1-4 的格式。

表 1-4　检验报告单式样

××××××（检验单位名称）

检验报告单

编号：

送检单位		样品名称	
生产单位		检验依据	
生产日期及批号	送检日期		检验日期
检验项目			
检验结果：			
结论：			
技术负责人：	复核人：		检验人：

附注：(1) ××××××
　　　(2) ××××××

年　　月　　日

第二节 实 验 实 训

一、对某一检测结果作分析

测定 100g 某果汁中维生素 C 的含量,进行 9 次平行测定,经校正系统误差后,数据为 3.49mg、3.53mg、3.71mg、3.46mg、3.44mg、3.39mg、3.56mg、3.57mg、3.51mg。

(1) 为检验测定结果的精密度,求出此次测定结果的标准偏差。

(2) 分别用 $4\bar{d}$ 检验法和 Q 检验法检验数据中的可疑值。

(3) 求置信度分别为 90% 和 99% 时平均值的置信区间。

二、填写食品分析检验报告单

氨基酸态氮是酱油的特征性指标之一,指以氨基酸形式存在的氮元素的含量。它代表了酱油中氨基酸含量的高低。氨基酸态氮含量越高,酱油的质量越好,鲜味越浓。在行业标准中,酱油的质量等级主要是依据酱油中氨基酸态氮的含量确定的。特级、一级、二级、三级的氨基酸态氮含量要求分别为:≥0.80g/100mL、≥0.70g/100mL、≥0.55g/100mL、≥0.40g/100mL。国家强制性标准 GB 2717—199966《酱油卫生》标准中规定酱油中氨基酸态氮大于或等于 0.40g/100mL。

假定你是×××××检验单位的技术人员,×××××酿造厂送来批号为 200701081205 的一批烹调酱油的样品,需要你对这一批产品的氨基酸态氮的含量进行检验,用凯氏定氮法测定结果表明样品的含氮量为 0.65g/100mL,请你设计并填写一份食品分析检验报告单。

复 习 题

1. 简述正确采样的意义及采样方法。
2. 食品样品采集的原则是什么?一般分哪几个步骤进行?
3. 什么叫四分法?
4. 什么是样品的制备?目的是什么?
5. 为什么要进行样品的预处理?常见的样品预处理方法有哪些?
6. 样品的保存原则是什么?
7. 你认为在一项常量分析中,应如何根据误差及有效数字的概念来指导你的操作(如样品的称量或吸取,数据的记录,结果的计算、处理等)?
8. 按有效数字运算规则,计算下列各式。

   (1) $1.197 \times 0.354 + 6.3 \times 10^{-5} - 0.0176 \times 0.00814$

   (2) $\dfrac{2.46 \times 5.10 \times 13.14}{8.16 \times 10^4}$

9. 测定某样品的含氮量,6 次平行测定的结果是 20.48%、20.55%、20.58%、20.60%、20.53%、20.50%。

   (1) 计算这组数据的平均值、平均偏差、标准偏差和变动系数。

（2）若此样品是标准样品，含氮量为20.45%，计算以上结果的绝对误差和相对误差。

10. 名词解释：准确度与精密度、系统误差与偶然误差、置信度与置信区间。

11. 说明误差与偏差、准确度与精密度的区别。

12. 对一项精密分析，如何进行数据处理并报出检测结果？

13. 某实验人员测定某溶液的浓度，4次分析结果分别为0.1044、0.1042、0.1049和0.1046，请判断0.1049的数值是否能弃去。

模块二 食品感官分析检验技术

> **学习目标**
> 1. 重点掌握感觉的基本规律、常用的感官分析方法以及味、嗅的识别技术。
> 2. 掌握啤酒、白酒的感官质量标准及描述感官特征的词汇。
> 3. 了解感官分析的统计方法。

第一节 知识讲解

一、感觉的基本规律

(一) 感觉的基本概念

根据国家标准 GB 10221.16—88，首先认识几个概念。
① 感受器——感觉器官的某一部分，它对特定的刺激产生反应。如眼、鼻、舌。
② 刺激——能兴奋感受器的因素。
③ 阈值——阈，在字典中指界限、范围的意思。用统计的方法对一系列感觉或评审进行测定所得到的跃迁点。
④ 刺激阈/觉察阈——引起感觉所需要的感官刺激的最小值。这时不需要识别出是一种什么样的刺激。通常，人们听不到一根针或线落到地上的声音，也觉察不到落在皮肤上的尘埃，因为刺激量太低不足以引起感觉。
⑤ 识别阈——感知到的可鉴别的感官刺激的最小值。
⑥ 差别阈——对刺激的强度可感觉到差别的最小值。

19 世纪 40 年代（1840 年）德国生理学家韦伯（E. H. Weber）在研究质量感觉的变化时发现，100g 砝码放在手上，若加上 1g 或减去 1g，一般感觉不出质量的变化，至少要增减 3g，才刚刚觉察出质量的变化。200g 的砝码至少需增减 6g，300g 砝码至少要增减 9g，才能觉察出质量的变化。也就是说，差别阈值随原来刺激量的变化而变化，并表现出一定的规律性，这就是韦伯定律：

$$K = \frac{\Delta I}{I}$$

式中　ΔI——差别值；
　　　I——刺激量（刺激强度）；
　　　K——韦伯分数。

德国的心理学家费希纳（G. T. Fechner）也提出一个经验公式：

$$R = a\lg s + b$$

式中　R——感觉量；
　　　s——刺激量；
　　　a，b——常数。

该公式说明刺激量与所能感觉到的量呈对数比例关系，这个公式也只适用于中等强度的刺激范围。这一定律在感官分析中有较大的应用价值，感觉阈限的测定对评价员的选择和确定具有重要意义，如敏感度。

一种感官只能接受和识别一种刺激，如口能识别味道，鼻子能识别气味，耳能听见声音，眼能感觉光的强弱。刺激在一定的范围内作用，如光只能在380～760nm的可见光范围内是看得见的，大于760nm的紫外区域或小于380nm的红外区，即阈上或阈下刺激均不能引起反应。此外，感觉还有疲劳与适应、协同效应、拮抗效应、掩蔽作用等。

感觉疲劳是经常发生在感官上的一种现象。各种感官在同一种刺激施加一段时间后，均会发生程度不同的疲劳。疲劳的结果是感官对刺激感受度的急剧下降。"入芝兰之室，久而不闻其香"，就是典型的嗅觉适应。在整个过程中，刺激物的性质强度没有改变，但由于连续或重复刺激，而使感受器的敏感性发生了暂时的变化。对味也有类似现象发生，刚开始食用某种食物时，会感到味道特别浓重，随后味感逐步降低。感觉的疲劳程度依所施加刺激强度的不同而有所变化，在去除产生感觉疲劳的强烈刺激之后，感官的灵敏度还会逐步恢复。强刺激的持续作用使敏感性降低，而微弱刺激的持续作用反而使敏感性提高，评价员的培训正是应用了这个原理。

尽管心理作用对感觉的影响是非常微妙的，而且这种影响也很难解释，但它们确实存在。这种影响可以从下列几个现象来说明。

① 对比现象　同种颜色深浅不同放在一起比较时，会感觉深颜色的更深，浅颜色的更浅，这是感觉同时对比使感觉增强了；在吃过糖后再吃酸的山楂，则感觉山楂特别酸，这是感觉的先后对比现象，是对比增强作用。与对比增强现象相反，若一种刺激的存在减弱了另一种刺激，则称为对比减弱现象。

② 协同效应与拮抗效应　这是两种或多种刺激的综合效应。导致感觉水平超过预期的每种刺激各自效应的叠加，这种效应称为协同效应；反之则称拮抗效应。例如，在一份1%食盐溶液中添加0.02%谷氨酸钠，在另一份1%食盐溶液中添加肌苷酸钠，当两者分开品尝时，都只有咸味而无鲜味，但两者混合后会有强烈的鲜味。把下列任意两种物质，如食盐、砂糖、奎宁、盐酸，以适当的浓度混合后每一种味觉都减弱，这称为拮抗效应。

③ 掩蔽现象　由于同时进行两种或两种以上的刺激而降低了其中某种刺激的强度或使对该刺激的感受发生改变。比如姜、葱可以掩蔽鱼腥味。

（二）味觉与食品的味觉识别

1. 味觉生理学

味觉是可溶性呈味物质溶解在口腔中对味感受体进行刺激后产生的反应。舌头并不是一个光滑均匀的表面，舌头上隆起的部位——乳头，是最重要的味感受器。在乳头上有味蕾，大部分分布在舌面的乳头上，小部分在软腭、咽后和会厌。每个乳头平均含有2～4个味蕾，味蕾由味觉细胞和支持细胞组成，各个味蕾中的味觉细胞都有一根味毛（味神经），经味孔伸入口腔。当呈味物质刺激味毛时，味毛便把这种刺激通过神经纤维向大脑皮层的味觉中枢传递，使人产生味觉。

舌的不同部位对味觉分别有不同的敏感性，如舌的前部对甜味最敏感，舌尖和舌边缘对咸味最敏感，靠腮的两边对酸味最敏感，舌根则对苦味最敏感，因此，许多食物直至下咽才能感觉到苦味。

2. 四种基本味觉

酸、甜、咸、苦是味感中的四种基本味道，其余都是混合的味觉。许多研究者都认为基本味觉和色彩的三原色相似，它们以不同的浓度和比例组合时就可形成自然界千差万别的各种味道。

除四种基本味觉外，鲜味、辣和金属味等也列入味觉之列。但是有些学者认为这些不是真正的味觉，而可能是触觉、痛觉或者是味觉与触觉、嗅觉融合在一起产生的综合反应。

3. 味觉评价

一般从食品滋味的正异、浓淡、持续长短来评价食品滋味的好坏。滋味的正异是最为重要的，因为如果食品有异味或杂味，就意味着该食品已腐败或有异物混入；滋味的浓淡要根据具体情况加以评价，并非越浓越好，而以浓淡适宜为好；滋味悠长的食品一般优于滋味维持时间短的食品，它使人回味无穷。此外由于食品往往是多种味觉的综合体，还应注意味觉的关联和各种味觉的互相影响，如味觉的对比效应、拮抗效应等。

4. 味的识别技术

对于液体的样品，喝一小口试液含于口中（勿咽下），做口腔运动使试液接触整个舌头，辨别味道后，吐出。对于其他的样品，应细心咀嚼、品尝，然后吐出，用温水漱口。

5. 影响味觉的因素

（1）温度的影响　温度对味觉的影响表现在味阈值的变化上。感觉不同味道所需要的最适温度有明显差别。如在四种基本味中，甜味和酸味的最佳感觉温度在 35～50℃，咸味的最适感觉温度为 18～35℃，而苦味则是 10℃。

（2）介质的影响　由于呈味物质只有在溶解状态下才能扩散到味感受体进而产生味觉，因此味觉也会受呈味物质所处介质的影响。比如，四种基本味的呈味物质处于水溶液时最容易辨别，处于胶体状介质时最难辨别。

（3）身体状态的影响

① 疾病的影响　身体患疾病或发生异常时，会导致失味、味觉迟钝或变味。例如，人在患黄疸病的情况下，对苦味的感觉明显下降甚至丧失。这些由于疾病而引起的味觉变化有些是暂时性的，待病恢复后味觉可以恢复正常。

② 饥饿和睡眠影响　人处在饥饿状态下会提高味觉敏感性，有实验证明，四种基本味觉的敏感性上午 11：30 达到最高，在进食后 1h 内敏感性明显下降，降低的程度与所饮用食物的热量值有关。

③ 年龄　年龄对味觉敏感性的影响主要发生在 60 岁以上的人群中，老年人经常抱怨没有食欲感及很多食物吃起来无味。

④ 性别　对于咸、甜，女性比男性敏感，而对于酸味则男性比女性敏感。

（三）嗅觉

1. 嗅觉的生理特点

味觉的敏感器官是舌头，而嗅觉的敏感器官是鼻子。鼻腔的嗅区位于鼻腔的上部，嗅的嗅黏膜位于嗅区内，嗅觉的感受物位于嗅黏膜表面的嗅上皮内，嗅上皮面积很小，却包含众多的嗅觉细胞。嗅觉是具有气味或挥发性的物质通过空气进入嗅觉的敏感区域，气体被溶解、扩散和吸附后刺激嗅觉细胞，这种刺激传入大脑神经系统便引起嗅觉。人们习惯于把产生令人喜爱的挥发物叫香气，令人厌恶的挥发物叫臭气。

2. 嗅技术

嗅觉受体位于鼻腔最上端的嗅上皮内，在正常呼吸中吸入的空气并不倾向通过鼻腔上部，带有气味的物质只有极少量而且缓慢地通入鼻腔嗅区，所以呼吸能感受到轻微的气味，要使空气到达嗅区获得明显的嗅觉，就必须做适当用力的吸气，或煽动鼻翼做急促的呼吸，并且把头部稍微低下对准被嗅物质，使气味自下而上地通入鼻腔。

嗅技术并不适应所有气味物质，如一些能引起痛感的含辛辣成分的气体物质。通常对同一气味物用嗅技术不能超过3次，否则会引起适应或疲劳。

3. 气味识别——范氏试验

一种气体物质不送入口中而在舌上被感觉出的技术。首先用手捏住鼻孔，通过张口呼吸，然后把一个盛有气味物质的小瓶放在张开的口旁，迅速地吸入一口气并立即拿走小瓶，闭口，放开鼻孔使气流通达鼻孔流出，从而在舌上感觉到该物质。这个试验广泛地应用于训练和扩展人们的嗅觉能力。

4. 香气的评价

一般从食品香气的正异、强弱、持续长短等几方面评价。香气包括食品原有的、加工后形成的特有的香气，如果香气不正，通常认为食品不新鲜或已腐败变质，称为不正。香气强弱也作为判断食品香气好坏的依据，有时香气太强反而使人生厌；一般放香长的食品比放香短的食品优。

（四）视觉

1. 视觉的产生

在适宜的光照条件下，物体发出的光波在人眼球的视网膜上聚焦，形成物像，物像刺激视网膜上的感觉细胞，使细胞产生神经冲动，沿视神经传入大脑皮层的视觉中枢，从而产生视觉。视觉的强弱取决于光的波长和强度，能产生视觉的光刺激是波长在380～780nm范围的可见光，而不同的光照强度下，眼睛对被观察物的感受性即敏感性不同。在适当强度的光线作用下，人能分辨出不同的颜色，可以看清物体外形及细小的地方；但在较弱的光线作用下，只能看到物体的外形，而无色彩视觉，只有黑、白、灰的视觉；在极强的光线作用下，人眼球的视网膜将无法承受刺激甚至会因受到伤害而影响视力。

2. 食品色泽的评价

要评价食品色泽的好坏，必须全面衡量和比较食品色泽的明度、饱和度、色调这3个色泽的基本特征。色调对食品色泽的影响最大，只有当食品处于正常的颜色范围内，才会使味觉、嗅觉在食品的鉴评上正常发挥。如果某食品的色泽色调不是该食品所特有的，说明该食品的品质低劣或不符合质量标准。如明度较高、有光泽、鲜红色的肉类为新鲜的；而发绿的肉，不用嗅，就可认为是变质的。饱和度和食品的成熟度、新鲜度有关，成熟度较高的食品，其色泽往往较深，如番茄在成熟过程中由绿色转为橙色，再转为红色。

3. 颜色与饮食的心理、生理作用

食品的色泽可能会影响人饮食时的感受，如深红色的葡萄酒感觉比浅色的葡萄酒更甜；深棕色的咖啡感觉比浅棕色的咖啡苦味大；颜色浅的肥肉感觉比颜色深的肥肉更易产生油腻的感觉；看到发绿的肉，就感到恶心等。

二、食品感官分析的基础知识

(一) 概述

1. 食品感官检验的概念

根据中华人民共和国国家标准《感官分析——词汇》GB 10221.1—88，感官分析（感官评价、感官检验、感官检查）定义为用感觉器官检查产品的感官特性。感官特性是由感觉器官感知的产品特性。

2. 感官检验的发展过程

原始的感官检验是利用人们自身的感觉器官对食品进行评价和判别。许多情况下，这种评价由某方面的行家进行，并往往采用少数服从多数的简单方法来确定最后的评价，这种原始的感官检验缺乏科学性，可信度不高。

随着对感官的生理学研究及心理学测定技术的直接应用，感官检验有了更完善的理论基础及科学依据。统计学、生理学、心理学这3门学科构成了现代感官检验的三大支柱。英国著名推测统计学家A. R. Fisher在1935年著的《实验计划法》一书中，记述了一个与感官分析有关的试验，这是首次将统计学应用在感官分析的例子。当时，英国的一位妇女自称可以分辨奶茶中的红茶和牛奶是哪一个先加。为此，Fisher设计了一个方案，用于验证她的说法。他冲有8杯奶茶，其中4杯先加红茶后加奶，另4杯先加奶后加红茶，然后以随机的顺序递给她，并告诉她相同的顺序各有4杯，要求她分成各自相同的两组。结果表明，这位妇女实际上并不具备自称的那种能力，在总共70次试验中，她仅对了一次，正确率为1.4%，所以即使分对了，也可以认为是偶然的。感官分析作为一种以人的感觉为测定手段的（主观）方法，误差是不可避免的，但是引入统计学方法后，可以合理有效地纠正误差带来的影响，因此，感官检验方法最后得到的结果都是统计结果，并不是某一个或几个人的结果。

在感官分析中引入了许多心理学的内容。虽然感官分析与心理学研究的目的迥然不同，但心理学的许多测定技术可以直接应用于感官分析。德国G. T. Fechner（1801—1887）是现代实验心理学的鼻祖，他的不朽贡献在于他设计出了3种详细的重要的感官检验方法，并根据这些方法描述了如何测定感官系统中的一些重要的工作特性。调整法、极限法、恒定法，以及这些方法的改进方法已成为应用于感官评价工具盒的组成部分。

人类对外界刺激均有愉快或不悦的感觉。在产生感觉的同时，脉搏、呼吸、血压、脑波、心电图、眼球等身体各器官都有某些变动。可以说，人类的感觉器官对应于不同刺激具有不同的生理变化，把这些生理变化通过电信号记录下来，可以防止某些评价员为了某种目的产生的撒谎现象。毫无疑问，在感官分析中利用生理学的方法，是感官分析的一个发展方向。

(二) 感官检验的类型

感官检验一般分为分析型和偏爱型两大类，在食品的研制、生产、管理和流通等环节中，需根据不同要求，选择不同的感官检验类型。表2-1为两种类型感官分析在食品行业中的应用。

1. 分析型感官检验

分析型感观检验是把人的感觉感官作为一种测量分析仪器来检验物品固有的质量特性，或鉴别物品之间是否存在差异，又称为分析型或A型。分析型是评价员对物品的客观评价，

表 2-1　两种类型感官分析在食品行业中的应用

项　目	嗜　好　型	分　析　型
新产品规划	√	
食品配方及造型设计		√
试制采购原辅料		√
工序管理		√
检查管理		√
用户调查	√	

其分析结果不受人的主观意志影响，要求分析结果客观、公正，常用于分析鉴别物品的感官特性。一般为感官质量标准提供依据，并根据标准制定相应的工艺标准、操作规程，检验、评价感官质量或质量评优等。为了降低个人感觉之间差异的影响，提高试验的重现性，获得高精度的测定结果，应注意以下四点。

（1）评价基准的标准化　对于每一测定评价项目都需要有明确具体的评价尺度和评价基准物，即统一标准的评价基准（参照物），制作标准样本，以防评价员采用各自的标准和尺度使结果难以统一和比较。

（2）试验条件的规范化　感官检验中常因环境及试验条件的影响而出现大的波动，因此应该规范实验条件。

（3）评价员的素质　从事感官检验的评价员，必须有良好的生理及心理条件，选择无偏爱、健康（如无色盲）的人，并经过适当的训练使其感官感觉敏锐。

（4）试验结果均为统计结果　感官评定以统计学作为分析手段，因此每次感官分析试验应根据试验目的不同，成立不同的评价小组，并且最终的结论不是个人的结论，而是评价小组的综合结论。

2. 偏爱型感官检验

该类检验与分析型正好相反，是以物品作为工具来测定人的感官特性，没有统一的评价标准和条件，人的感觉程度和主观判断起着决定性作用，如新产品开发过程对制品的评价、市场调查、分析物品的感官可接受性等。评价员（消费人群）均不要求专门训练，又称偏爱型或 B 型。偏爱型完全是一种主观行为，一般用于新产品研制、产品市场等。

三、食品感官分析的条件

食品感官分析是以人的感觉为基础，通过感官评价食品的各种属性后，再经过统计分析而获得客观结果的试验方法。因此，在试验过程中，其结果不但要受客观条件的影响，也要受主观条件的影响，因此，外部环境条件、参与试验的评价员和样品制备是试验得以顺利进行并获得理想结果的 3 个必备要素。

（一）食品感官评价员的筛选与训练

相当于分析仪器的感官评价员的感官灵敏性和稳定性严重影响最终结果的趋向性和有效性，因此，要得到可靠和稳定的感官试验结果，感官评价人员必须经过选择和训练。

1. 感官评价员的类型

感官评价人员可分为初级评价员、优选评价员、专家。

评价员是指参加感官分析的人员；准评价员是指尚未满足特殊判断准则的人员；初级评价员是指具有一般感官分析能力的评价员；优选评价员是指挑选出的具有较高感官分析能力

的评价员；专家是指对某种产品具有丰富经验，能独立地在评价小组内进行该产品感官分析的优选评价员。在感官分析中有两种类型的专家，即专家评价员和具有专业知识的专家评价员。专家评价员是具有高度的感官敏感性和丰富的感官方法学经验的优选评价员，他们对其所涉及领域内各种产品能做出一致的、可重复的感官评价；具备专业知识的专家评价员是具备产品生产或加工、营销领域专业经验的专家评价员，并能够对产品进行感官分析，能评价或预测原材料、配方、加工、贮藏、老化等方面相关变化对产品的影响。

2. 感官评价人员的筛选

（1）初选　在对评价员培训之前首先是对评价员进行初选。初选包括报名、填表、面试等阶段，初选合格的候选评价员将参加筛选检验。在初选时应该考虑人员的兴趣和动机、评价员的可用性、对评价对象的态度、知识和才能、健康状况、表达能力、个性特点等。

（2）筛选　筛选的目的是通过一系列筛选检验，进一步淘汰那些不适于感官分析工作的候选者。筛选检验的内容有：对候选人感官功能的检验、感官灵敏度的检验、描述和表达感官反应能力的检验。

（3）感官鉴评人员的训练　经过一定程序和筛选试验挑选出来的人员，常要参加特定的训练才能真正适合感官检验的要求，因为通过对评价人员的训练可以提高和稳定其感官灵敏度，降低感官评价人员之间及评价结果之间的偏差，经过训练后，也能增强感官评价人员抵抗外界干扰的能力，使其将注意力集中于感官试验中。

（二）食品感官鉴评的环境条件

通常，感官鉴评环境条件的控制都从如何创造最能发挥感官作用的氛围、减少对分析员的干扰和对样品质量的影响着手。

1. 食品感官鉴评室的设置

食品感官鉴评室由两个基本部分组成：试验区和样品制备区。试验区是感官鉴评人员进行感官试验的场所，样品制备区是准备感官鉴评试验样品的场所。也可设办公室、休息厅等附属部分。样品制备区域应靠近试验区，但又要避免鉴评人员进入试验区时经过制备区看到所制备的各种样品或嗅到气味后产生的影响，也应该防止制备样品时的气味传入试验区，感官鉴评室平面布置如图2-1所示。试验隔挡工作区（如图2-2）的参数一般为工作台长900mm，宽600mm，工作台高720～760mm，座高427mm，两隔板之间距离为900mm。

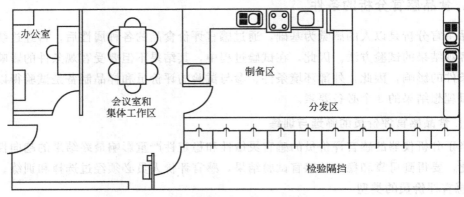

图2-1　感官鉴评室平面布置

如果因经济原因或使用频率低，也可采用一些临时性的布置，分析室内没有专门的工作小间，仅在圆桌上放置临时的活动隔板将评价人员隔开。

2. 试验区的环境条件

试验区内的环境条件包括温度、湿度、换气速度、空气纯净程度、光线和照明等。

一般在试验区内最好有空气调节装置，使试验区内温度恒定在21℃左右，湿度保持在65%左右。空气的纯净度主要体现在进入试验区的空气是否有味和试验区内有无散发气味的材料和用具。大多数感官评定试验只要求试验区有200~400lx光亮的自然光即可。通常感官评定室都采用自然光线和人工照明相结合的方式，选择日光灯或白炽灯均可，以光线垂直照射到样品面上不产生阴影为宜，要避免在逆光、灯泡晃动或闪烁的条件下工作。对于评析样品外观或色泽的试验，需要增加实验区的光亮，使样品表面光亮达到1000lx为宜。试验环境中还应避免外界噪声的干扰而分散感官鉴评人员的注意力。

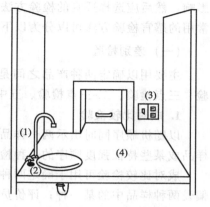

图2-2 试验隔挡工作区示意图

3. 样品的制备和呈送

样品制备中均一性是最重要的，所谓均一性就是指制备的样品除所要评价的特性外，其他特性应完全相同。另外，每次提供给评价员的样品数一般控制在4~8个，每个样品的量控制在液体30mL，固体28g左右为宜。温度控制在该种食品日常食用的温度，样品的温度过冷或过热刺激均可造成感官不适或感觉迟钝，温度升高后，挥发性气味物质的挥发速度加快，会影响其他的感觉。

同一试验内所用的器皿最好外形、颜色、大小相同，器皿本身应无气味或异味，通常采用玻璃或陶瓷器皿比较适宜，也可以采用一次性塑料或纸塑杯、盘。所有呈送给评价员的样品都应适当编号，以免给评价员任何相关信息，可以用数字、拉丁字母或字母和数字结合的方式进行编号，用数字编号时，最好采用随机数表上三位数的随机数字。样品在摆放时应让样品在每个位置上出现的概率相同，或采用圆形摆放法，以减少评价员由于第一次刺激或第二次刺激造成的误差。

一些食品由于具有浓郁的风味或物理状态（黏度、颜色、粉状度等）的原因，不能直接进行感官分析，需对样品进行预处理，如香料、调味品、糖浆等。根据检查目的可采取以下预处理方法：进行适当稀释；与化学组分确定的某一物质（如水、乳糖、糊精等）进行混合；将样品添加到中性的食品载体中，如牛奶、油、面条、大米饭、馒头、菜泥、面包、乳化剂和奶油等，而后按照直接感官分析的样品制备方法进行制备和呈送。例如，对香草精可采取3种方法：用水溶液稀释；用热的或冷的牛奶稀释；混合在冰淇淋中或巧克力味牛奶中。

评价员在做新的评估之前应充分清洗口腔，直到余味全部消失。应根据检验样品来选择冲洗或清洗口腔有效的辅助剂，如水、无盐饼干、米饭、新鲜馒头或淡面包，对具有浓郁味道或余味较大的样品应用稀释的柠檬汁、苹果或不加糖的浓缩苹果汁等。

四、食品感官分析检验的方法

在选择适宜的检验方法之前，首先要明确检验的目的，一种主要是描述产品，另一种主要是区分两种或多种产品，包括确定差别、确定差别的大小、确定差别的方向、确定差别的影响；然后应选择适宜的检验方法；此外还要考虑置信度、样品的性质以及评价员等因素。常用的感官检验方法可以分为以下三类：差别检验、标度和类别检验、分析或描述性检验。

（一）差别检验

主要用以确定两种产品之间是否存在感官差别的检验方法。常用的方法有成对比较检验、三点检验、二-三点检验、五中取二检验、"A"-"非A"检验。

1. 成对比较检验

以随机顺序同时出示两个样品给评价员，要求评价员对这两个样品进行比较，判定整个样品或某些特征强度顺序的一种检验方法，又称两点试验法。

成对比较检验可用于确定两种样品之间是否存在某种差别，差别的方向如何；确定是否偏爱两种样品中的某一种；评价员的选择与培训。这种检验方法的优点是简单而且不易产生感官疲劳。在试验之前还应明确是双边检验还是单边检验。双边检验是只需要发现两种样品在特性强度上是否存在差别（强度检验），或者是否其中之一更被消费者偏爱（偏爱检验）。单边检验是希望某一指定样品具有较大的强度（强度检验）或者被偏爱（偏爱检验）。例如，两种饮料 A 和 B，其中饮料 A 明显甜于 B，则该检验是单边的；如果这两种样品有显著性差别，但没有理由认为 A 或 B 的特性强度大于对方或被偏爱，则该检验是双边的。

试验方法：把 A、B 两个样品同时呈送给鉴评员，鉴评员根据要求进行鉴评。在试验中，应使样品 A、B 和 B、A 这两种次序出现的次数相等，盛样品的容器编号应随机选用 3 位数字，每次检验的编号应不同。

要特别注意提问的方式，避免导致评价员在回答问题时有某种倾向性。根据检验目的，可提问下列问题。

① 定向差别检验　两个样品中，哪个更……？（甜、咸）。

② 偏爱检验　两个样品中，更喜欢哪个？

③ 培训评价员　两个样品中，哪个更……？

在进行结果分析时，先简单了解一下与假设检验相关的统计基本知识。

① 成对比较检验的原假设　这两种样品没有显著性差别，因而无法根据样品的特性强度或偏爱程度区别这两种样品。换句话说，每个参加检验的评价员做出样品 A 比样品 B 的特性强度大或样品 B 比样品 A 的特性强度大（或被偏爱）判断的概率是相等的，即 $P_A=P_B$。

② 备择假设　即当原假设被拒绝时而接受的一种假设，$P_A \neq P_B$。

③ 显著性和显著性水平　分析结果：a. 不拒绝原假设（即原假设成立），$P_A=P_B$；b. 拒绝原假设，由于任何检验都是由有限的评价员来进行的，所以拒绝假设的结论（即赞同备择假设 $P_A \neq P_B$）是有风险的。显著性水平是当原假设是真而被拒绝的概率（这种概率的最大值），通常事先指定的显著性水平的值是 $\alpha=0.05$（5%）或 $\alpha=0.01$（1%）。用以解释检验结果的大多数统计表都包括了这两个显著性水平。应当注意，原假设可能在"5%的水平上"被拒绝而在"1%的水平上"不被拒绝；如果原假设在"1%的水平上"被拒绝了，则在"5%的水平上"更被拒绝。因此对 5% 的水平用"显著性"一词表示，而对 1% 的水平用"非常显著性"一词来表示。

结果分析如下。

（1）单边检验　统计有效回答的正解数，此正解数与表 2-2 中相应的某显著性水平的数相比较，若大于或等于表中的数，则说明在此显著性水平上样品间有显著性差异，或认为样品 A 的特性强度大于样品 B 的特性强度，或样品 A 更受偏爱。

表 2-2 成对比较检验法单边检验表

答案数	不同显著性水平所需肯定答案最少数			答案数	不同显著性水平所需肯定答案最少数		
	$\alpha \leq 0.05$	$\alpha \leq 0.01$	$\alpha \leq 0.001$		$\alpha \leq 0.05$	$\alpha \leq 0.01$	$\alpha \leq 0.001$
7	7	7	—	32	22	24	26
8	7	8	—	33	22	24	26
9	8	9	—	34	23	25	27
10	9	10	10	35	23	25	27
11	9	10	11	36	24	26	28
12	10	11	12	37	24	27	29
13	10	12	13	38	25	27	29
14	11	12	13	39	26	28	30
15	12	13	14	40	26	28	31
16	12	14	15	41	27	29	31
17	13	14	16	42	27	29	21
18	13	15	16	43	28	30	32
19	14	15	17	44	28	31	33
20	15	16	18	45	29	31	34
21	15	17	18	46	30	32	34
22	16	17	19	47	30	32	35
23	16	18	20	48	31	33	36
24	17	19	20	49	31	34	36
25	18	19	21	50	32	34	37
26	18	20	22	60	37	40	43
27	19	20	22	70	43	46	49
28	19	21	23	80	48	51	55
29	20	22	24	90	54	57	61
30	20	22	24	100	59	63	66
31	21	23	25				

(2) 双边检验 统计有效回答的正解数,此正解数与表 2-3 中相应的某显著性水平的数相比较,若大于或等于表中的数,则说明在此显著性水平上两个样品间有明显差异,或者其中之一受到明显的偏爱。

表 2-3 成对比较检验法双边检验表

答案数	不同显著性水平所需样品答案最少数			答案数	不同显著性水平所需样品答案最少数		
	$\alpha \leq 0.05$	$\alpha \leq 0.01$	$\alpha \leq 0.001$		$\alpha \leq 0.05$	$\alpha \leq 0.01$	$\alpha \leq 0.001$
7	7	—	—	21	16	17	19
8	8	8	—	22	17	18	19
9	8	9	—	23	17	19	20
10	9	10	—	24	18	19	21
11	10	11	11	25	18	20	21
12	10	11	12	26	19	20	22
13	11	12	13	27	20	21	23
14	12	13	14	28	20	22	23
15	12	13	14	29	21	22	24
16	13	14	15	30	21	23	25
17	13	15	16	31	22	24	25
18	14	15	17	32	23	24	26
19	15	16	17	33	23	25	27
20	15	17	18	34	24	25	27

续表

答案数	不同显著性水平所需样品答案最少数			答案数	不同显著性水平所需样品答案最少数		
	α≤0.05	α≤0.01	α≤0.001		α≤0.05	α≤0.01	α≤0.001
35	24	26	28	46	31	33	35
36	25	27	29	47	31	33	36
37	25	27	29	48	32	34	36
38	26	28	30	49	32	34	37
39	27	28	31	50	33	35	37
40	27	29	31	60	39	41	44
41	28	30	32	70	44	47	50
42	28	30	32	80	50	52	56
43	29	31	33	90	55	58	61
44	29	31	34	100	61	64	67
45	30	32	34				

(3) 当表中 n 值大于100时，答案最少数按以下公式计算，取最接近的整数值。

$$X = \frac{n+1}{2} + K\sqrt{n}$$

式中 K 值为：

单边检验	双边检验
α≤0.05　$K=0.82$	α≤0.05　$K=0.98$
α≤0.01　$K=1.16$	α≤0.01　$K=1.29$
α≤0.001　$K=1.55$	α≤0.001　$K=1.65$

【例题】 用成对比较法评价两个样品的甜度。

检验负责人选择5％显著性水平（即 α≤0.05）

双边检验

两种饮料编号分别为"798"和"379"，其中一个略甜，但两者都有可能使评价员感到更甜。

单边检验

两种饮料编号分别为"527"和"806"，样品"527"配方较甜，向评价员提问哪个样品更甜？

a. 定向差别检验　两种饮料以均衡随机顺序呈送给30名优选评价员。

问题：哪一个样品更甜？
答案：18人选择"798"
　　　12人选择"379"

从表2-3可得出结论，两种饮料甜度无明显差异。

问题：哪一个样品更甜？
答案：22人选择"527"
　　　8人选择"806"

从表2-2可得出结论，"527"显然比"806"更甜。

b. 偏爱检验　两种饮料重新编号，并以均衡随机的顺序呈送给30名初级评价员。

问题：更喜欢哪一个样品？
答案：22人更喜欢"832"
　　　8人喜欢"417"

从表2-3可知，"832"更受欢迎。

问题：更喜欢哪一个样品？
答案：23人喜欢"613"
　　　7人喜欢"289"

从表2-2可知，"613"更受欢迎。

2. 三点检验法

同时向评价员提供一组3个不同编码的样品，其中2个是完全相同的，要求评价员挑出单个的样品。

三点检验法适用于鉴别样品间的细微差别，也可以用于选择和培训评价员或者检查评价员的能力。

为了使3个样品的次序和出现次数的概率相等，可用6个组合如 ABB、AAB、ABA、BAA、BBA、BAB，从实验室样品中制备数目相等的样品组。盛装检验样品的容器应编号，一般是随机选取三位数。

按三点检验法要求统计回答正确的问答表数，查表2-4，可得在不同显著性水平上两个样品间有无差别。

表2-4　三点检验法检验表

答案数	不同显著性水平所需正确答案最少数			答案数	不同显著性水平所需正确答案最少数		
	5%	1%	0.1%		5%	1%	0.1%
5	4	5	—	53	24	27	30
6	5	6	—	54	25	27	30
7	5	6	7	55	25	28	30
8	6	7	8	56	26	28	31
9	6	7	8	57	26	28	31
10	7	8	9	58	26	29	32
11	7	8	10	59	27	29	32
12	8	9	10	60	27	30	33
13	8	9	11	61	27	30	33
14	9	10	11	62	28	30	33
15	9	10	12	63	28	31	34
16	9	11	12	64	29	31	34
17	10	11	13	65	29	32	35
18	10	12	13	66	29	32	35
19	11	12	14	67	30	33	36
20	11	13	14	68	30	33	36
21	12	13	15	69	31	33	36
22	12	14	15	70	31	34	37
23	12	14	16	71	31	34	37
24	13	15	16	72	32	34	38
25	13	15	17	73	32	35	38
26	14	15	17	74	32	35	39
27	14	16	18	75	33	36	39
28	15	16	18	76	33	36	39
29	15	17	19	77	34	36	40
30	15	17	19	78	34	37	40
31	16	18	20	79	34	37	41
32	16	18	20	80	35	38	41
33	17	18	21	81	35	38	41
34	17	19	21	82	35	38	42
35	17	19	22	83	36	39	42
36	18	20	22	84	36	39	43
37	18	20	22	85	37	40	43
38	19	21	23	86	37	40	44
39	19	21	23	87	37	40	44
40	19	21	24	88	38	41	44
41	20	22	24	89	38	41	45
42	20	22	25	90	38	41	45
43	20	23	25	91	39	42	46
44	21	23	26	92	39	42	46
45	21	24	26	93	40	43	46
46	22	24	27	94	40	43	47
47	22	24	27	95	40	44	47
48	22	25	27	96	41	44	48
49	23	25	28	97	41	44	48
50	23	26	28	98	41	45	48
51	24	26	29	99	42	45	49
52	24	26	29	100	42	46	49

【例题】 某肉制品厂在火腿肠中掺入30%的植物蛋白，用三点检验法来检查掺入植物蛋白后是否对火腿肠的口感有影响。共有60名评价员，分为两大组，组1以BAA、ABA、AAB的方式呈送，结果有12张正确答案；组2以ABB、BAB、BBA的方式呈送，结果有10张正确答案。请问这两种样品是否存在差异？

正解数共有22，查表2-4，在5%的显著性水平上，要求至少有27张正解数，因此这两种样品在5%水平上没有明显的差异，即加入30%的植物蛋白后没有明显的差异。

（二）标度和类别检验

用于估计差别的顺序或大小，或者样品应归属的类别或等级的方法。这类检验法有排序检验法、分类检验法、评估检验法、评分检验法、分等检验法。

下面主要介绍排序检验法。

排序检验法是比较数个样品，按指定特性由强度或嗜好程度排出一系列样品的方法。该法只排出样品的次序，不评价样品间差异的大小。排序检验只能按一种特性进行，如要求对不同的特性排序，则按不同的特性安排不同的顺序。

排序法具有广泛的用途，但是它的区别能力并不强。可用于筛选样品以便安排更精确的评价；确定由于不同原料、加工、处理、包装和贮藏等各环节而造成的产品感官特性差异；消费者接受检查及确定偏爱的顺序或消费者的可接受性调查；选择与培训评价员。

检验前，应由组织者对检验提出具体的规定，对被评价的指标和准则要有一致的理解。如对哪些特性进行排列，排列的顺序是从强到弱还是从弱到强，检验时操作要求如何，评价气味时需不需要摇晃等。排序检验只能按一种特性进行，如要求对不同的特性排序，则按不同的特性安排不同的顺序。

检验时，每个检验员以事先确定的顺序检验编码的样品，并安排出一个初步的顺序，然后整理比较，再做出进一步的调整，最后确定整个系列的强弱顺序。对于不同的样品，一般不应排为同一位次，当实在无法区别两种样品时，应在问答表中注明。

【例题】 有6名评价员，分别品尝A、B、C、D 4种样品，品尝后按其甜度由强到弱排序并填入评价表中，6名评价员的评价结果统计如下。

评价表

姓名：		日期：		产品：
品尝样品后，请根据您所感受的甜度，把样品号码填入适当的空格中（每格中必须填一个号码）				
甜味最强──────────→甜味最弱				

结果分析如下。

现有6个评价员对A、B、C、D 4种样品的甜味进行排序，评价结果汇集于表中。

a. 样品甜味排序

评价员 \ 秩次	1	2	3	4
1	A	B	C	D
2	B	C	A	D
3	A	B	C	D
4	A	B	C	D
5	A	B	C	D
6	A	C	B	D

b. 统计样品秩次与秩和

评价员＼样品	A	B	C	D	秩和
1	1	2	3	4	10
2	3	1.5	1.5	4	10
3	1	3	3	3	10
4	1	2	4	3	10
5	1	2	3	4	10
6	1	3	2	4	10
每种样品的秩和 R	8	13.5	16.5	22	50

根据评价员数为 6，样品数为 4，查排序检验法检验表。

项目	$\alpha=5\%$	$\alpha=1\%$
上段	9～21	8～22
下段	11～19	9～21

首先，通过上段来检验样品间是否有显著性差异。将每个样品的秩和 R_n 与上段的最大值 $R_{i\max}$ 及最小值 $R_{i\min}$ 比较，若样品秩和所有的数值都在上段范围内，说明在该显著性水平上样品间无显著性差异。若秩和 R_n 小于最小值 $R_{i\min}$，或大于最大值 $R_{i\max}$，在上段范围外，则说明在该显著性水平上，样品间有显著性差异。根据排序检验法检验表，由于 $R_{i\max}=22=R_D$，最小 $R_{i\min}=8=R_A$，所以说明在 1% 显著性水平，4 个样品之间有显著性差异。

然后，通过下段检查样品间的差异程度，若样品的 R_n 处在下段范围内，则可将其划为一组，表明其间无差异；若样品的秩和 R_n 落在范围之外，则落在上限之外和落在下限之外的样品就可分别组成为一组。由于最大 $R_{i\max}=21<R_D=22$；最小 $R_{i\min}=9>R_A=8$；$R_{i\min}=9<R_B=13.5<R_C=16.5<R_{i\max}=21$，所以 A、B、C、D 4 个样品可划分为 3 个组：

D B C A
　　‾‾‾

结论：在 1% 的显著性水平上，D 样品最甜，B、C 样品次之，A 样品最不甜，且 B、C 样品无显著性差异。

（三）分析或描述性检验

描述分析试验是评价员对产品的所有品质特性进行定性、定量的分析及描述评价。它要求评价产品的所有感官特性，如外观、嗅闻的气味特征、口中的风味特性（味觉，嗅觉及口腔的冷、热、收敛等知觉和余味）及组织特性和几何特性。

这类试验用于识别存在于某样品中的特殊感官指标。这不仅要求鉴评员具备人体感知食品品质特性和次序的能力，还要具备描述食品品质特性的专有名词的定义与其在食品中的实质含义的能力，具有总体印象或总体风味强度和总体差异分析的能力。可用于新产品的研制和开发、鉴别产品间的差别、质量控制等。

描述检验法可分为简单描述法和定量描述法，定量描述具体可分为风味描述法和质地描述法。

1. 简单描述法

简单描述法一般有两种形式：一种是由评价员用任意的词汇，对每个样品的特性进行描述。这种形式往往会使评价员不知所措，所以应尽量由非常了解产品特性的或受过专门训练的评价员来回答；另一种形式是首先提供指标检查表，使评价员能根据指标检查表进行评价。例如，外观，包括一般、深、苍白、暗状、油斑、白斑、褪色、斑纹、波动（色泽有变化）、有杂色；组织规则，包括一般、黏性、油腻、厚重、薄弱、易碎、断向粗糙、裂缝、不规则、粉状感有孔、有线散现象。

结果分析：评价员完成鉴评后，由鉴评小组的组织者统计这些结果。根据每一描述性词汇的使用频数得出评价结果，最好对评价结果进行公开讨论。

2. 定量描述法

（1）质地剖面描述

① 相关概念

a. 质地　用机械的、触觉的方法或在适当条件下用视觉的、听觉的接受器可接受到的所有产品的机械的、几何的和表面的特性。

b. 机械特性　与产品在压力下的反应有关的特性，包括硬性、黏聚性、黏度、弹性和黏附性。

c. 几何特性　与产品尺寸、形状和产品内微粒排列有关的特性。产品的几何特性是由位于皮肤（主要在舌头上）、嘴和咽喉上的触觉接受器来感知的。这些特性也可通过产品的外观看出。

d. 表面特性　由产品的水分和/或脂肪含量所产生的感官特性。这些特性也与产品在口腔中时水分和/或脂肪的释放方式有关。

e. 粒度　与感知到的与产品微粒的尺寸和形状有关的几何质地特性。如光滑的、白垩质的、粒状的、砂粒状的、粗粒的等术语构成了一个尺寸递增的微粒标度。

f. 构型　构型是与感知到的与产品微粒形状和排列有关的几何质地特性。与产品微粒的排列有关的特性体现产品紧密的组织结构。不同的术语与一定的构型相符合。如"纤维状的"、"蜂窝状的"、"晶状的"即指棱形微粒，如晶体糖；"膨胀的"，如爆米花、奶油面包；"充气的"，如聚氨酯泡沫、蛋糖霜、果汁糖等。

② 质地剖面的组成　通过系统分类描述产品所有的质地特性（机械的、几何的、表面的），可建立产品质地剖面。根据产品（食品或非食品）的类型，质地剖面一般包含以下方面。

a. 可感知的质地特性如机械的、几何的或其他特性。

b. 强度如可感知产品特性的程度。

c. 特性显示顺序，可列出如下。

• 咀嚼前或没有咀嚼：通过视觉或触觉（皮肤/手、嘴唇）来感知所有几何的、水分和脂肪特性。

• 咬第一口或一啜：在口腔中感知到机械的和几何的特性，以及水分和脂肪特性。

• 咀嚼阶段：在咀嚼和/或吸收期间，由口腔中的触觉接受器来感知特性。

• 剩余阶段：在咀嚼和/或吸收期间产生的变化，如破碎的速度和类型。

• 吞咽阶段：吞咽的难易程度，并对口腔中残留物进行描述。

③ 质地特性描述的词语

a. 硬性常使用软、硬、坚硬等形容词。

b. 黏聚性常使用与易碎性有关的形容词：已碎的、易碎的、破碎的、易裂的、脆的、有硬壳等。

c. 常使用与易嚼性有关的形容词：嫩的、老的、可嚼的。

d. 常使用与胶黏性有关的形容词：松脆的、粉状的、糊状的、胶状等。
　　e. 黏度常使用流动的、稀的、黏的等形容词。
　　f. 弹性常使用有弹性的、可塑的、可延展的、弹性状的、有韧性的等形容词。
　　g. 黏附性常使用黏的、胶性的、胶黏的等形容词。
　　另外，易碎性与硬性和黏聚性有关，在脆的产品中黏聚性较低而硬性可高低不等。易嚼性与硬性、黏聚性和弹性有关。胶黏性与半固体的（硬度较低）硬性、黏聚性有关。
　　④ 评价技术　在建立标准的评价技术时，要考虑产品正常消费的一般方式，所使用的技术应尽可能与食物通常的食用条件相符合。它包括如下几点。
　　a. 食物放入口腔中的方式。例如，用前齿咬，或用嘴唇从勺中舔，或整个放入口腔中。
　　b. 弄碎食品的方式。例如，只用牙齿嚼，或在舌头或上腭间摆弄，或用牙咬碎一部分然后用舌头摆弄并弄碎其他部分。
　　c. 吞咽前所处状态。例如，食品通常是在液体、半固体，还是作为唾液中微粒被吞咽。
　　（2）风味描述　风味描述分析的方法分成两大类型，描述产品风味达到一致的称为一致方法，不需要一致的称为独立方法。一致方法要求评价小组负责人组织讨论，所有评价员都是作为一个集体成员而工作，直至对每个结论都达到一致意见，从而可以对产品风味特性进行一致的描述。独立方法中，小组负责人一般不参加评价，评价小组意见不需要一致。评价员在小组内讨论产品风味，然后单独记录他们的感觉。
　　评价员和一致方法的评价小组负责人应该做以下几项工作：制定记录样品的特性目录；确定参比样（纯化合物或具有独特性质的天然产品）；规定描述特性的词汇；建立描述和检验样品的最好方法。
　　进行产品风味分析，必须完成下面几项工作。
　　① 特性特征的鉴定　用相关的术语规定感觉到的特性特征。
　　② 感觉顺序的确定　记录显现和察觉到各风味的特性所出现的顺序。
　　③ 强度评价　每种特性特征的强度（质量和持续时间）由评价小组或独立工作的评价员测定。特性特征强度可用如下几种标度来评估。
　　a. 标度 A　用数字评估。
　　0＝不存在
　　1＝刚好可识别
　　2＝弱
　　3＝中等
　　4＝强
　　5＝很强
　　b. 标度 B　用标度点"○"评估。
　　　　　　弱　○　○　○　○　○　○　强
　　在每个标度的两端写上相应的叙词，其中间级数或点数根据特性特征改变，在标度点"○"上写出的 1~7 数值，符合该点的强度。
　　c. 标度 C　用直线评估。
　　例如，在 100mm 长的直线上，距每个末端大约 10mm 处，写上叙词。评价员在线上作一个记号表明强度，然后测量评价员作的记号与线左端之间的距离（mm），表示强度数值。

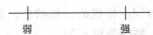

④ 余味审查和滞留度测定　样品被吞下之后（或吐出后），出现的与原来不同的特性特征称为余味。样品已经被吞下（或吐出后），继续感觉到的同一风味称为滞留度。某些情况下，可能要求评价员鉴别余味，并测定其强度，或者测定滞留度的强度和持续时间。

⑤ 综合印象的评估　综合印象是对产品的总体评估，它考虑到特性特征的适应性、强度、相一致的背景风味和风味的混合等。综合印象通常在一个三点标度上评估。

     3 高
     2 中
     1 低

【例题】　现有产品调味番茄酱，品尝后写出其特性特征的感觉顺序，并用数字表示特性特征强度。

特性特征感觉顺序	强度（标度 A）	特性特征感觉顺序	强度（标度 A）
番茄	4	胡椒	1
肉桂	1	余味	无
丁香	3	滞留度	相当长
甜度	2	综合印象	2

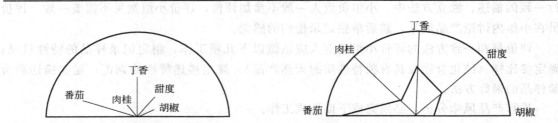

图 2-3　用线的长度表示每种特性强度，按顺时针方向表示特性感觉的顺序

图 2-4　每种特性强度记在轴上，连接各点，建立一个风味剖面的图示

图 2-5　一个圆形图示，原理同图 2-3 和图 2-4

第二节　实 验 实 训

一、配偶试验法

1. 实验目的

检验评价员的感官鉴别能力，考核评价员味觉感官的灵敏度。

2. 实验原理

从两组试样逐个取出各组的样品进行两两归类的方法称为配偶试验。

检验前,两组中样品的顺序必须是随机的,但样品的数目可不尽相同。如有 n 个鉴评员,A 组有 m 个样品,B 组可有 m 个样品,也可有 $m+1$ 或 $m+2$ 个样品,但配对数只能是 m 对(见表 2-5)。

表 2-5 配偶试验检验表($\alpha=5\%$)

m	S		m	S	
	$m+1$	$m+2$		$m+1$	$m+2$
3	3	3	5	3	3
4	3	3	6 以上	4	3

注:此表为 m 个和 $m+1$ 个或 $m+2$ 个样品配对时的检验表。

3. 实验方法

向评价员提供 5 种样品和两杯蒸馏水,共 7 杯试样,要求评价员选择出与甜、咸、酸、苦、鲜味相应的试样。

溶 液	浓度/(mg/100mL)	味	评价员的答案	答案正否
0.4%蔗糖	400	甜		
0.13%食盐	130	咸		
0.05%酒石酸	50	酸		
0.0004%的硫酸奎宁	0.4	苦		
0.05%谷氨酸钠	50	鲜		
蒸馏水		无味		
蒸馏水		无味		

A 组样品数为 5,B 组样品数为 7,在 5% 的显著性水平上,要求评价员能正确判断 3 个,才表明他对味道是有判断能力的。

二、三点检验法

1. 实验目的

练习用三点检验法判别试样的差别。

2. 实验原理

在分辨试验中,三点检验方法应用最为广泛。它同时提供 3 个编码样品,其中有两个样品是相同的,要求分析员挑选出其中单个样品的检验方法称为三点检验法。

此法适用于鉴别两个样品间的细微判别,也可应用于挑选和培训分析员或者考核分析员的能力。

3. 实验内容

每人领取几组(3 个试液杯为一组),由左至右依次品尝,体会感觉,记录结果。

组号	3 个样品的编号	单个样品的编号	答案正否

三、啤酒的感官检验

1. 实验目的

（1）了解啤酒感官检验的内容。

（2）熟悉啤酒的感官品评用语。

（3）比较几种不同品牌的淡色啤酒感官质量的差异。

2. 实验原理

（1）啤酒感官质量判别的内容 啤酒的感官质量主要从以下 6 个方面判别。

① 色泽 淡色啤酒的酒液呈浅黄色，也有微带绿色的。

② 透明度 啤酒在规定的保持期内，必须能保持洁净透明的特点，无小颗粒和悬浮物，不应有任何浑浊或沉淀现象发生。

③ 泡沫 泡沫是啤酒的重要特征之一，啤酒也是唯一以泡沫体作为主要质量指标的酒精类饮料。

④ 风味和酒体 一般日常生活中常见的淡色啤酒应具有较显著的酒花香和麦芽清香以及细微的酒花苦味，入口苦味爽快而不长久，酒体爽而不淡，柔和适口。

⑤ 二氧化碳含量 具有饱和充足的二氧化碳，能赋予啤酒一定的杀口力，给人以合适的刺激感。

⑥ 饮用温度 啤酒的饮用温度很重要。在适宜的温度下，酒液中很多有益成分的作用就能协调互补，给人一种舒适爽快的感觉。啤酒宜在较低的温度下饮用，一般以 12℃左右为好。

（2）色泽鉴别

① 良质啤酒 以淡色啤酒为例，酒液浅黄色或微带绿色，不呈暗色，有醒目光泽，清亮透明，无小颗粒、悬浮物和沉淀物。

② 次质啤酒 色淡黄或稍深些，透明，有光泽，有少许悬浮物或沉淀物。

③ 劣质啤酒 色泽暗而无光或失光，有明显悬浮或沉淀，有可见小颗粒，严重者酒体浑浊。

（3）泡沫鉴别

① 良质啤酒 注入杯中立即有泡沫窜起，起泡力强，泡沫厚实且盖满酒面，沫体洁白细腻，沫高占杯子的 1/2～2/3，同时见到细小如珠的气泡自杯底连续上升，经久不失，泡沫挂杯持久，在 4min 以上。

② 次质啤酒 倒入杯中的泡沫升起较高较快，色较洁白，挂杯时间持续 2min 以上。

③ 劣质啤酒 倒入杯中，稍有泡沫且消散很快，有的根本不起泡沫；起泡者泡沫粗黄，不挂杯，似一杯冷茶水状。

（4）香气鉴别

① 良质啤酒 有明显的酒花香气和麦芽清香，无生酒花味、无老化味、无酵母味，也无其他异味。

② 次质啤酒 有酒花香气但不显著，也没有明显的怪异气味。

③ 劣质啤酒 无酒花香气，有怪异气味。

（5）啤酒口味的感官鉴别

① 良质啤酒 口味纯正，酒香明显，无任何异杂滋味。酒质清冽，酒体协调柔和，杀

口力强，苦味细腻、微弱、清爽而愉快，无后苦，有再饮欲。

② 次质啤酒　口味纯正，无明显的异味，但香味平淡、微弱，酒体尚属协调，具有一定杀口力。

③ 劣质啤酒　味不正，淡而无味，或有明显的异杂味、怪味，如酸味、馊味、铁腥味、苦涩味、老熟味等，也有的甜味过于浓重，更有甚者苦涩得难以入口。

3. 实验原料

从市场上购买几中不同价格不同品牌的淡色啤酒。

4. 实验方法

评酒的顺序一般是一看、二嗅、三尝、四综合、五评语。

(1) 看——评色泽　观察酒的色泽，有无失光、浑浊，有无悬浮物和沉淀等。

(2) 嗅——评香气　酒杯放在鼻孔下方 7cm 距离，轻嗅气味，共分两次进行。

(3) 尝——评口味　喝一小口，在口腔中做舌面运动，然后吐出。

(4) 体——评酒体风格　即酒体。是感官对酒的色、香、味的综合评价，是感觉器官的综合感受，代表了酒在色香味方面的全面品质。

四、白酒的感官检验

1. 实验目的

(1) 了解白酒感官检验的内容。

(2) 熟悉白酒的感官品评用语。

(3) 掌握各类香型白酒的典型风格。

2. 实验原理

(1) 白酒香气的典型性　白酒按香气的典型性来分有酱香型、浓香型、清香型、米香型及其他香型。白酒的各香型及特点见表 2-6。

表 2-6　白酒的各香型及特点

香型	代表酒	主体香气成分	特　点
酱香型	贵州茅台酒		酱香突出，优雅细腻，回味悠长。颜色允许微黄，以酱香为主，略有焦香
浓香型	泸州老窖特曲、五粮液	己酸乙酯	窖香浓郁，绵甜甘洌，香味协调，尾净余长。有糟香、微量的泥香
清香型	山西汾酒	乙酸乙酯、乳酸乙酯（衬托作用）	清香纯正，醇甜柔和，自然协调，余味净。"清、正、净、长"，以清字当头，一清到底
米香型	桂林三花酒	β-苯乙醇	入口柔绵，落口爽净，回味怡畅。以米香突出

(2) 白酒的色　白酒的色包括色泽、透明度、有无悬浮物及沉淀物等外观状况。

(3) 白酒的香气　白酒的香气是通过人的嗅觉器官来检验的，它的感官质量标准是香气协调有愉快感，主体香突出而无其他杂味。同时应考虑其溢香、喷香、留香。

(4) 白酒的味

(5) 白酒的格　又称酒体、典型性，是指酒色、香、味的综合表现。它是由原料、工艺相结合而创造出来的，即使原料、工艺大致相同，通过精心勾兑，也可创出自己的风格。评酒就是对一种酒判断其是否有典型性及它的强弱。

3. 实验方法

(1) 白酒尝评的方法

① 一杯品尝法　先拿出一杯酒样，尝后将酒样取走，然后拿出另一个酒样，要求尝后

做出这两个酒样是否相同的判断。这种方法一般是用来训练或考核评酒员的记忆力(即再现性)和感觉器官的灵敏度。

② 两杯品尝法　一次拿出两杯酒，一杯是标准酒，另一杯是酒样，要求品尝出两者的差异(如无差异、有差异、差异小和差异大等)。有时两种均为标准酒，并无差异。这是用来考核评酒员的准确性。此法在酒厂最常采用。

③ 三杯品尝法(三点检验法)

④ 顺位品评法　将几种酒样分别在杯上做好记录，然后要求评酒员按酒度的高低或酒质的优劣，顺序排列。此法在我国各地评酒时最常采用。为了避免顺效应和后效应，每次酒样不宜安排过多，评完一轮酒后，要有适当间歇。最好能食用少量的中性面包，以消除感觉的疲劳。评酒时，应先按1、2、3、4、5的顺序品评，再按5、4、3、2、1的顺序品评，如此反复几次，再慢慢地体会自然感受，做出正确判断。

(2) 白酒色、香、味、格的判别方法

① 白酒色的鉴别　用手举杯对光，白纸作底，用肉眼观察酒的色调、透明度及有无悬浮物、沉淀等。正常的白酒(包括低度白酒)应是无色透明的澄清液体，不浑浊，没有悬浮物及沉淀物。

常用的术语有：无色、无色透明、清澈透明、晶亮、清亮、略失光、微浑、悬浮物、沉淀、微黄。

② 白酒香气的鉴别　评气味时，执酒杯于鼻下7～10cm左右，头略低，轻嗅其气味。这是第一印象，应充分重视。嗅一杯，立刻记下一杯的香气情况，避免各杯相互混淆，稍间歇后再嗅第二杯。也可几杯嗅完后再做记录。可以先按1、2、3、4、5的顺序，再按5、4、3、2、1的顺序反复几次嗅闻。

对某种(杯)酒要进行更细致的辨别或只有极微差异而难于确定名次的，可以采取特殊的嗅香方法，其法有四。

a. 用一条普通滤纸，让其浸入酒杯中吸一定量的酒样，嗅纸条上散发的气味，然后将纸条放置10min左右再嗅闻一次。这样可辨别酒液放香的浓淡和时间的长短，同时也易于辨别出酒液有无杂味及气味大小。这种方法应用于酒质相似的白酒，效果最好。

b. 在洁净的手心滴入一定数量的酒样，再握紧手形成拳心，从大拇指和食指间形成的空隙处，嗅闻其香气，以此验证所判断的香气是否正确，效果明显。

c. 将少许酒样置于手背上，借用体温，使酒液挥发，及时嗅其气味。此法可用于辨别酒香气的浓淡和香气的真伪、留香的长短和好坏。

d. 酒样评完后，将酒倒出，留出空杯，放置一段时间，或放置过夜，以检查留香。此法对酱香型酒的品评有显著效果。

常用的术语有：芳香、特殊芳香、芳香悦人、芳香浓郁、芬芳优；浓香、曲香、喷香、溢香、留香、醇香、酯香、窖香、酱香、米香、焦香、豉香；香气不足、放香差、香不正、带异香；新酒气、冲鼻、刺鼻、糠臭、酸气。

香气不足：未达到该酒正常应有的香气。

细腻：香气纯净而细致、柔和。

纯正：纯净无杂气。

喷香：香气扑鼻。

入口香：酒液入口挥发后感受到的香气。

余香：饮后余留的香气。
醇香：一般白酒的正常香气。
曲香：酿造白酒用的曲形成的特殊香气。
窖香：浓香型白酒特有的香气。
悠长、绵长、绵绵：形容香气持久不息。

③ 白酒味的鉴别　这是尝评中最重要的部分。尝评顺序可依香气的排列次序，先从香气较淡的开始，将酒饮入口中，注意酒液入口时要慢而稳，使酒液先接触舌尖，再两侧，最后到舌根，使酒液铺满舌面，进行味觉的全面判断。

除了味的基本情况外，更要注意味的协调及刺激的强弱、柔和、有无杂味、是否愉快等。高度白酒每口饮入量为2～3mL，低度白酒为3～5mL较为适宜。酒液在口中停留时间一般为2～3s，便可将各种味道分辨出来。酒液在口中不宜停留过久，以免造成疲劳。

酒类都含有酒精，所以酒一入口，都有酒的刺激性感觉，有强烈的、温和的、绵软的。我国各种酒类都不要求突出或有显著的酒精味，所以即使用酒精勾兑的白酒，如果不能消除酒精味则是劣质酒。

常用的术语有：醇和、醇厚、诸味协调、酒体醇厚、入口甘美、回味悠长、后味怡畅、落口甘冽、酸味、涩味、焦糊味等。

④ 白酒格的鉴别　描写风格常用的术语有：独特、突出、优雅、别致、风格不突出、酒体完美、酒体丰满、酒体粗劣。

复 习 题

1. 感官分析有哪三大学科支柱？这三大学科的引入给感官分析的发展带来了哪些影响？
2. 生产过程中的各环节分别应用哪类感官分析方法？
3. 感觉的基本规律有哪些？它们在感官分析中有哪些应用？
4. 如何评价味觉、嗅觉？味觉、嗅觉识别技术的要点是什么？
5. 举例说明色泽对食品成熟度、品质等方面的影响。
6. 感官分析受哪些主观、客观因素的影响？如何控制这些因素确保感官分析结果的正确？
7. 列表说明常用感官分析方法的分类、适用范围。

模块三　食品物理分析检验技术

> **学习目标**
> 1. 重点掌握相对密度、折射率、比旋光度的定义及其测定仪器，密度瓶、折射仪、旋光仪的使用方法及其注意事项。
> 2. 掌握测定密度瓶、折射仪、旋光仪的构造。
> 3. 了解测定相对密度、折射率、比旋光度的意义，密度计、折射仪、旋光仪的工作原理。

第一节　知 识 讲 解

在食品检验中，根据食品的相对密度、折射率、旋光度、黏度、浊度等物理常数与食品的组分含量之间的关系进行检测的方法称为物理检验法。由于物理特性的测定比较便携，因此物理特性是食品生产中常用的工艺控制指标，物理分析检验技术是食品工业中重要的常用的操作技术。

一、相对密度法

（一）密度和相对密度

密度是指物质在一定温度下单位体积的质量，以符号 ρ 表示，其单位为 g/mL。

相对密度是指某一温度下物质的质量与同体积某一温度下水的质量之比，以符号 d 表示，无量纲。

（二）测定相对密度的意义

相对密度是物质重要的物理常数，各种液态食品都具有一定的相对密度，当其组成成分及浓度发生改变时，其物质的相对密度往往也随之改变。通过测定液态食品的相对密度，可以检验食品的纯度、浓度及判断食品的质量。

蔗糖、酒精等溶液的相对密度随着溶液浓度的增加而增高，通过实验已制定了溶液浓度与相对密度的对照表，只要测得了相对密度就可以由专用的表格上查出其对应的浓度。正常的液态食品，其相对密度都在一定的范围内。例如，全脂牛奶的相对密度为 1.032～1.082，压榨植物油的相对密度为 0.9090～0.9295。当因掺假、变质等原因引起这些液态食品的组成成分发生变化时，均可出现相对密度的变化。如乳品厂在原料和产品验收时需要测定牛奶的相对密度，通过相对密度的测定，可检出牛奶是否脱脂、是否掺水等，脱脂乳相对密度升高掺水乳相对密度下降，从而可以了解产品及原料的质量。对油脂相对密度的测定，可了解油脂是否酸败，因为油脂酸败后相对密度比没有酸败的高。对于某些果汁、番茄制品等，在一些罐头手册上已制成相对密度与固形物的关系表，根据相对密度即可查出可溶性固形物或总固形物的含量。总之，相对密度是食品生产过程中常用的工艺控制指标和质量控制指标。

（三）测定相对密度的方法

测定液态食品相对密度的方法有密度瓶法、密度计法、密度天平法，其中较常用的是前两种方法。密度瓶法测定结果准确，但耗时；密度计法则简易迅速，但测定结果准确度较差。

1. 密度瓶法

（1）仪器　密度瓶是测定液体相对密度的专用精密仪器，它是容积固定的玻璃称量瓶，其种类和规格有多种。常用的有带毛细管的普通密度瓶和带温度计的精密密度瓶，见图 3-1。密度瓶有 20mL、25mL、50mL、100mL 四种规格，但常用的是 25mL 和 50mL 两种。

（2）测定原理　密度瓶具有一定的容积，在一定温度下，用同一密度瓶分别称量样品溶液和蒸馏水的质量，两者之比即为该样品溶液的相对密度。

（3）测定方法　首先将密度瓶依次用洗液、自来水、蒸馏水、乙醇洗涤后，烘干并冷却，精密称量。装满样液，盖上瓶盖，置 20℃水浴中浸 0.5h，使内容物的温度达到 20℃，用滤纸条吸去支管标线上的样液，盖上侧管帽后取出。用

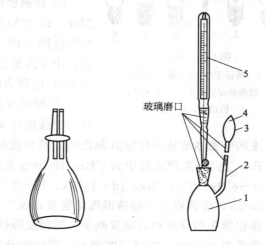

(a) 带毛细管的普通密度瓶　　(b) 带温度计的精密密度瓶

图 3-1　密度瓶

1—密度瓶；2—支管；3—侧孔；4—支管上小帽；5—温度计

滤纸把瓶外擦干，置天平室内 30min 后称量。将样液倾出，洗净密度瓶，装入煮沸 30min 并冷却至 20℃以下的蒸馏水，依上述方法重复操作，测出同体积 20℃蒸馏水的质量。结果计算：

$$d = \frac{m_2 - m_0}{m_1 - m_0}$$

式中　m_0——密度瓶的质量，g；
　　　m_1——密度瓶和水的质量，g；
　　　m_2——密度瓶和样品的质量，g；
　　　d——试样在 20℃时的相对密度。

（4）说明　①本法适用于测定各种液体食品的相对密度，特别适合于样品量较少的组分的测定，对挥发性样品也适用，结果准确，但操作过程较繁琐。②测定较黏稠样品时，宜使用具有毛细管的密度瓶。③拿取已达恒温的密度瓶时，不得用手直接接触密度瓶球部，以免液体受热流出，应带隔热手套拿取瓶颈或用专用工具夹取。④水及样品必须装满密度瓶，瓶内不得有气泡产生。⑤水浴中的水必须清洁无油污，防止瓶外壁被污染。⑥天平室温度不得高于 20℃，否则液体会膨胀流出。

2. 密度计法

（1）仪器　密度计是根据阿基米德原理制成的，其种类繁多，但结构和形式基本相同，都是由玻璃外壳制成的，并由三部分组成。头部是球形或圆锥形，内部灌有铅珠、水银或其

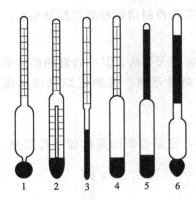

图 3-2 密度计
1—糖锤度计；2—附有温度计的糖锤度计；3，4—波美计；
5—酒精计；6—乳稠计

他重金属，中部是胖肚空腔，内有空气，故能浮起，尾部是一根细长管，内附有刻度标记，刻度是利用各种不同密度的液体进行标定的，从而制成了各种不同标度的密度计。密度计法是测定液体相对密度最简单、快捷的方法，但准确度较密度瓶法低。食品工业中常用的密度计按其标度方法的不同，可分为普通密度计、糖锤度计、酒精计、乳稠计、波美计等，见图 3-2。

① 普通密度计　普通密度计以 20℃时的相对密度值为刻度，以 20℃为标准温度。一套通常由几支组成，每支的刻度范围不同，刻度值大于 1 (1.000～2.000) 的称为重表，用于测量比水密度大的液体；刻度值小于 1 (0.700～1.000) 的称为轻表，用于测量比水密度小的液体。

② 糖锤度计　糖锤度计是专用于测定糖液浓度的密度计，糖锤度计又称勃力克斯（Brix），以°Bx 表示，是用已知浓度的纯蔗糖溶液来标定其刻度的。其刻度标度方法是以 20℃为标准温度，在蒸馏水中为 0°Bx，在 1%蔗糖溶液中为 1°Bx，即 100g 蔗糖溶液中含 1g 蔗糖。常用糖锤度计的刻度范围有 1～6°Bx、5～11°Bx、10～16°Bx、15～21°Bx、20～26°Bx 等。若测定温度不是标准温度（20℃），应该根据"糖液温度浓度校正表"进行温度校正。当测定温度高于 20℃时，因糖液体积膨胀而导致相对密度减少，即锤度降低，故应加上相应的温度校正值；相反，当测定温度低于 20℃时，相对密度增大，即锤度升高，则应减去相应的温度校正值。例如，在 17℃时观测锤度为 22.00°Bx，查表得知校正值为 0.18，则标准温度时糖锤度为 22.00－0.18＝21.82°Bx；在 24℃时观测锤度为 16.00°Bx，查表得知校正值为 0.24，则标准温度时糖锤度为 16.00＋0.24＝16.24°Bx。

③ 酒精计　酒精计是用于测量酒精浓度的密度计。它是用已知酒精浓度的纯酒精溶液来标定其刻度的，其刻度标度方法是以 20℃时在蒸馏水中为 0，在 1%（体积分数）的酒精溶液中为 1，故从酒精计上可以直接读取样品溶液中酒精的体积分数。若测定温度不在 20℃，需要根据"酒精温度浓度校正表"来校正。例如，25.5℃时直接读数为 96.5%，查表得知 20℃时的酒精含量为 95.35%。

④ 乳稠计　乳稠计是专用于测定牛乳相对密度的密度计，测定相对密度的范围为 1.015～1.045。它是将相对密度减去 1.000 后再乘以 1000 作为刻度，以度（°）表示，其刻度范围为 15～45。使用时把测得的读数按上述关系换算为相对密度值。例如，测得读数为 30°，则相当于相对密度为 1.030。乳稠计按其标度方法不同分为两种，一种是按 20℃/4℃标定的，另一种是按 15℃/15℃标定的。两者的关系是：后者读数是前者读数加 2，即 $d_{15}^{15}＝d_4^{20}＋0.002$。使用乳稠计时，若测定温度不是标准温度，应将读数校正为标准温度下的读数。对于 20℃/4℃乳稠计，在 10～25℃范围内，温度每升高 1℃乳稠计读数平均下降 0.2°，即相当于相对密度值平均减小 0.0002。所以当乳液温度高于标准温度 20℃时，每高 1℃应在得出的乳稠计读数上加 0.2°；相反，若乳液温度低于 20℃时，每低 1℃应减去 0.2°。例如，16℃时，20℃/4℃乳稠计读数为 31°，若换算为 20℃时的数值，应为 31°－(20－16)×0.2°＝30.2°，即牛乳相对密度 $d_4^{20}＝1.0302$，而 $d_{15}^{15}＝1.0302＋0.002＝1.0322$；25℃时 20℃/4℃乳稠计读数为 29.8°，则换算为 20℃时应为 29.8°＋(25－20)×0.2°＝30.8°，即牛

乳相对密度 $d_4^{20}= 1.0308$，而 $d_{15}^{15} = 1.0308+0.002 = 1.0328$。

⑤ 波美计　波美计是以波美度（以符号°Bé表示）来表示液体浓度大小的。按标度方法的不同分为多种类型，常用波美计的刻度标度方法是以20℃为标准，在蒸馏水中为0°Bé，在15％氯化钠溶液中为15°Bé，在纯硫酸（相对密度为1.8427）中为66°Bé，其余刻度等分。波美计分为轻表和重表两种，分别用于测定相对密度小于1和大于1的液体。波美度与相对密度之间存在下列关系：

$$轻表：1°Bé=\frac{145}{d_{20}^{20}}-145 \qquad 或\ d_{20}^{20}=\frac{145}{145+1°Bé}$$

$$重表：1°Bé=145-\frac{145}{d_{20}^{20}} \qquad 或\ d_{20}^{20}=\frac{145}{145-1°Bé}$$

（2）测定方法　将混合均匀的被测样液沿筒壁缓缓注入适当的清洁量筒中，注意避免起泡沫。将密度计洗净擦干，缓缓放入样液中，待其静止后，再轻轻按下少许，然后待其自然上升，静止并无气泡冒出后，从水平位置读取与液面相交处的刻度值。同时用温度计测量样液的温度，如测得温度不是标准温度，应对测得值加以校正。

（3）说明　①该法操作简便迅速，但准确性差，需要样液量多，且不适于极易挥发的样品。②操作时应注意不要让密度计接触量筒的壁及底部，待测液中不得有气泡。③读数时应以密度计与液体形成弯月面的下缘为准；若液体颜色较深，不易看清弯月面下缘时，则以弯月面上缘为准。

二、折射法

（一）折射率

光线从一种介质（如空气）射到另一种介质（如水）时，除了一部分光线反射回第一种介质外，另一部分会进入第二种介质中并改变它的传播方向，这种现象叫做光的折射。对某种介质来说，入射角正弦与折射角正弦之比恒为定值，它等于光在两种介质中的速度之比，此值称为该介质的折射率。

物质的折射率是物质的特征常数之一，不同的物质有不同的折射率。对于同一种物质，其折射率的大小取决于该物质溶液的浓度大小。折射率还与入射光的波长、温度有关，因而一般在折射率 n 的右上角需标注温度，右下角需标注波长。

（二）测定折射率的意义

折射率是食品生产中常用的工艺控制指标，通过测定液态食品的折射率，可以确定食品的浓度，鉴别食品的组成，判断食品的纯净程度及品质。

蔗糖溶液的折射率随浓度增大而升高，通过测定折射率可以确定糖液的浓度及饮料、糖水罐头等食品的糖度，还可以测定以糖为主要成分的果汁、蜂蜜等食品的可溶性固形物的含量。

每种脂肪酸均有其特定的折射率。含碳原子数目相同时，不饱和脂肪酸的折射率比饱和脂肪酸的折射率大得多，不饱和脂肪酸分子量越大，折射率也越大，酸度高的油脂折射率低。因此测定折射率可以鉴别油脂的组成和品质。

正常情况下，某些液态食品的折射率有一定的范围，如正常牛乳乳清的折射率在1.34199～1.34275之间。当这些液态食品因掺杂、浓度改变或品种改变等原因而引起食品的品质发生变化时，折射率常也会发生变化。所以测定折射率可以初步判断某些食品是否变质。

必须指出的是，折射法测得的只是可溶性固形物含量，因为固体粒子不能在折射仪上反应出它的折射率，含有不溶性固形物的样品，不能用折射仪直接测出总固形物的含量。但对于番茄酱、果酱等个别食品，已通过实验编制了总固形物与可溶性固形物关系表，先用折射仪测出可溶性固形物含量，即可从表中查出总固形物的含量。

（三）测定折射率的方法

1. 仪器

测定物质折射率的仪器称为折射仪，其种类很多，食品工业中最常用的是阿贝折射仪。

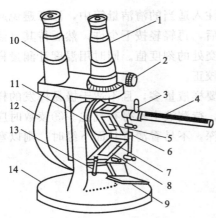

以上海光学仪器厂生产的 2W 型阿贝折射仪为例，其构造见图 3-3 所示。该仪器由望远系统和读数系统两部分组成，分别由测量镜筒和读数镜筒进行观察，属于双镜筒折射仪。在测量系统中，主要部件是两块直角棱镜，上面一块表面光滑，为折光棱镜，下面一块是磨砂面的，为进光棱镜（辅助棱镜）。两块棱镜可以启开与闭合，当两棱镜对角线平面叠合时，两镜之间有一细缝，将待测溶液注入细缝中，便形成一薄层液。当光由反射镜入射而透过表面粗糙的棱镜时，光在此毛玻璃面产生漫射，以不同的入射角进入液体层，然后到达表面光滑的棱镜，光线在液体与棱镜界面上发生折射。

图 3-3 2W 型阿贝折射仪的构造
1—测量镜筒；2—阿米西棱镜手轮；
3—恒温器接头；4—温度计；5—测量棱镜；
6—铰链；7—辅助棱镜；8—加样品孔；
9—反射镜；10—读数镜筒；11—转轴；
12—刻度盘罩；13—棱镜锁紧扳手；14—底座

另一类阿贝折射仪是将望远系统与读数系统合并在同一个镜筒内，通过同一目镜进行观察，属单镜筒折射仪，例如 2WA-J 型阿贝折射仪，其构造见图 3-4 所示，工作原理与 2W 型阿贝折射仪相似。

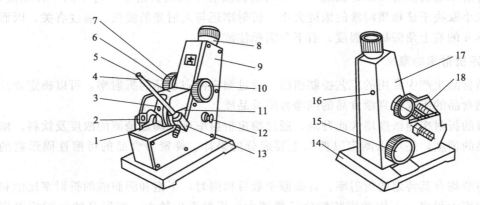

图 3-4 2WA-J 型阿贝折射仪的构造
1—反射镜；2—转轴折射棱镜；3—遮光板；4—温度计；5—进光棱镜；6—色散调节手轮；
7—色散值刻度圈；8—目镜；9—盖板；10—棱镜锁紧手轮；11—折射棱镜座；
12—照明刻度盘聚光镜；13—温度计座；14—底座；15—折射刻度调节手轮；
16—调节物镜螺丝孔；17—壳体；18—恒温器接头

2. 测定方法

(1) 以 2W 型阿贝折射仪为例

① 准备工作　将阿贝折射仪安放在光亮处，但应避免阳光的直接照射，以免液体试样受热迅速蒸发。将折射仪与恒温水浴连接（不必要时，可不用恒温水），调节所需要的温度[一般恒温选用 (20.0±0.1)℃ 或 (25.0±0.1)℃]，同时检查保温套的温度计是否准确；打开直角棱镜，用丝绢或擦镜纸蘸少量 95% 乙醇或丙酮轻轻擦洗上、下镜面，注意只可单向擦而不可来回擦，待晾干后方可使用。

② 仪器校准　使用之前应用重蒸馏水或已知折射率的标准折射玻璃块来校正标尺刻度。如果使用标准折射玻璃块来校正，先拉开下面棱镜，用一滴 1-溴代萘把标准折射玻璃块贴在折射棱镜下，旋转棱镜转动手轮（在刻度盘罩一侧），使读数镜内的刻度值等于标准折射玻璃块上注明的折射率，然后用附件孔调节板手转动示值调节螺钉（该螺钉处于测量镜筒中部），使明暗界线和十字线交点相合；如果使用重蒸馏水作为标准样品，只要把水滴在下面棱镜的毛玻璃面上，并合上两棱镜，旋转棱镜转动手轮，使读数镜内刻度值等于水的折射率，然后同上方法操作，使明暗界线和十字线交点相合。

③ 样品测量　测量时，用洁净的长滴管将待测样品液体 2～3 滴均匀地置于下面棱镜的毛玻璃面上，迅速关紧棱镜；调节反射镜，使光线射入样品；然后轻轻转动棱镜手轮，并在望远镜筒中找到明暗分界线，若出现彩带，则调节阿米西棱镜手轮，消除色散，使明暗界线清晰；再调节棱镜调节手轮，使明暗分界线对准十字线交点；记录读数及温度，重复测定 1～3 次。如果是挥发性很强的样品，可把样品液体由棱镜之间的小槽滴入，快速进行测定。

④ 测定完后，立即用 95% 乙醇或丙酮擦洗上、下棱镜，晾干后再关闭。

(2) 以 2WA-J 型阿贝折射仪为例

① 准备工作　同 2W 型阿贝折射仪的操作方法。

② 仪器校准　对折射棱镜的抛光面加 1～2 滴溴代萘，把标准玻璃块贴在折射棱镜抛光面上，当读数视场指示于标准玻璃块上的折射率时，观察望远镜内明暗分界线是否在十字线中间，若有偏差，则用螺丝刀微量旋转物镜调节螺丝孔中的螺丝，使分界线和十字线交点相合。

③ 样品测量　将被测液体用干净滴管滴加在折射镜表面，并将进光棱镜盖上，用棱镜锁紧手轮锁紧，要求液层均匀，充满视场，无气泡。打开遮光板，合上反射镜，调节目镜视度，使十字线成像清晰，此时旋转折射率刻度调节手轮，并在目镜视场中找到明暗分界线的位置；若出现彩带，则旋转色散调节手轮，使明暗界线清晰；再调节折射率刻度调节手轮，使分界线对准十字线交点；再适当转动刻度盘聚光镜，此时目镜视场下方显示的示值即为被测液体的折射率。

3. 注意事项

(1) 使用时要注意保护棱镜，清洗时只能用擦镜纸而不能用滤纸等。加试样时不能将滴管口尖端直接触及镜面，以免造成划痕。对于酸碱等腐蚀性液体不得使用阿贝折射仪，也不能测定对棱镜、保温套之间的黏合剂有溶解性的液体。

(2) 每次测定时，试样不可加得太多，一般只需加 2～3 滴即可。

(3) 仪器在使用或贮藏时均不得曝于日光中，不用时应放入木箱内，木箱置于干燥的地方。放入前应注意将金属夹套内的水倒干净，管口要封起来。

(4) 测量时应注意恒温温度是否正确。如欲测准至 ±0.0001，则温度变化应控制在

±0.1℃的范围内。若测量精度要求不是很高,则可放宽温度范围或不使用恒温水。

(5) 阿贝折射仪不能在较高温度下使用;对于易挥发或易吸水的样品测量比较困难;对样品的纯度要求较高。

(6) 读数时,要将明暗界线调到目镜中十字线的交叉点上,以保证镜筒的轴与入射光线平行。有时在目镜中观察不到清晰的明暗分界线,而是畸形的,这是由于棱镜间未充满液体;若出现弧形光环,则可能是由于光线未经过棱镜而直接照射到聚光透镜上;若待测试样折射率不在1.3~1.7范围内,则阿贝折射仪不能测定,也看不到明暗分界线。

(7) 常用的阿贝折射仪可读至小数点后的第四位,为了使读数准确,一般应将试样重复测量3次,每次相差不能超过0.0002,然后取平均值。

(8) 要注意保持仪器清洁,保护刻度盘。在每次使用前应洗净镜面;在使用完毕后,也应用丙酮或95%乙醇洗净镜面,并用擦镜纸擦干,最后用两层擦镜纸夹在两棱镜镜面之间,以免镜面损坏。

(9) 用毕后将仪器放入有干燥剂的箱内,放置于干燥、空气流通的室内,防止仪器受潮。搬动仪器时应避免强烈振动和撞击,防止光学零件损伤而影响精度。

三、旋光法

(一)旋光度与比旋光度

光是一种电磁波,光波的振动平面与其前进方向互相垂直。自然光具有无数个与光的前进方向互相垂直的光波振动面,见图3-5(a)。若使自然光通过尼克尔棱镜,由于只有振动面与尼克尔棱镜的光轴平行的光波才能通过尼克尔棱镜,所以通过尼克尔棱镜的光,只有一个与光的前进方向互相垂直的光波振动面。这种只在一个平面上振动的光叫做平面偏振光,简称偏振光,见图3-5(b)、图3-6。

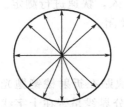
(a) 自然光

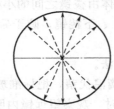
(b) 偏振光(虚线部分)

图3-5 光波振动平面示意图

物质能使偏振光的振动平面旋转一定角度的性质,称为旋光性或光学活性。具有旋光性的物质,叫做旋光性物质或光学活性物质。许多食品成分都具有光学活性,如氨基酸、生物碱和碳水化合物等。其中能把偏振光的振动平行向右旋转的,称为"具有右旋性",以"+"号表示;反之,称为"具有左旋性",以"-"号表示。

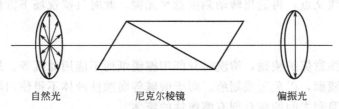

自然光　　　尼克尔棱镜　　　偏振光

图3-6 自然光通过尼克尔棱镜后产生的偏振光
(双箭头表示光波的振动平面)

旋光性物质使偏振光的振动平面旋转的角度叫做旋光度,以α表示。旋光度的大小与光源的波长、温度、旋光性物质的种类、溶液的浓度及液层的厚度有关。对于特定的光学活性物质，在光源波长和温度一定的情况下，其旋光度 α 与溶液的浓度 c 和液层的厚度 L 成正比，即：$\alpha = KcL$。

当旋光性物质的浓度为 1g/mL，液层厚度为 1dm 时所测得的旋光度称为比旋光度，以 $[\alpha]_\lambda^t$ 表示。由上式可知：$[\alpha]_\lambda^t = K \times 1 \times 1 = K$。

即：
$$[\alpha]_\lambda^t = \frac{\alpha}{Lc} \text{ 或 } c = \frac{\alpha}{[\alpha]_\lambda^t L}$$

式中 $[\alpha]_\lambda^t$ ——比旋光度，(°)；
　　　t ——温度，℃；
　　　λ ——光源波长，nm；
　　　α ——旋光度，(°)；
　　　L ——液层厚度或旋光管长度，dm；
　　　c ——溶液浓度，g/mL。

比旋光度与光的波长及测定温度有关。通常规定用钠光 D 线（波长 589.3nm）在 20℃时测定，在此条件下，比旋光度用 $[\alpha]_D^{20}$ 表示。主要糖类的比旋光度见表 3-1。

表 3-1　主要糖类的比旋光度

糖　类	$[\alpha]_D^{20}$	糖　类	$[\alpha]_D^{20}$
葡萄糖	+52.5	乳糖	+53.3
果糖	-92.5	麦芽糖	+138.5
转化糖	-20.0	糊糖	+194.8
蔗糖	+66.5	淀粉	+196.4

（二）测定旋光度的意义

像熔点、沸点、折射率一样，比旋光度是一个只与分子结构有关的表征旋光性物质特征的物理常数，它对鉴定旋光性化合物有重要意义。

因在一定条件下比旋光度 $[\alpha]_\lambda^t$ 是已知的，L 为定值，故测得旋光度 α 就可计算出旋光物质溶液的浓度。

（三）测定旋光度的方法

1. 仪器

测定溶液或液体的旋光度的仪器称为旋光仪。常用的旋光仪主要由光源、起偏镜、样品管（也叫旋光管）和检偏镜几部分组成，见图 3-7 所示。光源为炽热的钠光灯，其发出波长为 589.3nm 的单色光；起偏镜是由两块光学透明的方解石黏合而成，也叫尼克尔棱镜，其作用是使自然光通过后产生所需要的平面偏振光；样品管用于装待测定的旋光性液体或溶液，其长度有 1dm 和 2dm 等几种。当偏振光通过盛有旋光性物质的样品管后，因物质的旋光性使偏振光不能通过检偏镜，必须将检偏镜扭转一定角度后才能通过，因此要调节检偏镜进行配光。由装在检偏镜上的标尺盘上移动的角度，可指示出检偏镜转动的角度，该角度即为待测物质的旋光度。

为了准确判断旋光度的大小，测

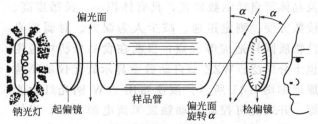

图 3-7　旋光仪的构造图及其工作原理

定时通常在视野中分出"三分视场",如图 3-8 所示。当检偏镜的偏振面与起偏镜偏振面平行时,可观察到图 3-8(a)所示,即当中较暗,两旁明亮;当检偏镜的偏振面与通过棱镜的光的偏振面平行时,通过目镜可观察到图 3-8(b)所示,即当中明亮,两旁较暗;只有当检偏镜的偏振面处于 $1/2\phi$(半暗角)的角度时,视场内明暗相等,如图 3-8(c)所示,这一位置即作为零度,使游标尺上 0°对准刻度盘 0°。测定时,调节视场内明暗相等,以使观察结果准确。一般在测定时选取较小的半暗角,由于人的眼睛对弱照度的变化比较敏感,视野的照度随半暗角 ϕ 的减小而变弱,所以在测定中通常选几度到十几度的结果。

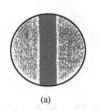
(a)
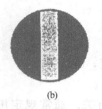
(b)
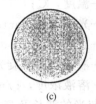
(c)

图 3-8 三分视场

上海物理光学仪器厂制造的 WXG-4 型圆盘旋光仪将光源(20W 钠光灯,$\lambda=589.3$nm)与光学系统安装在同一台基座上,光学系统以倾斜 20°安装,操作十分方便。该仪器的光学系统结构见图 3-9 所示。光线从光源投射到聚光镜、滤色镜、起偏镜后,变成平面直线偏振光,再经半波片后,视野中出现了三分视场。旋光性物质盛入样品管,放入镜筒测定,由于溶液具有旋光性,故把平面偏振光旋转了一个角度,通过检偏镜起分析作用,从目镜中观察,就能看到中间亮(或暗)左右暗(或亮)亮度不等的三

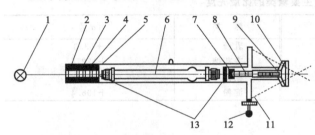

图 3-9 WXG-4 型圆盘旋光仪的光学系统结构示意图
1—光源(钠光);2—聚光镜;3—滤色镜;4—起偏镜;5—半波片;
6—试管;7—检偏镜;8—物镜;9—目镜;10—放大镜;
11—度盘游标;12—度盘转动手轮;13—保护片

分视场,转动度盘手轮,带动度盘及检偏镜做粗、细转动,至看到三分视场亮度完全一致时为止,然后从放大镜中读出度盘旋转的角度。

该仪器采用双游标卡尺读数,以消除度盘偏心差。度盘分 360 格,每格 1°,游标卡尺分 20 格,等于度盘 19 格,用游标直接读数到 0.05°,如图 3-10 所示,游标 0 刻度指在度盘 9 与 10 格之间,且游标第 6 格与度盘某一格完全对齐,故其读数为 $\alpha=+(9.00°+0.05°\times 6)=9.30°$。仪器游标窗前方装有两块 4 倍的放大镜,供读数时用。

目前国内生产的自动旋光仪采用光电检测器及晶体管自动示数装置,具有体积小、灵敏度高、读数方便、测定迅速、减少人为误差、对弱旋光性物质同样适应等优点,目前在食品分析中应用也十分广泛。WZZ 型自动数字显示旋光仪的结构原理如图 3-11 所示。该仪器用 20W 钠光灯为光源,并通过可控硅自动触发恒流电源点燃,光线通过聚光镜、小孔光柱和物镜后形成一束平行光,

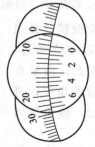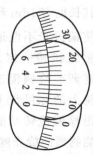

图 3-10 WXG-4 型圆盘旋光仪的双游标读数

然后经过起偏镜后产生平行偏振光,这束偏振光经过有法拉第效应的磁旋线圈时,其振动面产生50Hz的一定角度的往复振动,该偏振光线通过检偏镜透射到光电倍增管上,产生交变的光电讯号。当检偏镜的透光面与偏振光的振动面正交时,即为仪器的光学零点,此时出现平衡指示。而当偏振光通过一定旋光度的测试样品时,偏振光的振动面转过一个角度α,此时光电讯号就能驱动工作频率为50Hz的伺服电机,并通过蜗轮杆带动检偏镜转动α角而使仪器回到光学零点,此时读数盘上的示值即为所测物质的旋光度。

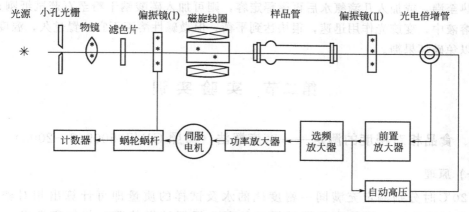

图3-11 WZZ型自动数字显示旋光仪的结构原理

2. 测定方法

(1) 接通电源并打开光源开关,5~10min后,钠光灯发光正常(黄光),才能开始测定。

(2) 样品管的充填 选用合适的样品管并将其一端的螺帽旋下,取下玻璃盖片,然后将管竖直,管口朝上,用滴管注入待测溶液或蒸馏水至管口,并使溶液的液面凸出管口,小心将玻璃盖片沿管口方向盖上,把多余的溶液挤压溢出,使管内不留气泡,盖上螺帽。管内如有气泡存在,需重新装填。装好后,将样品管外部拭净,以免沾污仪器的样品室。

(3) 仪器零点的校正 将充满蒸馏水的样品管放入样品室,旋转粗调钮和微调钮至目镜视野中三分视场的明暗程度完全一致(较暗),再按游标尺原理记下读数,如此重复测定5次,取其平均值即为旋光仪的零点值。

(4) 样品旋光度的测定 将充满待测样品溶液的样品管放入旋光仪内,旋转粗调旋钮和微调旋扭,使达到半暗位置,按游标尺原理记下读数,重复5次,取平均值,即为旋光度的观测值,由观测值减去零点值,即为该样品真正的旋光度。例如,仪器的零点值为-0.05°,样品旋光度的观测值为+9.85°,则样品真正的旋光度为$\alpha=+9.85°-(-0.05°)=+9.90°$。

3. 注意事项

(1) 旋光仪在使用时,需通电预热几分钟,但钠光灯使用时间不宜过长。

(2) 旋光仪是比较精密的光学仪器,使用时,仪器金属部分切忌沾污酸碱,防止腐蚀。

(3) 光学镜片部分不能与硬物接触,以免损坏镜片。

(4) 不能随便拆卸仪器,以免影响精度。

(5) 样品管螺帽与玻盖之间都附有橡皮垫圈,装卸时要注意,切勿丢失。螺帽以旋到溶液流不出来为度,不宜旋得太紧,以免破盖产生张力,使管内产生空隙,影响测定结果。

(6) 各种型号旋光仪的游标尺的构造和读数原理都是一样的，但是游标尺刻度有差异，读数时应注意游标尺上最小刻度代表的度数值。游标总长度相当于主尺上的最小间隔，以此推算出游标最小间隔代表的度数。

(7) 具有光学活性的还原糖类（如葡萄糖、果糖、乳糖等）在溶解之后，其旋光度起初迅速变化，然后渐渐变得较缓慢，最后达到恒定值。因此，在用旋光法测定蜂蜜、商品葡萄糖等含有还原糖的样品时，样品配成溶液后，宜放置过夜再测定。若需立即测定，可将中性溶液加热至沸，或加入几滴氨水后再稀释定容，则可加入碳酸钠干粉至石蕊试纸刚显碱性。在碱性溶液中，变旋光作用迅速，很快达到平衡。但微碱性溶液不宜放置过久，温度也不可过高，以免破坏果糖。

第二节 实验实训

一、食品相对密度的测定——密度瓶法（参照 GB/T 5009.2—2003）

(一) 原理

在 20℃ 时分别测定充满同一密度瓶的水及试样的质量即可计算出相对密度，由水的质量可确定密度瓶的容积即试样的体积，根据试样的质量与体积即可计算出试样密度。

(二) 仪器

附温度计的密度瓶，见图 3-1(b)。

(三) 分析步骤

1. 啤酒试样的制备

用反复注流等方式除去啤酒中的二氧化碳，以消除其在理化分析中的影响。除去啤酒中二氧化碳的方法有两种。

① 取预先在冰箱中冷至 10~15℃ 的啤酒 500~700mL 于清洁、干燥的 1000mL 搪瓷杯中，以细流注入同样体积的另一个搪瓷杯中，注入时两搪瓷杯之间距离 20~30cm。反复注流 50 次（一个反复为一次），以充分除去啤酒中的二氧化碳，静置备用。

② 将预先在冰箱中冷至 10~15℃ 的啤酒启盖后快速用滤纸过滤于三角瓶中，稍加振摇，静置，以充分除去啤酒中的二氧化碳。

啤酒除气操作时的室温应不超过 25℃。除气后的啤酒，应用表面皿盖住，其温度应保持在 15~20℃ 左右备用。

2. 测定

(1) 密度瓶质量的测定 将密度瓶洗净、干燥、称量，反复操作，直至恒重。

(2) 密度瓶和蒸馏水质量的测定 将煮沸冷却至 15℃ 的蒸馏水注满恒重的密度瓶，插上带有温度计的瓶塞，立即浸于 (20±0.1)℃ 的高精度恒温水浴中 30min，待内容物温度达到 20℃，盖上瓶盖，用滤纸吸去支管标线以上的水，盖好小帽后取出。用滤纸将密度瓶外擦干，置天平室内 0.5h，称量。

(3) 密度瓶和样品质量的测定 将水倒去，用样品反复冲洗密度瓶 3 次，然后装满制备的样品，按同样操作。重复两次。

3. 结果计算

$$d_{20}^{20} = \frac{m_2 - m_0}{m_1 - m_0}$$

式中　m_0——密度瓶的质量，g；
　　　m_1——密度瓶和水的质量，g；
　　　m_2——密度瓶和液体试样的质量，g；
　　　d——液体试样在20℃时的相对密度。

计算结果表示到称量天平精度的有效数位。

在重复条件下获得的两次独立测定结果的绝对差值不得超过算术平均值的5%。

二、水果、蔬菜制品中可溶性固形物含量的测定——折射仪法（参照 GB/T 12295—90）

（一）原理

在20℃用折射仪测定试样溶液的折射率，从仪器的刻度尺上直接读出可溶性固形物的含量。

（二）仪器

WAY-1型阿贝折射仪；恒温水浴；高速组织捣碎机。

（三）分析步骤

1. 样液制备

（1）液体制品　如澄清果汁、糖液等，试样混匀后直接用于测定，浑浊制品用双层擦镜纸或纱布挤出汁液测定。

（2）新鲜果蔬、罐藏和冷冻制品　取试样的可食部分切碎、混匀（冷冻制品需预先解冻），称取250g，准确至0.1g，放入高速组织捣碎机捣碎，用两层擦镜纸或纱布挤出匀浆汁液测定。

（3）酱体制品　如果酱、果冻等，称取25～50g，准确至0.01g，放入预先称量的烧杯中，加入100～150mL蒸馏水，用玻璃棒搅匀，在电热板上加热至沸腾，轻沸2～3min，放置冷却至室温，再次称量，准确至0.01g，然后通过滤纸或布氏漏斗过滤，滤液供测定用。

（4）干制品　把试样可食部分切碎，混匀，称取10～20g，准确至0.01g，放入称量过的烧杯，加入5～10倍蒸馏水，置沸水浴上浸提30min，不时用玻璃棒搅动。取下烧杯，待冷却至室温，称量，准确至0.01g，过滤。

2. 测定

（1）调节恒温水浴循环水温度在（20±0.5）℃，使水流通过折射仪的恒温器。循环水也可在15～25℃范围内调节，温度恒定不超过±0.5℃。

（2）用蒸馏水校准折射仪读数，在20℃时将可溶性固形物调整至0；温度不在20℃时，按表3-2的校正值进行校准。

（3）将棱镜表面擦干后，滴加2～3滴待测样液于棱镜中央，立即闭合上下两块棱镜，对准光源，转动消色调节旋钮，使视野分成明暗两部分，再转动棱镜旋钮，使明暗分界线恰在物镜的十字交叉点上，读取刻度尺上所示百分数，并记录测定时的温度。

表 3-2　折射仪测定可溶性固形物温度校正

温度/℃	可溶性固形物读数										
	0	5%	10%	15%	20%	25%	30%	40%	50%	60%	70%
	应减去的校正值										
15	0.27	0.29	0.31	0.33	0.34	0.34	0.35	0.37	0.38	0.39	0.40
16	0.22	0.24	0.25	0.26	0.27	0.28	0.28	0.30	0.30	0.31	0.32
17	0.17	0.18	0.19	0.20	0.21	0.21	0.21	0.22	0.22	0.23	0.24
18	0.12	0.13	0.13	0.14	0.14	0.14	0.14	0.15	0.15	0.16	0.16
19	0.06	0.06	0.06	0.07	0.07	0.07	0.07	0.08	0.08	0.08	0.08
	应加上的校正值										
21	0.06	0.07	0.07	0.07	0.07	0.08	0.08	0.08	0.08	0.08	0.08
22	0.13	0.13	0.14	0.14	0.15	0.15	0.15	0.16	0.16	0.16	0.16
23	0.19	0.20	0.21	0.22	0.22	0.23	0.23	0.24	0.24	0.24	0.24
24	0.26	0.27	0.28	0.29	0.30	0.30	0.31	0.31	0.31	0.32	0.32
25	0.33	0.35	0.36	0.37	0.38	0.38	0.39	0.40	0.40	0.40	0.40

3. 测定结果计算

（1）温度校正　测定温度不在20℃时，查表3-2，将检测读数校正为20℃标准温度下的可溶性固形物含量。

（2）计算公式　未经稀释的试样，温度校正后的读数即为试样的可溶性固形物含量。稀释过的试样，可溶性固形物的含量按下式计算：

$$可溶性固形物含量（\%）= p \times \frac{m_1}{m_0}$$

式中　p——测定液可溶性固形物含量（质量分数），%；

m_0——稀释前试样质量，g；

m_1——稀释后试样质量，g。

同一试样取两个平行样测定，以其算术平均值作为测定结果，保留一位小数。

两个平行样的测定结果最大允许绝对差，在未经稀释的试样为0.5%，在稀释过的试样为0.5%乘以稀释倍数（即稀释后试样克数与稀释前试样克数的比值）。

复 习 题

1. 密度与相对密度的测定在食品分析中有什么意义？
2. 密度计有哪些类型？各有什么用途？怎样正确使用密度计？
3. 说明阿贝折射仪及旋光仪的使用方法？
4. 如何用密度瓶测定溶液的相对密度？
5. 测定旋光度时为什么样品管内不能有气泡存在？

模块四 食品化学分析检验技术
——重量分析法

> **学习目标**
> 1. 重点掌握水分、灰分测定的操作技能，样品炭化、灰化、恒量的操作技能，天平的使用技能。
> 2. 掌握高温炉、坩埚的使用技能。
> 3. 了解灰分、样品炭化、灰化、恒量的概念。

第一节 知识讲解

重量分析法一般是将被测组分与试样中的其他组分分离后，转化为一定的称量形式，然后用称量的方法测定该组分的含量。食品中的水分测定、灰分测定、脂肪测定，多属于重量分析法。

一、水分的测定

（一）测定水分的意义

1. 水分是重要的质量指标之一

一定的水分含量可保持食品的品质，延长食品的保藏期限。各种食品中的水分含量都有各自的标准，若水分含量上升或降低1%，无论在质量上还是经济效益上均受到很大影响。例如，面包和饼干类的变硬就不仅是失水干燥，而且也是由于水分变化造成淀粉结构发生变化的结果。此外，在肉类加工中，如香肠的口味就与吸水、持水的情况关系十分密切，所以食品的含水量对食品的鲜度、硬软性、流动性、呈味性、保藏性、加工性等许多方面有着至关重要的关系。

常见物质的含水量：蔬菜 85%～91%，水果 80%～90%，鱼类 67%～81%，蛋类 73%～75%，乳类 87%～89%，猪肉 43%～59%。从含水量来讲，食品的含水量高低影响到食品的风味、腐败和发霉，同时，干燥的食品及吸潮后还会发生许多物理性质的变化。如奶粉要求水分为 2.5%～3.0%，若为 4%～6%，也就是水分提高到 3.5% 以上，易造成奶粉结块，则商品价值就会降低，水分提高后奶粉还易变色，贮藏期降低，另外有些食品水分过高，组织状态发生软化，弹性也降低或者消失。

2. 水分是一项重要的经济指标

食品工厂可按原料中的水分含量进行物料衡算。如鲜奶的含水量为 87.5%，用这种奶生产奶粉（含水量 2.5%），需要多少牛奶才能生产 1t 奶粉（7∶1 出奶粉率）。像这样类似的物料衡算，均可以用水分测定的依据进行。这也可对生产进行指导管理。又如生产面包，50kg 面需用多少千克水，也是先要进行物料衡算。面团的韧性好坏与水分有关，加水量多面团软,加水量少面团硬,做出的面包体积不大,可影响经济效益。

3. 水分的含量高低对微生物的生长及生化反应的关系

在一般情况下要控制水分低一点,防止微生物生长,但是并非水分越低越好。通常微生物作用比生化作用更加强烈。

综上所述,水分是食品分析中必测的一项指标。

(二) 水分在食品中存在的形式

食品有固体状的、半固体状的,还有液体状的。不论是原料,还是半成品以及成品,都含有一定量的水。那么,水在食品中以什么形式存在呢?

食品中的水分总是以两种状态存在。一是自由水,又名游离水,主要存在于植物细胞间隙,具有水的一切特性,也就是说100℃时水要沸腾,0℃以下要结冰,并且易气化。游离水是食品的主要分散剂,可以溶解糖、酸、无机盐等,可用简单加热蒸发的方法除掉。二是结合水,结合水又分两类:束缚水和结晶水。束缚水是与食品中脂肪、蛋白质、碳水化合物等形成结合状态的水,它以氢键的形式与有机物的活性基团结合在一起,故称束缚水。束缚水不具有水的特性,所以要除掉这部分水很困难。其特点为不易结冰(冰点为-40℃),不能作为溶质的溶剂。结晶水以配价键的形式存在,它们之间结合得很牢固,难以用普通方法除去。

在烘干食品时,自由水容易气化,而结合水就难于气化。冷冻食品时,自由水冻结;而结合水在-30℃仍然不冻。结合水和食品的构成成分结合,稳定食品的活性基;自由水促使腐蚀食品中的微生物繁殖,与酶起作用,并加速非酶褐变或脂肪氧化等化学劣变。

(三) 水分活度

食品中的水分无论是新鲜的或是干燥的都随环境条件的变动而变化。

如果食品周围环境的空气干燥、湿度低,则水分从食品向空气蒸发,水分逐渐减少而干燥;反之,如果环境湿度高,则干燥的食品就会吸湿以至水分增多。总之,不管是吸湿或是干燥,最终均到两者平衡为止,通常把此时的水分称为平衡水分。也就是说,食品中的水分并不是静止的,应该视为活动的状态。所以,从食品保藏的角度出发,食品的含水量不能用绝对含量(%)表示,而应用水分活度(a_W)表示。水分活度的定义为食品所显示的水蒸气压 p 与在同一湿度下最大水蒸气压 p_0 之比,即:

$$a_W = \frac{p}{p_0} = \frac{R_H}{100}$$

式中 p——食品中水蒸气分压;

       p_0——纯水蒸气压;

       R_H——平衡相对湿度。

水分活度反映了食品与水的亲和程度,它表示了食品中所含的水分作为微生物化学反应和微生物生长的可用价值。食品水分活度的高低是不能按其水分含量来考虑的。例如,金黄色葡萄球菌生长要求的最低水分活度为0.86,而相当于这个水分活度的水分含量则随不同的食品而异,如干肉为23%,乳粉为16%,干燥肉汁为63%,所以按水分含量多少难以判断食品的保存性,只有测定和控制水分活度对于食品保藏性才具有重要意义。

(四) 水分测定的方法

水分测定法通常分为直接法和间接法两类。

利用水分本身的物理性质和化学性质测定水分的方法，叫做直接法，如重量法、蒸馏法和卡尔·费休法；利用食品的相对密度、折射率、电导、介电常数等物理性质测定水分的方法，叫做间接法。测定水分的方法要根据食品的性质和测定目的来选定。

1. 常压干燥法

（1）特点　常压干燥法一般是在100～105℃下进行干燥。此法应用最广泛，操作以及设备都简单，而且精确度高。

（2）原理　食品中水分一般指在大气压下100℃左右加热所失去的物质，但实际上在此温度下所失去的是挥发性物质的总量，而不完全是水。

（3）必须符合的条件（对食品而言）　①水分是唯一挥发成分，即加热时只有水分挥发，如样品中含酒精、香精油、芳香脂等都不能用干燥法，这些都属挥发成分；②水分的排除情况很完全；③食品中的其他组分在加热过程中由于发生化学反应而引起的质量变化可忽略不计。只要符合以上三点就可采用常压干燥法，实际工作中应具体问题具体分析。

（4）测定操作要点

① 样品的预处理　样品的预处理方法对分析结果影响很大，所以在样品采集、处理和保存过程中，要防止组分发生变化。固体样品必须粉碎；液体样品宜先在水浴上浓缩，然后用烘箱干燥；浓稠液体一般要加水稀释。

② 干燥条件的选择　测定前要确定两个因素，即温度和时间。干燥温度，一般对热不稳定的食品可采用70～105℃；对热稳定的食品采用120～135℃。确定干燥时间的方法通常有两种。一种方法是干燥至恒重，即干燥残留物为2～5g时，当连续两次干燥放冷称量后，两次质量差不超过1～2mg；另一种方法是由规定的干燥时间来代替干燥至恒重的方法，所谓规定干燥时间，是指在这个时间内大部分水分已经被除去，而以后的干燥处理对测定结果改变很少，具体时间应当经过试验来确定。

（5）操作方法　清洗称量皿→烘至恒重→称取样品→放入调好温度的烘箱（100～105℃）→烘1.5h→于干燥器冷却→称量→再烘0.5h→称至恒重（两次质量差不超过0.002g即为恒重）→计算。

（6）注意事项　①油脂或高脂肪的样品，由于脂肪氧化，后面一次测定的质量反而可能会有所增加，应以前一次测定的质量计算；②对于易焦化或容易分解的食品，需选用较低的干燥温度或缩短干燥时间；③对于液体或半固体样品，要在称量皿中加入海砂，使样品疏松，扩大蒸发的接触面，并且用一个玻璃皿作为容器，先放到沸水浴中烘，烘得差不多再放到烘箱烘。如不加海砂容易使样品表面形成一层膜，造成水分不易出来，另外易沸腾的液体飞沫会造成其质量损失。

（7）产生误差的原因　①样品中含有易挥发性物质（酒精、醋酸、香精油、磷脂等）；②样品中的某些成分和水分结合，限制了水分挥发，使测得的结果偏低（如蔗糖水解为两分子单糖）；③食品中的脂肪与空气中的氧发生氧化，使样品质量增加；④在高温条件下物质分解［如果糖（$C_6H_{12}O_6$）对热敏感，大于70℃加热，即分解为$C_6H_6O_3$和H_2O］；⑤被测样品表面产生硬壳，妨碍水分的扩散，尤其是对于富含糖分和淀粉的样品；⑥烘干结束后样品会重新吸水。

2. 真空干燥法

（1）原理　在减压情况下，利用较低温度进行干燥以排除水分，样品中被减少的量为样品的水分含量。其测定结果比较接近真正水分。

(2) 适用范围　本法适用于在100℃以上加热容易变质、破坏或不易除去结合水的样品，如糖浆、味精、砂糖、糖果、蜂蜜、果酱和脱水蔬菜等样品。

(3) 操作方法　准确称2.00～5.00g样品→放于烘至恒重的称量皿→至真空烘箱→70℃，真空度93.3～98.6kPa（700～740mmHg）→烘5h→于干燥器冷却→称至恒重→计算。

3. 蒸馏法

(1) 原理　把不溶于水的有机溶剂和样品放入蒸馏式水分测定装置中加热，试样中的水分与溶剂蒸气一起蒸发，把这样的蒸气在冷凝管中冷凝，由水分的容量而得到样品的水分含量。

(2) 特点　①优点包括：热交换充分；受热后发生化学反应比重量法少；设备简单；管理方便。②缺点包括：水与有机溶剂易发生乳化现象；样品中水分可能完全没有挥发出来；水分有时附在冷凝管壁上，造成读数误差；测定值中除水分外，还含有大量挥发性物质，如醚类、芳香油、挥发酸、CO_2等。

(3) 适用范围　适用于谷类、干果、油类、香料等样品，目前AOAC规定蒸馏法用于饲料、啤酒花、调味品的水分测定，特别是香料，蒸馏法是唯一的、公认的水分检验分析方法。

(4) 操作方法　准确称2.00～5.00g样品→于250mL水分测定蒸馏瓶中加入约50～75mL有机溶剂→接蒸馏装置→徐徐加热蒸馏→至水分大部分蒸出后加快蒸馏速度→至刻度管水量不再增加时停止加热→读数→计算。

$$水分 = \frac{V}{W}$$

式中　V——刻度管中水层的容量，mL；
　　　W——样品的质量，g。

(5) 常用的有机溶剂及选择依据　蒸馏法常用的有机溶剂及其性质见表4-1所示。选择依据：对热不稳定的食品一般不采用二甲苯，因为它的沸点高，常选用低沸点的有机溶剂，如苯；对于一些含有糖分，可分解释放出水分的样品，如脱水洋葱和脱水大蒜可采用苯。要根据样品的性质来选择有机溶剂。

表4-1　蒸馏法常用的有机溶剂及其性质

项　目	苯	甲苯	二甲苯	四氯化碳
相对密度	0.88	0.86	0.86	1.59
沸点/℃	80	80	140	76.8

4. 卡尔-费休法

卡尔-费休法是测定各种物质中微量水分的一种方法。这种方法自从1935年由卡尔-费休提出后，一直采用I_2、SO_2、吡啶、无水CH_3OH（含水量在0.05%以下）配制而成，并且国际标准化组织把这个方法定为测微量水分法的国际标准，我国也把这个方法定为国家标准以测微量水分。

(1) 原理　在水存在时，即样品中的水与卡尔-费休试剂中的SO_2和I_2发生氧化还原反应，$I_2 + SO_2 + 2H_2O \rightleftharpoons 2HI + H_2SO_4$。但这个反应是个可逆反应，在体系中加入吡啶和甲醇，则使反应顺利地向右进行，$I_2 + SO_2 + H_2O + 3$吡啶$+ CH_3OH \longrightarrow 2$氢碘酸吡啶$+$甲基硫酸吡啶。反应完毕后多余的游离碘呈现红棕色，即可确定为到达终点。

(2) 卡尔-费休试剂　若以甲醇作溶剂，则试剂中 I_2、SO_2、C_5H_5N（含水量在 0.05% 以下）三者的摩尔比为 $I_2：SO_2：C_5H_5N = 1：3：10$。这种试剂的有效浓度取决于碘的浓度。新配制的试剂其有效浓度不断降低，其原因是由于试剂中各组分本身也含有一些水分，但试剂浓度降低的主要原因是由一些副反应引起的，并因此而多消耗了一部分碘。卡尔-费休试剂分甲液、乙液两种试剂，要分别配制和贮存，甲液为 I_2 的 CH_3OH 溶液，乙液为 SO_2 的 CH_3OH-吡啶溶液，临用时再混合，而且需要标定。

(3) 适用范围　此法适用于糖果、巧克力、油脂、乳糖和脱水果蔬类等样品的水分测定。如样品中有强还原性物，包括含有维生素 C 的样品则不能用此法测定。

(4) 特点　此法不仅可测得样品中的自由水，而且可测出结合水，即此法测得结果更客观地反映出样品中的总水分含量。

(5) 操作方法　对于固体样品如糖果，必须预先粉碎，称 0.30～0.50g 样品于称样瓶中，取 50mL 甲醇于反应器中，所加甲醇要能淹没电极，用卡尔-费休试剂滴定 50mL 甲醇中痕量水，滴至指针与标定时相当并且保持 1min 不变时，打开加料口，将称好的试样立即加入，塞上皮塞，搅拌，用卡尔-费休试剂滴至终点保持 1min 不变，记录并计算。

（五）水分活度值的测定方法

食品中水分活度（a_W）的检验方法很多，如蒸汽压力法、电湿度计法、附感敏器的湿动仪法、溶剂萃取法、扩散法、水分活度测定仪法和近似计算法等。一般常用的是水分活度测定仪法、溶剂萃取法和扩散法。水分活度测定仪法操作简便，能在较短时间内得到结果。

1. 水分活度测定仪法

在一定温度下，根据食品中水的蒸汽压力的变化，利用水分活度测定仪中的传感器从仪器的表头上读出指针所示的水分活度。在样品测定前需用氯化钡饱和溶液校正水分活度测定仪的 a_W 为 9.000。

2. 溶剂萃取法

食品中的水可用不混溶的溶剂苯来萃取。苯在一定温度下萃取的水量随样品中的水分活度而变化，即萃取的水量与水相中的水分活度成比例，苯从食品和纯水中萃取出的水量之比值为该样品的水分活度。

3. 扩散法

样品在康氏微量扩散皿密封和恒温等条件下，分别在较高和较低的标准饱和溶液中扩散平衡后，根据样品质量增加和减少的量，求出样品的 a_W 值。

（六）其他测定水分的方法

1. 化学干燥法

化学干燥法就是将某种对于水蒸气具有强烈吸附作用的化学药品与含水样品同装入一个干燥器（玻璃或真空干燥器），通过等温扩散及吸附作用而使样品达到干燥恒重，然后根据干燥前后样品的失重即可计算出其水分含量。此法在室温下干燥，需要较长时间，几天、几十天甚至几个月。常用的干燥剂有五氧化二磷、氧化钡、高氯酸镁、氢氧化锌、硅胶、氧化氯等。

2. 微波法

微波是指频率范围为 $300～3×10^5$ MHz 的电磁波。当微波通过含水样品时，因水分引起的能量损耗远远大于干物质所引起的损耗，所以测量微波能量的损耗就可以求出样品的含水量。

3. 红外吸收光谱法

红外线属于电磁波，波长为 0.78～1000μm 的光。红外波段可分三部分：近红外区 0.78～2.5μm，中红外区 2.5～25μm，远红外区 25～1000μm。根据水分对某一波长的红外光的吸收程度与其在样品中含量存在一定的关系的事实即建立了红外光谱测定水分的方法。

二、灰分的测定

（一）灰分的概念

有机物经高温灼烧以后的残留物称为灰分（粗灰分，总灰分），灰分代表食品中的矿物盐或无机盐类。如果食品中的灰分含量很高，说明该食品生产工艺粗糙或混入了泥沙，或者加入了不合乎卫生标准要求的食品添加剂。如含泥沙较多的红糖或食盐，其灰分含量必然增高。因此测定食品灰分是评价食品质量的指标之一。

通常人们测定的灰分项目有总灰分、水溶性灰分、水不溶性灰分、酸不溶性灰分。

① 总灰分　主要是金属氧化物和无机盐类，以及一些杂质。

② 水溶性灰分　大部分为钾、钠、钙、镁等元素的氧化物及可溶性盐类。

③ 水不溶性灰分　大部分为铁、铝等元素的氧化物、碱土金属的碱式磷酸盐，以及由于污染混入产品的泥沙等机械性物质。

④ 酸不溶性灰分　大部分为污染掺入的泥沙，另外还包括存在于食品组织中的微量氧化硅。

（二）测定灰分的意义

① 食品的总灰分含量是控制食品成品或半成品质量的重要依据。举例说明，如牛奶中的总灰分在牛奶中的含量是恒定的。一般在 0.68%～0.74%，平均值非常接近于 0.70%，因此可以用测定牛奶中总灰分的方法测定牛奶是否掺水，若掺水，灰分降低。另外还可以判断浓缩比，如果测出牛奶灰分在 1.4% 左右，说明牛奶浓缩一倍。又如富强粉，麦子中麸皮灰分含量高，而胚乳中蛋白质含量高，麸皮的灰分比胚乳的含量高 20 倍，就是说面粉的精度越高，则灰分就越低。

② 评定食品是否卫生，有没有污染。如果灰分含量超过了正常范围，说明食品生产中使用了不合理的卫生标准。如果原料中有杂质或加工过程中混入了一些泥沙，则测定灰分时可检出。

③ 判断食品是否掺假。

④ 评价营养的参考指标。

（三）总灰分的测定

1. 灰化容器的准备

（1）灰化容器的种类　目前常用的灰化容器有石英坩埚、素瓷坩埚、白金坩埚、不锈钢坩埚。素瓷坩埚在实验室较为常用，它的物理性质和化学性质与石英相同，耐高温，内壁光滑，可以用热酸洗涤，价格低，但对碱性敏感。

（2）灰化容器的处理方法（以素瓷坩埚为例）　素瓷坩埚用 1：4 盐酸煮沸洗净，降至 200℃ 时，放入干燥室内冷却到室温后称量。

2. 样品的处理

食品的灰分与其他成分相比含量较少,取样量的多少应根据样品的种类和性质来决定。另外,对于不能直接烘干的样品,应首先进行预处理。

(1) 浓稠的液体样品(牛奶,果汁)　先在水浴上蒸干湿样。主要是先去水,不能用马弗炉直接烘,否则样品沸腾会飞溅,使样品损失,影响结果。

(2) 含水分多的样品(果蔬)　应在烘箱内干燥。

(3) 富含脂肪的样品　先提取脂肪,即放到小火上烧,直到烧完为止,然后再炭化。

(4) 富含糖、蛋白质、淀粉的样品　在灰化前加几滴纯植物油(防止发泡)。

3. 灰化温度的选择

灰化温度因样品不同而有差异,大体是果蔬制品、肉制品、糖制品类不大于525℃;谷物、乳制品(除奶油外)、鱼、海产品、酒类不大于550℃。灰化温度选择过高,会造成无机物的损失,如增加了 KCl 的挥发损失,$CaCO_3$ 则变成 CaO,磷酸盐熔融后包住炭粒使其无法氧化。

4. 灰化时间的确定

对于灰化时间一般无规定,而应针对试样和灰分的颜色而定,一般灰化到无色(灰白色)。一般灰化需要 2~5h,灰化的时间过长,损失增大。有些样品即使灰化完全,颜色也达不到灰白色。如 Fe 含量高的样品,残灰蓝褐色;Mn、Cu 含量高食品,残灰蓝绿色。所以应根据样品不同来决定灰化终止的颜色。

5. 加速灰化的方法

对于一些难灰化的样品(如动物性食品,蛋白质含量较高的食品),为了缩短灰化周期,可采用加速灰化过程,一般可采用 3 种方法来加速灰化。

(1) 改变操作方法　样品初步灼烧后取出坩埚→冷却→在灰中加少量热水→搅拌使水溶性盐溶解,使包住的炭粒游离出来,蒸去水分→干燥→灼烧。

(2) 加强氧化剂　如 HNO_3(1∶1)、30% H_2O_2 等,使未氧化的炭粒充分氧化生成 CO_2 和水,灼烧时完全消失,不至于增加残留物灰分的质量。

(3) 加惰性物质　如 Mg、$CaCO_3$ 等,它们不溶解,使炭粒不被覆盖,此法需同时做空白实验。

6. 测定步骤

在坩埚中称取定量样品→在电炉中炭化至无烟→在 500℃ 马弗炉中灼烧到灰白色→冷却到 200℃→入干燥皿,冷却到室温→称量,灼烧 1h→冷却到恒重→计算。

$$灰分 = \frac{灰分质量}{样品质量} \times 100\%$$

(四) 水溶性灰分和水不溶性灰分的测定

总灰分+25mL 水(加盖)→加热,用无灰滤纸过滤→残渣用 25mL 水洗(使可溶性灰分进入滤液)→使不溶物质连同滤纸一起放回坩埚中灰化(干燥、灼烧)→称量→得到水不溶性灰分(水不溶性灰分除泥沙外,还有 Fe、Al 等金属氧化物和碱土金属的碱式磷酸盐)→计算。

$$水溶性灰分(\%) = 总灰分(\%) - 水不溶性灰分(\%)$$

(五) 酸不溶性灰分和酸溶性灰分的测定

用总灰分(水不溶性灰分)+25mL HCl(10%)微沸过滤→残渣用热水洗至无氯离子

为止→坩埚（残留物＋滤纸）→干燥灼烧→冷却→称量→计算。

$$酸不溶性灰分 = \frac{残留物质量}{样品重量} \times 100\%$$

酸溶性灰分(%)＝总灰分(%)－酸不溶性灰分(%)

三、脂肪的测定

（一）脂类的概念

脂类主要包括脂肪（甘油三酯）和类脂化合物（脂肪酸、糖脂、甾醇）。脂肪是食物中具有最高能量的营养素，也是三大营养素之一。食品中脂肪含量是衡量食品营养价值高低的指标之一。在食品加工生产过程中，原料、半成品、成品的脂类含量对产品的风味、组织结构、品质、外观、口感等都有直接的影响，故食品中脂类含量是食品质量管理的一项重要指标。

（二）脂肪测定的意义

食品的脂肪含量可以用来评价食品的品质，衡量食品的营养价值，而且在实行工艺监督、生产过程的质量管理、研究食品的贮藏方式是否恰当等方面都有重要的意义。

（三）脂肪的测定

1. 提取剂的选择

食品中脂肪的存在形式有游离态的，也有结合态的。游离态脂有动物性脂肪和植物性脂肪，结合态脂如天然存在的磷脂、糖脂、脂蛋白等中的脂肪与蛋白质或碳水化合物等成分形成的结合态。对大多数食品来说，游离态的脂肪是主要的，结合态的脂含量较少。脂类的结构比较复杂，到现在没有一种溶剂能将纯脂肪萃取出来，也就是说提取出来的都是粗脂肪。测定脂类大多采用低沸点的有机溶剂。常用的溶剂有乙醚、石油醚、三氯甲烷-甲醇混合溶剂。其中乙醚溶解脂肪的能力强，应用最广泛。

（1）乙醚　优点是沸点低（34.6℃），溶解脂肪的能力比石油醚强；缺点是能被2%的水饱和，含水的乙醚抽提能力降低，并且乙醚易燃。使用乙醚时，样品不能含水分，必须干燥，室内需空气流畅。乙醚一般贮存在棕色瓶中，因为光下照射就会产生过氧化物，过氧化物也容易爆炸，如果乙醚贮存时间过长，在使用前一定要检查有无过氧化物，如果有应当除掉。

（2）石油醚　石油醚溶解脂肪的能力比乙醚弱些，但吸收水分比乙醚少，并且没有乙醚易燃。使用时允许样品含有微量水分，没有胶溶现象，不会夹带胶溶淀粉、蛋白质等物质。采用石油醚提取剂，测定值比较接近真实值。

乙醚、石油醚这两种溶剂仅适用于已烘干磨碎的样品和不易潮解结块的样品，而且只能提取样品中游离态的脂肪，不能提取结合态的脂肪，对于结合态脂，必须预先用酸或碱破坏脂类。

（3）氯仿-甲醇　氯仿-甲醇对于脂蛋白、磷脂的提取效率较高，特别适用于水产品、家禽、蛋制品等食品脂肪的提取。

2. 样品的预处理

样品的预处理方法决定于样品本身的性质，牛乳预处理非常简单，而植物组织和动物组织的处理方法较为复杂。

(1) 粉碎　粉碎的方法很多，不论是切碎、碾磨、绞碎或者采用均质等处理方法，均应当使样品中的脂类物理降解、化学降解以及酶降解减小到最小程度。

(2) 加海砂　有的样品易结块，用乙醚提取较困难，为了使样品保持散粒状，可以加一些海砂，一般加样品的4～6倍量，目的是使样品疏松，扩大与有机溶剂的接触面积，有利于萃取。

(3) 加入无水硫酸钠　因为乙醚可被2%水饱和，使乙醚不能渗入到组织内部，抽提脂肪的能力降低，所以有些样品含水量高时可加入无水硫酸钠，用量以样品呈散粒状为度。

(4) 干燥　干燥的目的是为了提高脂肪的提取效率。干燥时要注意温度。温度过高易使脂肪氧化，与糖、蛋白质结合变成复合脂；温度过低时脂肪易降解。

(5) 酸处理　温度过高时脂与糖、蛋白质等接触，变成复合脂，产生复合脂后，不能用非极性溶剂直接抽提，所以要用酸处理，主要是把结合的脂肪游离出去。

(6) 有些样品含有大量的碳水化合物，测定脂肪时应先用水洗掉水溶性碳水化合物再进行干燥、提取。

3. 测定

由于食品的种类不同，脂肪含量及其存在形式也不相同，测定脂肪的方法也就不同。常用的测定方法有：索式提取法、巴布科克法、盖勃法、罗斯-哥特里法、酸分解法。过去测定脂肪普遍采用的是索式提取法，这种方法至今仍被认为是测定多种食品脂类含量的代表性方法，但对于某些样品测定结果往往偏低。巴布科克法、盖勃法、罗斯-哥特里法主要用于乳及乳制品中脂类的测定。酸水解法测出的脂肪为全部脂类（游离态脂和结合态脂）。

(1) 索式提取法（经典方法）

① 原理　样品经前处理后，放入圆筒滤纸内，将滤纸筒置于索式提取管中，利用乙醚或石油醚在水浴中加热回流，使样品中的脂肪进入溶剂中，回收溶剂后所得到的残留物即为脂肪（粗脂肪）。采用这种方法测出游离态脂，此外还含有磷脂、色素、蜡状物、挥发油、糖脂等物质，所以用索氏提取法测得的脂肪为粗脂肪。

② 适用范围　适用于脂类含量较高、结合态的脂类含量较少、能烘干磨细、不宜吸湿结块的样品的测定。此法只能测定游离态脂肪，而结合态脂肪无法测出，要想测出结合态脂肪，需在一定条件下将其水解变成游离态的脂肪。此法是经典方法，对大多数样品结果比较可靠，但需要周期长，溶剂量大。

③ 仪器　索式提取器。它由三部分组成，即回流冷凝管、提取管和提脂瓶（接收瓶），如图4-1所示。

④ 说明

a. 滤纸筒的制备：将滤纸剪成长方形8cm×15cm，卷成圆筒，直径为6cm，将圆筒底部封好，最好放一些脱脂棉，避免向外漏样。

b. 滤纸筒应事先放入烧杯，于100～105℃烘箱烘至恒重。提脂瓶在使用前也需烘干至恒重。

c. 样品应干燥后研细，最好用测定水分含量后的样品。

d. 放入滤纸筒的高度不能超过回流弯管，否则乙醚不易穿透样品，使脂肪不能全部提出，造成误差。

e. 碰到含多糖及糊精的样品要先以冷水处理，等其干燥后连

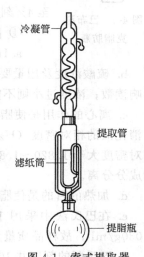

图4-1　索式提取器

同滤纸一起放入提取管内。

f. 提取时水浴温度不能过高,一般使乙醚刚开始沸腾即可(约45℃左右),回流速度以8~12次/h为宜。

g. 所用乙醚必须是无水乙醚,如含有水分则可能将样品中的糖以及无机物抽出,造成误差。

h. 冷凝管上端最好连接一个氯化钙干燥管,这样不仅可以防止空气中的水分进入,而且还可以避免乙醚挥发在空气中,从而可防止实验室微小环境空气的污染。如无此装置,塞一团干脱脂棉球亦可。

i. 如果没有无水乙醚,可以自己制备,制备方法如下:在100mL乙醚中加入无水石膏50g,振摇数次,静置10h以上,蒸馏,收集35℃以下的蒸馏液,即可应用。

g. 将提脂瓶放在烘箱内干燥时,瓶口向一侧倾斜45°,防止挥发物乙醚与空气形成对流,这样干燥迅速。

k. 如果没有乙醚或无水乙醇时,可以用石油醚提取,石油醚沸点30~60℃为好。

l. 使用挥发乙醚或石油醚时,切忌直接用火源加热,应用电热套、电水浴、电灯泡等。

m. 这里恒重的概念有区别,它表示最初达到的最低质量,即溶剂和水分完全挥发时的恒重。此后若继续加热,则因油脂氧化等原因导致质量增加。

n. 在干燥器中的冷却时间一般要一致。

(2) 巴布科克法(Babcock法)

① 原理　巴布科克法是用来测定乳及乳制品中脂肪含量的一种方法。牛乳是乳浊液,其脂类并不以溶解状态存在,而是以脂肪球乳浊液状态存在。在脂肪球周围有一层膜,膜中含蛋白质、磷脂等许多物质,这层膜使脂肪球得以在乳中保持乳浊液的稳定状态。利用硫酸溶解乳中的乳糖与蛋白质等非脂成分可使脂肪球膜破坏,脂肪游离出来。在乳脂瓶中可直接读取脂肪层,从而迅速求出被检乳中的脂肪率。

② 仪器　巴布科克脂肪瓶如图4-2所示。

③ 方法　准确吸取17.6mL牛乳于乳脂瓶中→加17.5mL硫酸→混合→离心5min(1000r/min)→加60℃水至瓶颈→离心2min(1000r/min)→加60℃水至4%刻度线→离心1min→60℃水浴中→使脂肪柱稳定→读取。

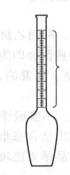

图4-2　巴布科克脂肪瓶

④ 说明

a. H_2SO_4的作用是溶解蛋白质,溶解乳糖,减少脂肪的吸附力。

b. 硫酸浓度及用量要严格遵守规定的要求。硫酸浓度过大会使牛乳炭化成黑色溶液而影响读数;浓度过小则不能使酪蛋白完全溶解,会造成测定值偏低或使脂肪层浑浊。

c. 离心的作用是使脂肪非常清晰地分离。因为非脂成分溶解在H_2SO_4中,这样就增加了消化液的相对密度(H_2SO_4相对密度1.820~1.825,脂肪相对密度小于1),即消化液的相对密度大于1.820~1.825,脂肪的相对密度小于1的,这样就使得脂肪迅速而完全与非脂成分分离。

d. 加热的目的是使脂肪吸附力降低,上浮速度加快。

e. 在巴氏法中采用17.6mL吸管,实际上注入巴氏瓶中只有17.5mL,牛乳的密度1.030g/mL,故样品质量为17.5mL×1.030g/mL=18g。

f. 巴氏瓶的刻度共10大格(0~10%),每大格容积为0.2mL,脂肪的平均相对密度为

0.9，故当每个刻度部分充满脂肪时，其脂肪质量为 0.2×10（10 大格）×0.9（脂肪相对密度）＝1.8（g），18g 样品中含 1.8g 脂肪即瓶颈全部刻度表示的脂肪含量 10%，每一大格代表 1% 的脂肪，故巴氏瓶颈刻度读数即直接为脂肪的百分含量。

（3）Gerber 法（盖勃法）

① 原理　主要用于乳及乳制品中脂类的测定。在牛乳中加硫酸可破坏其胶质性，使牛乳中的酪蛋白钙盐变成可溶性的重硫酸酪蛋白化合物，并且能减小脂肪球的吸附力，同时还可增加消化液的相对密度，使脂肪更容易浮出液面，在操作中还需要加入异戊醇，以降低脂肪球的表面张力，促进脂肪球的离析。但是异戊醇的溶解度很小，所以在操作中不能加得太多，否则异戊醇会进入脂肪中，使脂肪体积增大，而且会有一部分异戊醇和硫酸作用生成硫酸酯，反应如下：

$$2C_5H_{11}OH + H_2SO_4 \longrightarrow C_5H_{11}O-\underset{\underset{O}{\parallel}}{\overset{\overset{O}{\parallel}}{S}}-OC_5H_{11} + 2H_2O$$

在操作过程中加热 65～70℃ 和离心处理，目的都是使脂肪酸迅速而彻底分离。

② 适用范围　此法不适宜糖分含量高的样品，此种样品采用此方法容易焦化，致使结果误差大。

③ 操作方法　取 10mL H_2SO_4 于乳脂瓶中→准确量取 11.0mL 牛乳→加 1mL 异戊醇→混合→65℃水浴 5min→离心 5min（1000r/min）→65℃水浴 5min→立即读取。

第二节　实 验 实 训

一、面粉中水分的测定——直接干燥法（参照 GB/T 5009.3—2003）

1. 原理

食品中的水分一般是指在 100℃ 左右直接干燥的情况下所失去物质的总量。直接干燥法适用于在 95～105℃ 下不含或含其他挥发性物质甚微的食品。

2. 试剂

① 6mol/L 盐酸：量取 100mL 盐酸，加水稀释至 200mL。

② 6mol/L 氢氧化钠溶液：称取 24g 氢氧化钠，加水溶解并稀释至 100mL。

③ 海砂或河砂：取用水洗去泥土的海砂或河砂，先用 6mol/L 盐酸煮沸 0.5h，用水洗至中性，再用 6mol/L 氢氧化钠溶液煮沸 0.5h，用水洗至中性，经 105℃ 干燥备用。

3. 仪器

① 扁形铝制或玻璃制称量瓶：内径 60～70mm，高 35mm 以下。

② 电热恒温干燥箱。

4. 分析步骤

① 将称量瓶清洗干净，置于 95～105℃ 干燥箱中，瓶盖斜支于瓶边，加热 0.5～1h，取出盖好，置干燥器内冷却 0.5h，称量，并重复干燥至恒重。

② 准确称取 3.5g 面粉于已恒重的称量瓶中，加盖，精密称量后，置于 95～105℃ 干燥箱中，瓶盖斜支于瓶边，干燥 2～4h 后，盖好取出，放入干燥器中冷却 0.5h 后称量。

③ 再放入 95～105℃ 干燥箱中干燥 1h 左右，取出，放于干燥器内冷却 0.5h 后再称量，

反复操作，至前后两次质量相差不超过 2mg 为止，即为恒重。

5. 结果计算

$$X = \frac{m_1 - m_2}{m_1 - m_3} \times 100\%$$

式中　X——试样中水分的含量，%；
　　　m_1——称量瓶和试样的质量，g；
　　　m_2——称量瓶加面粉干燥后的质量，g；
　　　m_3——称量瓶的质量，g。

计算结果保留三位有效数字。

在重复性条件下获得的两次独立测定结果的绝对差值不得超过算术平均值的 5%。

二、大米中灰分的测定（参照 GB/T 5009.4—2003）

1. 原理

食品经灼烧后所残留的无机物质称为灰分。灰分一般用灼烧称量法测定。

2. 仪器

马弗炉、分析天平、瓷坩埚、干燥器。

3. 分析步骤

① 瓷坩埚的准备　取大小适宜的瓷坩埚用盐酸（1∶4）煮 1～2h，洗净晾干后，用 0.5% 三氯化铁溶液和等量蓝墨水的混合液在坩埚外壁及盖上写上编号，置马弗炉中，在 (550±25)℃下灼烧 0.5h，冷至 200℃以下后取出，放入干燥器中冷至室温，准确称量，并重复灼烧至恒重。

② 取样　在坩埚中加入 2.00～3.00g 大米样品后，准确称量。

③ 炭化　将坩埚置于电炉上，半盖坩埚盖，先用小火小心加热使试样充分炭化，至无黑烟产生。

④ 灰化　炭化后，将坩埚移入马弗炉中，在 (550±25)℃下灼烧 4h。

⑤ 冷却　冷至 200℃以下后取出，移入干燥器中冷却 30min。

⑥ 称量　在称量前如灼烧残渣有炭粒时，向试样中滴入少许水湿润，使结块松散，蒸出水分再次灼烧直至无炭粒，即灰化完全，准确称量。重复灼烧至前后两次称量相差不超过 0.5mg 为恒重。

⑦ 计算

$$X = \frac{m_1 - m_2}{m_3 - m_2} \times 100$$

式中　X——样品中灰分的含量，g/100g；
　　　m_1——坩埚和灰分的质量，g；
　　　m_2——坩埚的质量，g；
　　　m_3——坩埚和样品的质量，g。

计算结果保留三位有效数字。

在重复性条件下获得的两次独立测定结果的绝对差值不得超过算术平均值的 5%。

4. 说明

① 操作过程要小心，防止灰分飞散。

② 灰化后的样品可保留，供钙、铁、磷、等成分的分析。

三、花生中脂肪的测定——索氏提取法（参照 GB/T 5009.6—2003）

1. 原理

样品用无水乙醚或石油醚等溶剂抽提后，蒸去溶剂所得的物质称为粗脂肪。因为除脂肪处，还含有色素及挥发油、蜡、树脂等物。抽提法所测得的脂肪为游离脂肪。

2. 试剂

① 无水乙醚或石油醚。

② 海砂或河砂：取用水洗去泥土的海砂或河砂，先用盐酸（1+1）煮沸 0.5h，用水洗至中性，再用氢氧化钠溶液（240g/L）煮沸 0.5h，用水洗至中性，经（100±5）℃干燥备用。

3. 仪器

索氏提取器。

4. 分析步骤

① 准确称取已干燥至恒量的索氏提取器接收瓶。

② 试样处理：准确称取干燥的花生仁 5.00g，粉碎机粉碎后，移入滤纸筒（筒口放置少量脱脂棉）内。

③ 抽提：将滤纸筒放入脂肪提取器的提取管内，连接已干燥至恒量的提脂瓶，由提取器冷凝管上端加入无水乙醚或石油醚至瓶内容积 2/3 处，于水浴上加热，使乙醚或石油醚不断回流提取（6～8 次/h），一般抽提 6～12h。

④ 称量：取下提脂瓶，回收乙醚或石油醚，等接收瓶内乙醚剩 1～2mL 时在水浴上蒸干，再于（100±5）℃干燥 2h，放于干燥器内冷却 0.5h 后称量。重复以上操作直至恒量。

⑤ 计算

$$X = \frac{m_1 - m_0}{m_2} \times 100$$

式中 X——试样中粗脂肪的含量，g/100g；

m_1——接收瓶和粗脂肪的质量，g；

m_0——接收瓶的质量，g；

m_2——试样的质量，g。

计算结果表示至小数点后一位。

在重复性条件下获得的两次独立测定结果的绝对差值不得超过算术平均值的 10%。

5. 说明

① 提取时注意水浴的温度不可过高，以每小时回流 6～8 次为宜。冬天和夏天冷凝水温度有差别，故提取温度也有差别。

② 本法要求样品干燥无水，样品中的水分会妨碍有机溶剂对样品的浸润，而且会使样品中的水溶性成分溶出，造成测定结果偏高。

③ 由于提取溶剂为易燃的有机溶剂，故应特别注意防火，切忌明火加热。恒量烘干前应驱除全部残余的有机溶剂，防止爆炸。

复 习 题

1. 水分测定常用什么方法？它对被检验物有何要求？误差可能来自哪些方面？

2. 蒸馏法测定水分主要有哪些优点？常用试剂有哪些？使用依据是什么？
3. 什么是卡尔-费休试剂？此方法是如何完成水分定量测定的？
4. 在用干燥法测定水分的操作过程中最容易引起误差的地方有哪些？如何避免？
5. 为什么要进行炭化处理？
6. 在灰分测定过程中，误差产生的原因及可能的预防措施有哪些？
7. 为什么将灼烧后的残留物称为粗灰分？粗灰分与无机盐含量之间有什么区别？
8. 为什么用索氏抽提法测定脂肪时测得的为粗脂肪？测定中需注意哪些问题？
9. 脂肪测定中所用的提取剂乙醚为什么必须不含过氧化物？如何检查过氧化物的存在？如何提纯乙醚？
10. 说明脂肪的存在形式、类型与测定方法的关系。

天平的构造、作用原理、使用和维护

一、托盘天平

（一）托盘天平的构造和作用原理

托盘天平也称架盘天平或普通药用天平，其称量（最小准称量）范围包括 1000g（1g）、500g（0.5g）、200g（0.2g）、100g（0.1g），仅用于粗略的称量。

托盘天平构造如图 4-3 所示，通常横梁架在底座上，横梁中部有指针与刻度盘相对，据指针在刻度盘上左右摆动的情况，可判断天平是否平衡，并给出称量量。横梁左右两边上边各有一秤盘，用来放置试样（左）和砝码（右）。由天平的构造显而易见其工作原理是杠杆原理，横梁平衡时力矩相等，若两臂长相等则砝码质量就与试样质量相等。

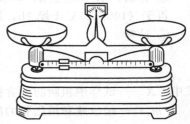

图 4-3 托盘天平的构造

（二）托盘天平的使用方法

（1）调零 将游码归零，调节调零螺母，使指针在刻度盘中心线左右等距离摆动，表示天平的零点已调好，可正常使用。

（2）称量 在左盘放试样，右盘用镊子夹入砝码（由大到小），再调游码，直至指针在刻度盘中心线左右等距离摆动。砝码及游码指示数值相加则为所称试样的质量。

（3）恢复原状 要求把砝码移到砝码盒中原来的位置，把游码移到零刻度，把夹取砝码的镊子放到砝码盒中。

（三）托盘天平的维护

① 使用托盘天平称量时，称量物不能直接放在天平盘上称量，以免天平盘受腐蚀，而应放在已知质量的纸或表面皿上。潮湿的或具腐蚀性的药品则应放在玻璃容器内。

② 托盘天平不能称热的物质。

③ 添加砝码时应从大到小，大砝码放在托盘中央，小砝码放在大砝码的周围。

二、分析天平

分析天平是指具有较高灵敏度、最大称量量在 200g 以下的精密天平。常见的一类精密天平是无光学读数装置的空气阻尼天平,也称普通标牌天平;另一类是具有光学读数装置的等臂、不等臂电光天平,也称为微分标牌天平。其称量加砝码的方式又分为全自动机械加码和半自动机械加码两种。现以实验室常用的半自动机械加码等臂天平为例,介绍分析天平的原理、结构和使用方法。

(一) 分析天平的构造和工作原理

半自动机械加码等臂天平是根据杠杆原理设计制造的,其构造图如图4-4所示。

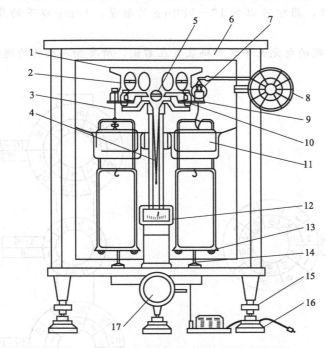

图4-4 半自动机械加码等臂天平的构造图

1—横梁;2—平衡螺丝;3—吊耳;4—指针;5—支点刀;6—框罩;
7—环码;8—加码指数盘;9—支柱;10—托叶;11—阻尼筒;
12—光屏;13—托盘;14—盘托;15—水平调整脚;16—减振脚垫;17—升降钮

(1) 横梁 由铝合金制成,梁上装有3块三棱形玛瑙刀,其中一块在梁中间,刀口向下,称支点刀。在梁两边,距支点刀等距离处各装一块,刀口向上,称承重刀。三刀口需处同一水平线上,梁两边对称孔内各装有调节天平平衡用螺母一个,梁中部(或上部)有重心螺母一个,用于调节天平重心。

(2) 立柱 空心立柱是横梁的起落架。柱顶嵌有玛瑙平板一块,配合横梁支点刀形成杠杆支点。柱上装有可升降的托梁架,天平不用时托起天平梁,使三刀口脱离接触。

(3) 吊耳 吊耳位于天平梁两端,其下面中心处嵌有玛瑙平板。称量时,该平板与横梁两侧承重刀接触,悬吊起称盘。圈码承重片附加于右侧吊耳之上。

(4) 秤盘 供放置砝码或称量物用,称量时悬挂于吊耳钩上,不称量时由盘托托起。

(5) 阻尼筒 由内筒、外筒组成,外筒固定于支架上,内筒悬挂于吊耳钩上,置于外筒之中。天平开启时,内筒与吊耳、秤盘同步移动。由于两筒内空气的阻尼作用,天平很快达平衡状态。

(6) 光幕 通过光电系统使指针下端的标尺放大后,在光幕上可以读出1mg,每一小格代表 0.1mg。

(7) 天平盘和天平橱门　天平左右有两个托盘，左盘放称量物体，右盘放砝码。光电天平是比较精密的仪器，外界条件的变化如空气流动等容易影响天平的称量，为减少这些影响，称量时一定要把橱门关好。

(8) 砝码与圈码　天平有砝码和圈码。砝码装在盒内，最大质量为 100g，最小质量为 1g。在 1g 以下的是用金属丝做成的圈码，安放在天平的右上角，加减的方法是用机械加码旋钮来控制，用它可以加 10～990mg 的质量。10mg 以下的质量可直接在光幕上读出。

注意：全机械加码的电光天平其加码装置在右侧，所有加码操作均通过旋转加码转盘实现（如图 4-5 所示）。

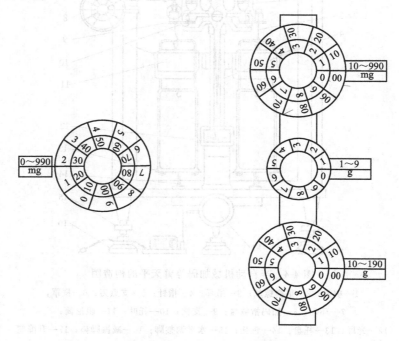

图 4-5　机械加码天平的刻度转盘

(9) 天平升降枢　是天平的制动系统，位于天平台下中部，与托梁架、盘托和光路电源相连接，由天平启动旋钮控制调节。顺时针开启时，托梁下降，三刀口与相应平板接触，光电源接通，天平处于工作状态。反之天平处于停止运行状态。

(10) 光学读数系统　横梁的指针下端装有缩微标尺，工作时，光源通过光学系统将此缩微标尺放大，再反射投影于光屏上。若标尺投影零刻度线与光屏上的中垂线重合，则天平处于平衡位置。

(11) 自动加码装置　半自动天平的此装置一般位于天平之右上部，转动加码指数盘，即可直接向天平梁上加 10～990mg 的圈码（如图 4-5 所示）。

(12) 天平箱　天平箱用于保护天平不受环境条件影响。箱两侧的玻璃拉门，供取放砝码和称量物用。箱底部有 3 只支承脚，前边两脚可调，供调节天平水平用，天平立柱上端固定有水平泡一只，供观察天平的水平状态用。

(13) 砝码　半自动天平配备有一盒砝码。砝码是衡量质量的标准，应定期检查标定。

(二)分析天平的计量性能

分析天平的计量性能指标主要包括灵敏度、示值变动性和不等臂性等。

1. 灵敏度

天平的灵敏度(E)通常是指在天平一盘中增加单位质量(1mg)时,天平指针的偏移程度,常以分度/mg表示。显然偏移程度愈大,天平愈灵敏。

也有用天平感量(S)来表示天平灵敏度的,即天平指针移动一个分度相当的质量,也称分度值。它与E的关系为:

$$S = \frac{1}{E}$$

影响天平灵敏度的因素很多,首先是天平3个玛瑙刀口的锐利程度,其次为天平梁的质量W,梁的重心位置,天平臂的长度L,以及天平的负载状态,都可影响到天平的灵敏度。

天平臂愈长,天平梁愈轻,其重心愈高,则天平愈灵敏。在一定的条件下,可通过调节重心螺母的位置来改变天平的灵敏度。但应注意,过高的调节重心,会引起天平臂摆动难以静止,反而降低了天平的稳定性。一般常量电光天平的灵敏度应为10分度/mg,或分度值$S=0.1$mg/分度即可。

2. 示值变动性

示值变动性(ΔL)的大小反映了天平的稳定性,也代表着称量结果的可靠程度,即准确度。它是指在同等的天平平衡条件下(空载或全载),多次反复开启天平、观测天平指针位置的重现性大小,若以L_O、L_P表示空载、全载时天平指针移动的分度值,则变动性ΔL为:

空载时 $\Delta L_O = L_{O(最大)} - L_{O(最小)}$

全载时 $\Delta L_P = L_{P(最大)} - L_{P(最小)}$

显然对于一架天平,其ΔL值愈小,测量准确度愈可靠。但由于天平本身结构和测量时环境条件变动的影响,天平示值变动性总是存在的。人们只能要求天平的示值变动性应小于该天平的感量,这样才能实现准确的称量。

3. 不等臂性误差

由天平的不等臂性引起的称量误差,是仪器本身的系统误差。当天平两臂长分别为L和$L+\Delta L$时,若天平处中心平衡位置,则据杠杆原理所称之重必不等,分别为$W+\Delta W$和W,则有:

$$L(W+\Delta W) = (L+\Delta L)W$$

变换后有:

$$\frac{\Delta W}{W} = \frac{\Delta L}{L} \text{ 或 } \Delta W = \frac{\Delta L \times W}{L}$$

由上式可知,天平不等臂性越显著,称量结果偏差越大,而且随称量的量增大,此偏差ΔW随之增大,当天平全负载时,ΔW达最大值。

消除由天平不等臂性造成的称量误差的方法有:①在称量较小的情况下,由于量小,引起的不等臂偏差很小,当它小于天平自身的感量时,此偏差自然可忽略不计,或者采取在一个实验项目的整个称量中,使用同一天平来抵消这种误差;②在较大量的称量中,采用替代称量法或交换称量法消除该系统误差。所谓替代称量法是在同臂同盘中通过称量物与砝码相互替代称量。当天平平衡时,称盘中同盘所移出的砝码质量即为称量物之质量。此法类同于单盘不等臂天平的工作原理,通过减去等量砝码来获取称量物质量,不存在不等臂性引起的系统误差。

（三）分析天平的使用

1. 预备和检查

（1）称量前取下天平箱上的布罩，叠好后放在天平箱右后方的台面上。

（2）称量操作人应面对天平端坐，记录本放在胸前的台面上，砝码盒放在天平箱的右侧，接受和存放称量物的器皿放在天平箱的左侧。

（3）检查砝码是否齐全，放置的位置是否正确。检查砝码盒内是否有移取砝码的镊子，检查圈码是否齐全，是否挂在相应的圈码钩上，圈码读数盘的读数是否在零位。

（4）检查天平梁和吊耳的位置是否正常，检查天平是否处于休止状态，检查天平是否处于水平位置。如不水平，可调节天平箱前下脚的两个螺丝，使气泡水准器中的气泡位于正中。

（5）察看天平盘上是否有粉尘或其他落入的物质，可用软毛刷轻轻扫净。

2. 天平零点的调节

零点是指未载重的天平处于平衡状态时，指针所指的标尺刻度。检查天平后，端坐于天平前面，沿顺时针方向轻轻转动旋钮（即打开天平），使天平梁放下，待指针稳定后，看微分标牌的"0"刻度与投影屏上的标线是否重合。若不重合，当位差较小时，可拨动天平箱底板下的拨杆使其重合；若位差较大，先调节天平梁上的平衡螺丝，再调节拨杆使其重合。然后沿逆时针方向轻轻旋转旋钮，将天平梁托起（即关上天平）。此时天平的零点（L_0）已调节为"0"。

3. 称量

打开左侧橱门，把在台秤上粗称过的被称量物放在左盘中央，关闭左侧橱门；打开右侧橱门，在右盘上按粗称的质量加上砝码，关闭右侧橱门，再分别旋转圈码转盘外圈和内圈，加上粗称质量的圈码。缓慢开启天平升降旋钮，根据指针或缩微标尺偏转的方向，决定加减砝码或圈码。注意，如指向左偏转（缩微标尺会向右移动），表明砝码比物体重，应立即关闭升降旋钮，减少砝码或圈码后再称；反之则应增加砝码或圈码。反复调整直至开启升降旋钮后，投影屏上的刻度线与缩微标尺上的刻度线在0.00～10.0mg之间为止。

① 读数 当缩微标尺稳定后即可读数，其中缩微标尺上一大格为1mg，一小格为0.1mg，若刻度线在两小格之间，则按四舍五入的原则取舍，不要估读。读取读数后应立即关闭升降旋钮，不能长时间让天平处于工作状态，以保护玛瑙刀口，保证天平的灵敏性和稳定性。称量结果应立即如实记录在记录本上，不可记在手上、碎纸片上。

天平的读数方法：砝码＋圈码＋微分标尺，即小数点前读砝码，小数点后第一位、第二位读圈码（转盘前两位），小数点后第三位、第四位读微分标尺。如图4-6所示读数$W=17.2313g$。

② 复原 称量完毕，取出被称量物，砝码放回到砝码盒里，圈码指数盘回复到0.00位置。拔下电源插头，罩好天平布罩。

（四）分析天平的称量方法

1. 直接称量法

取一个洁净的表面皿，记下其编号。先用托盘天平粗称，记录其质量（保留一位小数），再用分析天平准确称量。

调节好分析天平的零点并关上天平后，把表面皿放在天平左盘的中央，向天平右盘添加

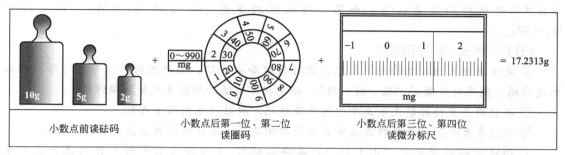

图 4-6　天平读数示例

粗称时质量的砝码。然后慢慢沿顺时针方向转动旋钮（初始应半开天平，防止天平梁倾斜度太大，损坏天平），若微分标尺向右移动得很快，则说明右盘重（微分标尺总是向重盘方向移动），应关上天平后减少右盘中的砝码（用圈码读数盘减少）0.1g。再慢慢打开天平，判断并加减砝码（加减砝码前切记先关上天平），直至微分标尺稳定地停在 0～10mg 间（此时，天平应打开到最大位置）。当天平达到平衡后，读取砝码（整数）、圈码（小数点后第一位、第二位小数）和投影屏上（小数点后第三位、第四位小数）的质量读数。复核后关上天平，做好记录。

2. 减量称量法

用减量称量法称取 3 份试样，每份 0.2～0.3g。

用叠好的纸带（一般宽 1.5cm，长 15cm）拿取洗净烘干的带盖称量瓶一只。用托盘天平粗称（保留一位小数）。然后，用纸带打开称量瓶盖子（盖子打开后仍放在托盘天平左盘上），加 0.9g 砝码于托盘天平右盘上。用小药勺取 NaCl 固体分数次加入称量瓶中，直至托盘天平正好达到平衡态，此时已粗称 0.9g 于称量瓶中。盖好称量瓶盖子，读取砝码质量，复核后做好记录（保留一位小数）。

调好分析天平的零点并关上天平后，用纸带将称量瓶（内装试样）放在分析天平的左盘中央，在分析天平右盘上加上粗称时质量的砝码。然后慢慢打开天平（初始应半开天平），判断并加减砝码（加减砝码前首先关上天平），直至天平达到平衡态，微分标尺稳定地停在 0～10mg 间（此时，天平应打开到最大位置）。读取砝码、圈码和投影屏上的质量，复核后关上天平并做好记录（保留4位小数）。

用纸带将称量瓶取出，左手用纸带操作称量瓶，右手用纸带操作称量瓶的盖子。把 250mL 烧杯放在台面上，将称量瓶移到烧杯口上部适宜位置，用盖子轻轻敲击倾斜着的称量瓶上口，使称量物（试样）慢慢落入烧杯中，如图 4-7 所示。估计倾倒出 0.2～0.3g 试样后，将称量瓶竖直，试样仍在烧杯口上部，用称量瓶盖子敲击称量瓶上口，使称量瓶边沿的试样全部落入称量瓶中。然后把称量瓶放回到天平左盘的中央，把右盘的圈码由读数盘减少 0.23g，再重新调节天平的平衡点。若称量物重于右盘中的砝码，则应再次倾倒试样于烧杯中，直至天平达到平衡态，微分标尺稳定地停在 0～10mg 间（天平应打开到最大），此时倒入烧杯中的试样质量在 0.2～0.3g 间。读取砝码、圈码和投影屏上的质量，复核后关上天平并做好记录 W_2（保留 4 位小数）。此时已称量出第一份试样的质量（G_1），即 $G_1 = W_1 - W_2$。用相同方法反复操作，可称

图 4-7　分析天平加样示意图

量出第二份试样的质量（G_2）和第三份试样的质量（G_3），即 $G_2 = W_2 - W_3$，$G_3 = W_3 - W_4$。

（五）分析天平的使用维护

① 处于承重工作状态的天平不允许进行任何加减砝码、圈码的操作。开启升降旋钮和加减砝码、圈码时应做到"轻、缓、慢"，以免损坏机械加码装置或使圈码掉落。

② 不能用手直接接触光电天平的部件及砝码，取砝码要用镊子夹取。

③ 不能在天平上称量热的或具有腐蚀性的物品。不能在金属托盘上直接称量药品。

④ 加减砝码的原则是"由大到小，减半加码"。不可超过天平所允许的最大载重量（200g）。

⑤ 每次称量结束后，认真检查天平是否休止，砝码是否齐全地放入盒内，机械加码旋钮是否恢复到零的位置。全部称量完毕后关好天平橱门，切断电源，罩上布罩，整理好台面，填写好使用记录本。

⑥ 不得任意移动天平位置。

三、电子天平

电子天平的构造如图4-8所示。其称量是依据电磁力平衡原理。称量通过支架连杆与一线圈相连，该线圈置于固定的永久磁铁——磁钢之中，当线圈通电时自身产生的电磁力与磁钢磁力作用，产生向上的作用力。该力与称盘中称量物向下的重力达平衡时，此线圈通入的电流与该物重力成正比。利用该电流大小可计量称量物的质量。其线圈上电流大小的自动控制与计量是通过该天平的位移传感器、调节器及放大器实现的。当盘内物重变化时，与盘相连的支架连杆带动线圈同步下移，位移传感器将此信号检出并传递，经调节器和电流放大器调节线圈电流大小，使其产生向上之力，推动称盘及称量物恢复至原位置，重新达线圈电磁力与物体重力平衡，此时的电流可计量物重。

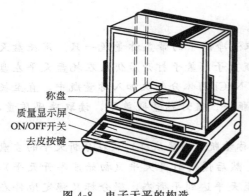

图4-8 电子天平的构造

电子天平是物质计量中唯一可自动测量、显示，甚至可自动记录、打印结果的天平。其最大称量和精度与前述分析天平相同，最高读数精度可达±0.01mg，实用性很广。但应注意其称量原理是电磁力与物质的重力相平衡，即直接检出值是物质重力（mg）而非物质质量（m）。故该天平使用时，要随使用地的纬度、海拔高度校正其g值，方可获取准确的质量。常量或半微量电子天平一般内部配有标准砝码和质量校正装置，经随时校正后的电子天平可获取准确的质量读数。

模块五 食品化学分析检验技术
——滴定分析法

> **学习目标**
> 1. 重点掌握浓度的表示方法，标准溶液的配制和标定，滴定分析的各种计算，滴定分析常用仪器的使用方法。
> 2. 掌握滴定分析法的基本概念，滴定分析具备的条件。
> 3. 了解滴定分析法的分类和滴定方式。

第一节 知识讲解

滴定分析法是定量化学分析中一类重要的分析方法，它常用于测定含量大于或等于1%的常量组分。此方法具有准确度高（一般情况下相对误差在0.2%以下）、所用仪器简单、操作方便、快速等特点。在食品分析中应用非常广泛。

一、滴定分析法的基本概念、条件及滴定方式

1. 滴定分析法的基本概念

（1）定义 滴定分析法又称容量分析法。它是将已知准确浓度的试剂溶液（标准溶液），由滴定管滴加到被测物质的溶液中，直到所加的试剂溶液与被测物质按化学计量关系完全定量反应为止，根据试剂溶液的浓度和消耗的体积，计算被测物质的含量。

若被测物质A与试剂B按下列方程式进行化学反应：

$$a\text{A} + b\text{B} = c\text{C} + d\text{D}$$

则它的化学计量关系是：

$$n_\text{A} = \frac{a}{b} n_\text{B} \text{ 或 } n_\text{B} = \frac{b}{a} n_\text{A}$$

式中 n_A——被测物质A的物质的量；

n_B——试剂B的物质的量。

即A与B反应的摩尔比是 $a:b$。

（2）滴定分析中的常用术语

① 滴定剂 已知准确浓度的试剂溶液（标准溶液）。

② 滴定 将滴定剂由滴定管滴加到被测物质溶液中的操作过程。

③ 化学计量点 加入滴定剂物质的量与被测物的物质的量按化学计量关系定量反应完全时，即反应达到了化学计量点（简称计量点）。

④ 指示剂 在滴定时，常在被测物质的溶液中加入一种辅助试剂，由其颜色的变化作为化学计量点到达的终止滴定信号，这种辅助试剂称为指示剂。

⑤ 滴定终点 在滴定过程中，指示剂恰好发生颜色变化的转变点。

⑥ 终点误差 滴定终点与化学计量点不一定一致，由此而引起的分析误差称为终点误差。化学反应越完全，指示剂选择越恰当，终点误差就会越小。

2. 滴定反应的条件

适用于滴定分析法的化学反应必须具备下列条件。

① 反应必须定量地完成。即反应严格按一定的化学反应式进行，通常要求达到99.9%以上，无副反应发生，这是定量计算的基础，否则不能定量计算。

② 反应速率要快。对于速率较慢的反应，应采取适当的措施（如加热、加催化剂等）来加快反应速率。

③ 能用比较简便的方法确定滴定终点。

④ 存在于被测溶液中的杂质不得干扰主要反应，否则应先除去杂质。

3. 滴定方式

（1）直接滴定法 用标准溶液直接滴定被测物质，利用指示剂或仪器测试指示化学计量点到达的滴定方式，称为直接滴定法。直接滴定法是滴定分析中最常用、最基本的滴定方法。例如，用NaOH滴定HCl，用$K_2Cr_2O_7$滴定Fe^{2+}等。如果反应不能完全符合上述滴定反应的条件时，可采用以下方式进行滴定。

（2）返滴定法（剩余滴定法） 通常是在被测试液中准确加入适当过量的标准溶液，待反应完全后，再用另一种标准溶液返滴定剩余的第一种标准溶液，从而测定被测组分的含量，这种方式叫返滴定法。例如，Al^{3+}与EDTA配位反应速率慢，并且Al^{3+}对指示剂产生封闭作用，不能直接滴定，常采用返滴定法进行。即在待测的Al^{3+}试液中加入过量的EDTA溶液，加热至50~60℃，促使反应完全，溶液冷却后加入二甲酚橙指示剂，并控制溶液pH在5~6，用标准锌溶液返滴剩余的EDTA溶液，从而计算试样中铝的含量。

（3）间接滴定法 某些被测组分不能直接与滴定剂反应，但可通过其他的化学反应，将被测组分转化为另一种可被滴定的物质，再用标准溶液滴定，然后利用它们之间的化学计量关系间接测定组分含量。例如，用高锰酸钾法测定食品中的钙含量，Ca^{2+}没有氧化还原的性质，利用它与$C_2O_4^{2-}$作用形成CaC_2O_4沉淀，过滤后，加入H_2SO_4使沉淀物溶解，把草酸游离出来，用$KMnO_4$标准溶液与$C_2O_4^{2-}$作用，采用氧化还原滴定法可间接测定Ca^{2+}含量。

二、滴定分析法的分类

根据化学反应的类型不同，滴定分析法可分为下列4类。

（1）酸碱滴定法 酸碱滴定法是以酸碱中和反应为基础的分析方法，如用强碱滴定强酸的基本反应式为：

$$H^+ + OH^- = H_2O$$

常用HCl标准溶液测定碱或碱性物质，用NaOH标准溶液测定酸或酸性物质。

（2）沉淀滴定法 沉淀滴定法是以沉淀反应为基础的分析方法，应用最广泛的是银量法，反应式为：

$$Ag^+ + X^- = AgX$$

式中，X^-为Cl^-、Br^-、I^-及SCN^-等离子。常用$AgNO_3$、NH_4SCN为标准溶液测定卤化物、硫氰酸盐、含Ag^+的化合物等物质的含量。

(3) 配位滴定法　配位滴定法是以配位反应为基础的分析方法，应用较广泛的是用EDTA作标准溶液测定金属离子，反应式为：

$$M+Y \Longleftrightarrow MY$$

式中，M代表金属离子，Y代表EDTA配位剂。

(4) 氧化还原滴定法　氧化还原滴定法是以氧化还原反应为基础的分析方法，可用氧化剂为标准溶液测定还原性物质，也可以用还原剂为标准溶液测定氧化性物质。应用较多的高锰酸钾法、碘量法等。

三、标准溶液浓度的表示方法

标准溶液的浓度常用物质的量浓度和滴定度表示。

1. 物质的量

物质的量（n）的单位为摩尔（mol）。摩尔表示一系统的物质的量，该系统中所包含的基本单元数与 0.012kg ^{12}C 的原子数目相等。0.012kg ^{12}C 所包含的原子数目就是阿伏加德罗常数，为 6.023×10^{23}。基本单元指的是原子、分子、离子、电子以及其他基本粒子，或者是这些粒子的特定组合。例如，对于硫酸，可以把 H_2SO_4 看做一个基本单元，也可以把 $1/2H_2SO_4$ 看做基本单元，也可以把 H^+ 和 SO_4^{2-} 各看做基本单元。它们的物质的量各不相同，用 H_2SO_4 作基本单元时，98.08g 的 H_2SO_4 的基本单元数值与 0.012kg ^{12}C 的原子数目相等，为阿伏加德罗常数，即 $n(H_2SO_4)$ 为 1mol。用 $1/2\ H_2SO_4$ 作基本单元，则为 2mol；用 H^+ 作基本单元，为 2mol；用 SO_4^{2-} 作基本单元为 1mol。

物质 B 的物质的量与质量的关系是：

$$n_B = m_B/M_B \text{ 或 } m_B = n_B M_B$$

式中　n_B——物质 B 的物质的量，mol；

　　　m_B——物质的质量，g；

　　　M_B——物质的摩尔质量，g/mol，其数值为确定化学组成的物质的相对分子（或原子）质量。

2. 物质的量浓度

标准溶液的浓度通常用物质的量浓度表示。物质 B 的物质的量浓度（简称浓度）是指单位体积溶液中所含溶质 B 的物质的量。表达式为：

$$c_B = \frac{n_B}{V}$$

式中　c_B——物质的量浓度，mol/L；

　　　n_B——物质 B 的物质的量，mol；

　　　V——溶液的体积，L。

当用 mL 时，在计算时要换算成 L。

3. 滴定度

滴定度有两种表示法。

(1) 指 1mL 或 1mmol 滴定剂溶液相当于待测物质的质量（单位为 g），用 T（待测物/滴定剂）表示，单位为 g/mL 或 g/mmol。

在食品分析中，用滴定度表示很方便。如滴定消耗标准溶液 V（mL），则待测物质的质量为：

$$m = TV \text{ 或 } m = TcV$$

【例题】 测定柑橘果实中的总酸度,用柠檬酸表示总酸,已知 $T=0.064$g/mmol,测定时用去 0.1mol/L NaOH 标准溶液 20.12mL,则试样中含柠檬酸的质量为:

$$m = 0.064 \times 0.1 \times 20.12 = 0.1288 \text{ (g)}$$

【例题】 采用 EDTA 滴定法测定食品中钙含量,已知 T(Ca/EDTA)$=0.1$mg/mL,滴定消耗 EDTA 的体积为 18.58mL,则试样中钙的含量为:

$$m = 0.1 \times 18.58 = 1.858 \text{ (mg)}$$

(2) 指 1mL 标准溶液中所含溶质的质量(单位为 g 或 mg),用 T_B 表示,单位为 g/mL 或 mg/mL。这种表示方法多用于专用标准溶液的配制。

例如,测定食品中钙含量时所用的钙标准溶液 $T_{Ca}=0.2$mg/mL,即表示每 1mL 钙标准溶液中含有钙 0.2mg;又如测定食品中还原糖含量时所用的标准葡萄糖溶液 $T_{葡萄糖}=0.2$mg/mL,即表示为每 1mL 葡萄糖标准溶液中含有 0.2mg 葡萄糖。

四、滴定分析中标准溶液的配制

配制标准溶液的方法一般有直接配制法和间接配制法。

1. 直接配制法

准确称取一定量的基准物质,溶解后定量转移到容量瓶中,加蒸馏水稀释至刻度,充分摇匀,根据称取基准物质的质量和容量瓶的体积,即可计算出其准确浓度。

能够用来直接配制标准溶液的纯物质叫基准物质。它必须具备下列条件。

① 物质纯度要高,其纯度要求不小于 99.9%。
② 物质的组成(包括其结晶水含量)应与化学式相符合。
③ 性质要稳定,如烘干时不分解,称量时不风化、不潮解、不被空气氧化等。
④ 基准物质的摩尔质量应尽可能大,这样称量的相对误差就相应减小。

在滴定分析法中能够满足上述条件的常用基准物质有:邻苯二甲酸氢钾($KHC_8H_4O_4$)、无水 Na_2CO_3、硼砂($Na_2B_4O_7 \cdot 10H_2O$)、$AgNO_3$、NaCl、$CaCO_3$、Zn、ZnO、$K_2Cr_2O_7$、$Na_2C_2O_4$、As_2O_3 等。基准物质可以采用直接配制法配制标准溶液,也常用基准物质来标定标准溶液的浓度。如 $AgNO_3$ 标准溶液可采用直接配制法配制,邻苯二甲酸氢钾常用于标定 NaOH 标准溶液的浓度。

2. 间接配制法

凡是不符合基准物质条件的试剂,不能直接配制成标准溶液,可采用间接配制法。即先配制成近似浓度的溶液,再用基准物质或另一种标准溶液来确定它的准确浓度。如 0.1mol/L HCl 标准溶液的配制和标定。由于市售浓 HCl 含量不稳定且含有杂质,先取浓 HCl 约 8.5mL 用蒸馏水稀释成 1000mL,再用硼砂或无水碳酸钠基准物质标定,确定其准确浓度。

五、标准溶液浓度的标定

用基准物质或已知准确浓度的溶液来确定标准溶液浓度的操作过程叫标定。标定的方法有两种,即基准物质标定法和标准溶液比较法。

1. 基准物质标定法

(1) 多次称量法 精密称取 2~3 份相同的基准物质,分别溶于适量的蒸馏水中,然后用待标定的溶液来滴定，根据基准物质的质量和待标定溶液所消耗的体积，即可计算出该溶液的准确浓度，最后取平均值作为标准溶液的浓度。

（2）移液管法　精密称取一份较多的基准物质溶解后，定量转移到容量瓶中，用蒸馏水稀释至刻度，摇匀，用移液管移取 2～3 份相同的该溶液，用待标定的标准溶液滴定，最后取平均值作为标准溶液的浓度。

2. 标准溶液比较法

准确吸取一定体积的待标定溶液，用标准溶液来滴定，或准确吸取一定体积的标准溶液，用待标定的溶液来滴定，根据两种溶液消耗的体积和标准溶液的浓度，即可计算出待标定溶液的准确浓度。此方法不如基准物质标定法精确，但操作简便。

标准溶液标定完后，应盖紧瓶塞，贴好标签备用。

六、滴定分析法中的计算

（一）用物质的量浓度、体积与物质的量的关系来计算

前面已讲过，当 A、B 两物质发生化学反应达到化学计量点时，它们的计量关系是：

$$n_A = \frac{a}{b} n_B \text{ 或 } n_B = \frac{b}{a} n_A$$

如果待测物质溶液的体积为 V_A，浓度为 c_A，达到化学计量点时消耗了浓度为 c_B 的滴定剂的体积为 V_B，根据公式 $n=cV$，则：

$$c_A V_A = \frac{a}{b} c_B V_B$$

此公式可用于溶液浓度和溶液稀释的计算。

1. 计算溶液的浓度

【例题】　用 0.09130mol/L 的 NaOH 标准溶液滴定 20.00mL 未知浓度的 H_2SO_4 溶液，到达化学计量点时，消耗 NaOH 溶液的体积为 21.32mL，计算 H_2SO_4 溶液的浓度为多少？

解：
$$2NaOH + H_2SO_4 \longrightarrow Na_2SO_4 + 2H_2O$$

根据公式：$c(H_2SO_4)V(H_2SO_4) = \frac{1}{2}c(NaOH)V(NaOH)$

得到：$c(H_2SO_4) = \dfrac{c(NaOH)V(NaOH)}{2V(H_2SO_4)} = \dfrac{0.09130 \times 21.32}{2 \times 20.00} = 0.04866$（mol/L）

2. 溶液的稀释

溶液稀释后，浓度虽然降低，但溶液中溶质的物质的量没有改变，因此在配制溶液时，可采用下式计算：

$$c_1 V_1 = c_2 V_2$$

式中　c_1，V_1——稀释前某溶液的浓度和体积；

c_2，V_2——稀释后的浓度和体积。

【例题】　欲配制 100mL 0.05000mol/L 的 HCl 溶液，需取 0.25000mol/L 的 HCl 溶液多少毫升？

解：
$$0.25000 \times V_1 = 0.05000 \times 100$$
$$V_1 = 20.00 \text{（mL）}$$

（二）用物质的质量与物质的量的关系来计算

当用基准物质标定溶液的浓度时，可用物质的质量与物质的量的关系来计算物质的质量

和溶液的浓度。

$$m_A/M_A = \frac{a}{b}c_B V_B \text{ 或 } m_A = \frac{a}{b}c_B V_B M_A$$

上式中，c 的单位是 mol/L；V 的单位是 L，但在滴定分析中，体积常以 mL 为单位来计算，因此在代入公式进行计算时要转化为 L，即乘以 10^{-3}。

1. 用直接称量法配制一定浓度的溶液

【例题】 用容量瓶配制 0.01mol/L 的重铬酸钾标准溶液 250mL，计算应称取重铬酸钾基准物质多少克？

解：$m(K_2Cr_2O_7) = c(K_2Cr_2O_7)V(K_2Cr_2O_7)M(K_2Cr_2O_7)$
$= 0.01 \times 250 \times 294.18 \times 10^{-3}$
$= 0.7354 \text{ (g)}$

2. 用基准物质标定溶液的浓度

【例题】 精密称取基准物无水碳酸钠 0.1580g，溶于 20～30mL 水中，标定 HCl 溶液的浓度，达到化学计量点时，消耗 V（HCl）24.80mL，计算 HCl 溶液的浓度为多少？

解：$2HCl + Na_2CO_3 = H_2CO_3 + 2NaCl$

$$c(HCl)V(HCl) = \frac{2m(Na_2CO_3)}{M(Na_2CO_3)}$$

$$c(HCl) = \frac{2m(Na_2CO_3)}{M(Na_2CO_3)V(HCl)}$$

$$= \frac{2 \times 0.1580}{105.99 \times 24.80 \times 10^{-3}}$$

$$= 0.1202 \text{(mol/L)}$$

(三) 待测物质含量的计算

若称取试样的质量为 m_S，测得待测物的质量为 m_A，则待测物 A 的含量为：

$$w_A = \frac{m_A}{m_S} \times 100\%$$

根据上式可求出被测物 A 的质量分数为：

$$w_A = \frac{ac_B V_B M_A}{bm_S} \times 100\%$$

【例题】 用高锰酸钾法测定食品中的钙含量，准确称取 10g 大豆粉经干法灰化，加入盐酸处理后定容至 25mL，准确吸取其样液 5mL 移入 15mL 离心管中，加入草酸铵溶液使其全部生成草酸钙沉淀，经离心除去上清液，加入硫酸使沉淀溶解，然后用 0.002mol/L 高锰酸钾标准溶液滴定至微红色为终点，消耗高锰酸钾的体积 V 为 14.54mL。试计算大豆粉的钙含量。

解：因为
$CaCl_2 + (NH_4)_2C_2O_4 \longrightarrow CaC_2O_4 \downarrow + 2NH_4Cl$
$CaC_2O_4 + H_2SO_4 \longrightarrow CaSO_4 + H_2C_2O_4$
$5H_2C_2O_4 + 2KMnO_4 + 3H_2SO_4 \longrightarrow K_2SO_4 + 2MnSO_4 + 10CO_2 \uparrow + 8H_2O$

所以 $5Ca^{2+} \longrightarrow 2KMnO_4$

$$w_{(Ca)} = \frac{\frac{5}{2}c(KMnO_4)V(KMnO_4)M(Ca)}{m_S} \times 100\%$$

$$=\frac{\frac{5}{2}\times 0.002\times 14.54\times 40.08}{10\times \frac{5}{25}\times 1000}\times 100\%$$

$$=0.001456908 \text{ (g/g)}$$

$$=145.6908 \text{ (mg/100g)}$$

从上式计算可以看出，滴定分析中的计算，必须找出化学反应中的计量关系，即已知物的物质的量与被测物的物质的量的系数关系。

第二节　实验实训　滴定分析常用仪器及其操作要求

滴定分析常用的仪器主要有滴定管、移液管、吸量管、容量瓶。

1. 滴定管

滴定管是滴定时用于准确测量所消耗的标准溶液体积的玻璃量器。滴定管分为酸式滴定管和碱式滴定管两种，如图5-1所示。带有玻璃活塞的称为酸式滴定管，用来盛放酸性溶液或氧化性溶液，不能盛放碱性溶液，因其腐蚀玻璃可造成活塞难于转动。带有一段橡皮管的称为碱式滴定管，用来盛放碱性溶液，不能盛放酸性或氧化性溶液，否则腐蚀橡皮管。橡皮管内放有一小玻璃珠，用来控制溶液的流量。常量分析的滴定管容积有25mL和50mL两种，最小刻度为0.1mL，读数可估计到0.01mL。

（1）滴定管的准备　酸式滴定管在使用前应检查玻璃活塞转动是否灵活和是否漏水。如果玻璃活塞转动不灵活，应在塞子与塞槽内壁涂少许凡士林。涂凡士林的方法是：将活塞取出，用滤纸将活塞及活塞槽内的水擦干净，用手指蘸少许凡士林在活塞的两端各涂上一薄层，在活塞孔的两旁少涂一些，以免凡士林堵住活塞孔，如图5-2所示。将活塞正对直接插入活塞槽内，稍向活塞小头方向用力并向同一方向转动活塞，直到活塞中油膜均匀透明无气泡为止。注意不要将活塞小孔堵住，最后用橡皮圈套在活塞的小头沟槽上，以防活塞脱落。试漏的方法是：先将活塞关闭，在滴定管内注满水，擦干滴定管外部，将滴定管夹在滴定管夹上，放置2min，观察管口及活塞两端是否有水渗出，然后将活塞转动180°，再观察一次，如果前后两次均不漏水，活塞转动也灵活，即可使用。

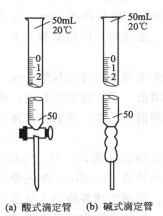

(a) 酸式滴定管　(b) 碱式滴定管

图5-1　滴定管示意

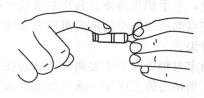

图5-2　涂凡士林

碱式滴定管使用前应检查橡皮管是否老化、变质，玻璃珠是否适当，玻璃珠过大，操作不灵活，玻璃珠过小，则会漏水。如果有问题，则应更换橡皮管或玻璃珠。

(2) 操作溶液的装入　滴定管在装入溶液前，先将溶液摇匀，用该溶液润洗2~3次，每次用量为滴定管体积的1/5。双手拿住滴定管两端无刻度部位，使之倾斜并慢慢转动，使溶液润湿内壁，然后打开活塞，将溶液自下端流出，装入废液缸弃去。装操作溶液时，混匀的溶液应直接倒入滴定管中，不要借助漏斗、烧杯等其他容器来转移，以免污染或影响溶液的浓度。

(3) 管嘴气泡的排除　滴定管装满溶液后，应检查管嘴是否有气泡，如果有气泡应将气泡排除。

酸式滴定管排除气泡的方法是：右手拿滴定管上端，并使滴定管倾斜30°，左手迅速打开活塞，使溶液冲出管口，即可排出气泡。

碱式滴定管排除气泡的方法是：右手拿滴定管上端（或夹在滴定管架上），左手将橡皮管向上弯曲，拇指和食指捏住玻璃珠稍偏上部位（注意防止玻璃珠滑动），挤压橡皮管使溶液从管口喷出，即可排除气泡，如图5-3所示。

图5-3　碱式滴定管排气泡示意　　　　　图5-4　滴定操作

(4) 滴定操作和半滴的控制　在每次滴定操作前，调节滴定管溶液在0刻度，或接近0刻度，并作好记录，以避免滴定管溶液不够用以及减小滴定误差。

滴定操作时，用左手拿滴定管，右手拿锥形瓶，如图5-4所示。使用酸式滴定管时，左手无名指和小指向手心弯曲，轻轻贴着出口部分，其他3个手指控制活塞，手心内凹，以免触动活塞而造成漏液。使用碱式滴定管时，左手拇指和食指轻轻捏挤玻璃珠一侧的胶管，使胶管与玻璃珠之间形成一个小缝隙，溶液即可流出。右手用拇指、食指和中指拿住锥形瓶，其余两指辅助在下侧，瓶底离滴定台高约2~3cm，滴定管下端伸入瓶口内约1cm。左手滴加溶液，同时右手不断摇动锥形瓶，使滴下去的溶液尽快混匀。摇瓶时，应微动腕关节，使溶液向同一方向转动。

有些样品宜在烧杯中滴定，将烧杯放在滴定台上，滴定管尖嘴伸入烧杯左约1cm，不可靠壁，左手滴加溶液，右手拿玻璃棒向同一方向作圆周搅拌溶液，不要碰到烧杯壁，滴定接近终点时所加的半滴溶液可用玻璃棒下端轻轻沾下，再浸入溶液中搅拌，注意玻璃棒不要接触管尖。

滴定过程中左手不要离开活塞而任溶液自流，应控制适当的滴定速度，一般10mL/min左右，当接近终点时要一滴一滴地加入，直到加最后半滴后溶液转色15~30s不褪色即为滴定终点。即加一滴摇几下，最后还要加一次半滴溶液直至终点。使用半滴溶液的方法是：轻轻转动活塞或捏挤胶管，使溶液悬挂在出口管嘴上，形成半滴，用锥形瓶内壁将其沾落，再用洗瓶吹洗。

（5）滴定管的读数　读数时将滴定管从滴定管架上取下，用右手拇指和食指捏住滴定管上部无刻度处，使滴定管保持垂直，然后再读数。为了使读数清楚，可在滴定管后面衬一张纸卡作背景。同一实验每次滴定的初读数和末读数必须由一人来读取，以减小读数误差。读数方法是：注入溶液或放出溶液后，需等待1～2min，使附着在内壁上的溶液流下来再读数。滴定管内的液面呈弯月形，无色和浅显溶液读数时，视线应与弯月面下缘实线的最低点相切，即读取与弯月面相切的刻度，如图5-5和图5-6所示；深色溶液如高锰酸钾等的弯月面底缘较难看清，读数时，视线应与液面两侧的最高点相切，即读取视线与液面两侧的最高点在同一水平线上的刻度。读数必须读到毫升小数后第二位，即要求读到0.01mL。

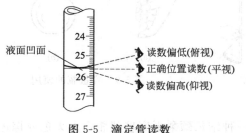

图5-5　滴定管读数

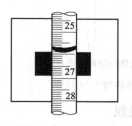

图5-6　读数纸卡

2. 移液管和吸量管

移液管和吸量管都是用于准确移取一定体积溶液的量出式玻璃量器，如图5-7所示。移液管是一根两端细长而中间膨大的玻璃管，在管的上端有一环形标线，在膨大部分标有它的容积和移液时的温度，用于移取某一固定体积的溶液。常用的移液管有10mL、20mL、25mL、50mL等规格。吸量管是管上有许多刻度的直形玻璃管，用于移取非固定体积的溶液，一般只用于量取小体积的溶液。常用的吸量管有1mL、2mL、5mL、10mL等规格。

在滴定分析中用移液管来准确移取溶液到锥形瓶（烧杯）。移液管在移液前，应先用滤纸吸净管尖内外的水，否则会因水滴引入而改变溶液的浓度。然后用所要移取的溶液将移液管润洗2～3次，以保证移取的溶液浓度不变。润洗的方法是：用洗耳球吸入溶液至刚入膨大部分，立即用右手食指按住管口，将移液管横过来，用两手的拇指和食指分别拿住移液管的两端，慢慢转动移液管并使溶液遍布管内壁，然后将溶液由管尖放出弃去，再用洗耳球把管尖液滴吹出。

移取溶液时，一般用右手的拇指和中指拿住颈标线上方（食指能够堵得住管口，否则应上移调整），将移液管插入溶液中，移液管不要插入过深或过浅，过深会使管外沾溶液过多，过浅会在液面下降时吸空。左手拿洗耳球，排除空气后紧按在移液管口上，慢慢松开手指使溶液吸入管内，移液管应随着液面的下降而下降。当管内液面上升到刻度线以上时，立即用右手食指堵住管口（液面必须在刻度线以上），将移液管提出液面，稍稍放松食指，使液面慢慢下降，直到溶液的弯月面与标线相切时，按紧食指取出移液管，用干净滤纸轻粘管尖半滴溶液，滤纸刚好与液面接触，不能与管尖接触。把准备承接溶液的锥形瓶稍倾斜，将移液管移入锥形瓶中，使管垂直，管尖靠着容器内壁，松开食指，使溶液沿器壁流下，待溶液流完后再静置15s，取出移液管，如图5-8所示。管上没有刻"吹"字的，切勿用洗耳球把管尖内的溶液吹出，因为此种移液管在校正时已经考虑了末端所保留溶液的体积。

吸量管的操作方法与移液管相同。

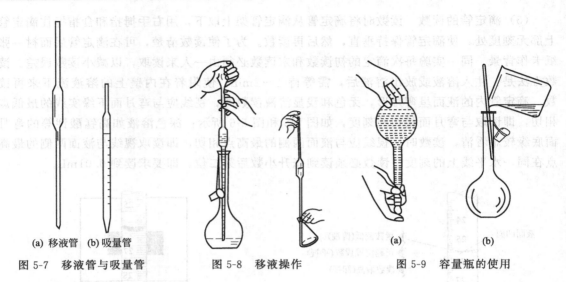

(a) 移液管　(b) 吸量管

图 5-7　移液管与吸量管　　　图 5-8　移液操作　　　图 5-9　容量瓶的使用

3. 容量瓶

容量瓶是用于配制和稀释溶液的容器。它是一种细长颈梨平底玻璃瓶，由无色或棕色玻璃制成，带有磨口玻璃塞或塑料塞，瓶颈上刻有环形标线，在瓶上刻有温度和体积。常用的容量瓶有 50mL、100mL、250mL、500mL、1000mL 等规格。

（1）使用方法　容量瓶在使用之前要检查是否漏水，方法是：将容量瓶装满自来水，盖紧瓶塞，用一只手的食指按住瓶塞，其余四指握住瓶颈，另一只手握住瓶底，将瓶倒置 2min，观察瓶口是否有水渗出，如不漏水，将瓶塞转动 180°后，再试验一次，如不漏水，即可使用，如图 5-9(a) 所示。

如用固体为溶质配制溶液，先将准确称量好的固体物质放在烧杯中，加少量蒸馏水溶解后，再将溶液定量转移至容量瓶中。转移溶液时，用一玻璃棒斜插入容器瓶中，玻璃棒与瓶口不接触，下端接触瓶内壁，烧杯嘴紧靠玻璃棒，使溶液沿玻璃棒流入容量瓶中，如图 5-9(b) 所示。溶液全部流完后，将烧杯沿玻璃棒轻轻上提，并将烧杯直立，使附在玻璃棒与烧杯嘴之间的溶液流回烧杯中，再将玻璃棒放入烧杯中，用少量蒸馏水吹洗玻璃棒和烧杯内壁 3~4 次，洗液转入容量瓶中。然后加水至容量瓶的 2/3 容量时，拿起容量瓶按同一方向摇动，使溶液混匀。最后加蒸馏水至接近标线，静置 1min，再逐滴加入蒸馏水，直至溶液弯月面下缘与标线相切为止。盖紧瓶塞，倒转容量瓶摇动数次，再直立，使气泡上升到顶，如此反复数次，使溶液充分混合均匀。

用容量瓶稀释溶液时，则用移液管移取一定体积的溶液于容量瓶中，然后加水至标线。

（2）使用的注意事项

① 容量瓶不能直接用火加热、烘烤，也不能盛放热溶液，否则会影响容器的精度或损坏。

② 热溶液应冷却至室温后才能稀释，否则可造成体积误差。

③ 容量瓶不能长期存放溶液，如需长期存放，应转移到磨口试剂瓶中保存。需避光的溶液应以棕色容量瓶配制。

④ 容量瓶如长期不用，磨口处应洗净擦干，并用纸片将磨口隔开。

4. 玻璃器皿的洗涤

玻璃器皿在使用之前必须洗净。洁净的容器应是将水倒出后，容器内壁以不挂水珠为标准。如无明显油污，一般用自来水冲洗，然后用蒸馏水淋洗 2~3 次即可。如有油污可用肥皂水或洗涤剂刷洗（不能用硬毛刷和去污粉），再用自来水冲洗，最后用蒸馏水淋洗。如果仍不能洗干净，则可用铬酸洗液浸泡器皿，洗液仍倒回原瓶，再用自来水冲洗，最后用蒸馏水淋洗 2~3 次。

容器使用完毕后，应立即用自来水冲洗干净，并将各种容器放在相应的位置（如滴定管倒放在滴定管架上，移液管放在移液管架上），以备下次使用。

复 习 题

1. 名词解释：滴定分析法、滴定剂、滴定、化学计量点、指示剂、滴定终点、终点误差、剩余滴定法、基准物质、标定。

2. 基准物质应具备哪些条件？

3. 滴定分析过程中，滴定管上的初读数、终读数应由一人读取，为什么不允许两人读取？

4. 为什么移液管、滴定管在使用前必须用待装溶液润洗 2~3 次方可使用？

5. 为什么热溶液必须冷却后才能稀释定容？

6. 精密称取在 220℃ 干燥至恒重的基准物质 $AgNO_3$ 2.2g 溶于 250mL 蒸馏水中，求 $c(AgNO_3)$ 为多少？

7. 称取基准物质无水 Na_2CO_3 0.1352g，标定 HCl 溶液的浓度，消耗 V(HCl) 23.80mL，求 c(HCl) 为多少？

8. 称取草酸钠基准物多少克可配制 500mL 0.1000mol/L 的 $Na_2C_2O_4$ 溶液？再准确移取上述溶液 25.00mL 用于标定 $KMnO_4$ 溶液的浓度，用去 V($KMnO_4$) 24.86mL，求 c($KMnO_4$) 为多少？

9. 称取 0.2568g $H_2C_2O_4 \cdot 2H_2O$ 标定 NaOH 溶液，消耗 V(NaOH) 23.36mL，求 c(NaOH) 为多少？

10. 已知饱和 NaOH 溶液的相对密度为 1.56，质量分数为 0.52，计算 NaOH 溶液的浓度？配制 0.1000mol/L NaOH 溶液 1000mL，应取该上清液多少毫升？

11. 精密称取在 220℃ 干燥至恒重的基准物质 $AgNO_3$ 固体 4.3g，置于小烧杯中，用少量蒸馏水溶解，定量转移至 250mL 的棕色容量瓶中，加水至刻度线，求 $AgNO_3$ 的浓度为多少？

12. 用移液管移取 0.1002mol/L 的 $AgNO_3$ 溶液 20.00mL，加新煮沸放冷的稀硝酸 2mL，铁铵矾指示剂 1mL，用 NH_4SCN 滴定至终点，消耗 V(NH_4SCN) 24.32mL，计算 c(NH_4SCN) 为多少？

模块六 食品化学分析检验技术
——酸碱滴定法

> **学习目标**
> 1. 重点掌握食品中酸度的测定方法、凯氏定氮法、氨基酸态氮测定的基本原理及操作技术。
> 2. 掌握本章涉及的其他分析方法等。
> 3. 了解酸碱滴定的基本原理等。

第一节 知识讲解

一、酸碱滴定的基本原理

酸碱滴定是滴定分析法的一种,是以酸碱中和反应为基础的一种滴定分析方法。酸碱滴定的应用很广,它可以直接测定具有酸性或碱性的物质,也可以间接测定能在反应中定量生成酸或碱的物质。常用的滴定剂是强酸或强碱,如盐酸(HCl)、硫酸(H_2SO_4)、氢氧化钠(NaOH)、氢氧化钾(KOH)等。酸碱反应的实质是H^+和OH^-的反应,其反应式为:

$$H^+ + OH^- \longrightarrow H_2O$$

酸碱滴定的特点是反应机理简单,反应速率快;反应能按一定反应式定量进行,即加入标准溶液物质的量与被测物质的量恰好是化学计量关系;滴定化学计量点能有较好的方法指示,可以选择恰当的酸碱指示剂确定化学计量点,也可用电位法指示。该法快速、准确,仪器设备简单、操作简便,适于组分含量在1%以上各种物质的测定。

(一)酸碱指示剂

1. 指示剂的变色原理

酸碱指示剂一般是一类有机弱酸或弱碱。当溶液的pH变化时,引起指示剂解离平衡移动,指示剂失去质子或得到质子而引起结构的改变,从而引起颜色的改变。如酚酞,它是一种有机弱酸(常用HIn表示酸型指示剂),其颜色变化如下:

$$\underset{\text{无色}}{HIn} \rightleftharpoons \underset{\text{红色}}{H^+ + In^-}$$

上式平衡是可逆的,当H^+浓度增大时,平衡向左移动,酚酞以酸式结构存在,溶液为无色;当OH^-浓度增大时,平衡向右移动,酚酞以碱式结构存在,溶液变成红色。

又如甲基橙,它是一种有机弱碱(常用InOH表示碱型指示剂),其颜色变化如下:

$$\underset{\text{黄色}}{InOH} \rightleftharpoons \underset{\text{红色}}{OH^- + In^+}$$

当H^+浓度增大时,平衡向右移动,甲基橙以酸式结构存在,溶液为红色;当OH^-浓度增大时，平衡向左移动，甲基橙以碱式结构存在，溶液为黄色。

2. 指示剂的变色范围

常将指示剂颜色变化的 pH 区间称为变色范围。

现以酸型指示剂为例说明指示剂的颜色变化与 pH 的关系。HIn 的解离平衡如下式：

$$HIn \rightleftharpoons H^+ + In^-$$

则有：

$$K_{HIn} = \frac{[H^+][In^-]}{[HIn]}$$

$$[H^+] = K_{HIn}\frac{[HIn]}{[In^-]}$$

两边取负对数得：

$$pH = pK_{HIn} - \lg\frac{[HIn]}{[In^-]}$$

当 [HIn] = [In$^-$] 时，**溶液表现为酸式色和碱式色的中间颜色**，此时 pH = pK_{HIn}，称为指示剂的理论变色点。

一般说来，当 [HIn]/[In$^-$] ≥ 10 时，观察到的是 HIn 的颜色，此时 pH = pK_{HIn} − 1；当 [HIn]/[In$^-$] ≤ 1/10 时，观察到的是 In$^-$ 的颜色，此时 pH = pK_{HIn} + 1。由此可知，指示剂的理论变色范围是 pH = pK_{HIn} ± 1，为 2 个 pH 单位。但实际观察到的大多数指示剂的变色范围小于 2 个 pH 单位（见表 6-1）。另外，指示剂的变色范围还受到温度、溶剂等的影响。

表 6-1 常用酸碱指示剂

指示剂	酸式色	碱式色	变色范围	pK_{HIn}	配制浓度
百里酚蓝（第一次变色）	红色	黄色	1.2～2.8	1.6	0.1%的20%乙醇溶液
甲基黄	红色	黄色	2.9～4.0	3.3	0.1%的90%乙醇溶液
甲基橙	红色	黄色	3.1～4.4	3.4	0.05%的水溶液
溴酚蓝	黄色	紫色	3.1～4.6	4.1	0.1%的20%乙醇或其钠盐水溶液
溴甲酚绿	黄色	蓝色	3.8～5.4	4.9	0.1%水溶液
甲基红	红色	黄色	4.4～6.2	5.2	0.1%的60%乙醇或其钠盐水溶液
溴百里酚蓝	黄色	蓝色	6.0～7.6	7.3	0.1%的20%乙醇或其钠盐水溶液
中性红	红色	黄橙色	6.8～8.0	7.4	0.1%的60%乙醇溶液
酚红	黄色	红色	6.7～8.4	8.0	0.1%的60%乙醇或其钠盐水溶液
百里酚蓝（第二次变色）	黄色	蓝色	8.0～9.6	8.9	0.1%的20%乙醇溶液
酚酞	无色	红色	8.0～9.6	9.1	0.1%的90%乙醇溶液
百里酚酞	无色	蓝色	9.4～10.6	10.0	0.1%的90%乙醇溶液

指示剂的变色范围过宽，误差增大，有时为了提高分析结果的准确性，可采用混合指示剂，因混合指示剂具有变色范围窄、变色敏锐的特点。混合指示剂有两类：一类由两种或两种以上的解离常数较为接近的指示剂按一定比例混合而成；另一类由惰性染料和一种指示剂混合而成。

（二）酸碱滴定曲线和指示剂的选择

在酸碱滴定过程中，溶液的 pH 值随着滴定剂的加入而不断变化，在化学计量点前后一定范围（相对误差±0.1%）内，溶液 pH 值有一变化范围，指示剂只有在这一范围内发生颜色改变，才能准确指示滴定终点。

现以强碱滴定强酸为例讨论酸碱滴定过程中 pH 值的变化规律和指示剂的选择原则。

（1）滴定曲线　用 0.1000mol/L NaOH 滴定 20.00mL 0.1000mol/L HCl，整个滴定过

程可分4个阶段加以叙述。

① 滴定开始前，溶液的pH值取决于HCl的原始浓度，由于盐酸是强酸，$[H^+]=0.1000mol/L$，$pH=1.00$。

② 滴定至化学计量点前，溶液的pH由剩余HCl的浓度决定：

$$[H^+]=\frac{c(HCl)\times 剩余 HCl 溶液的体积}{溶液的总体积}$$

如加入NaOH溶液19.98mL，溶液中99.90%的酸被中和（−0.1%误差）时，

$$[H^+]=0.1000\times\frac{20.00-19.98}{20.00+19.98}=5.0\times 10^{-5}\ (mol/L),\ pH=4.30$$

③ 化学计量点时，NaOH与HCl恰好完全中和，溶液呈中性，

$$[H^+]=[OH^-]=1.0\times 10^{-7}\ (mol/L),\ pH=7.00$$

④ 化学计量点后，溶液的pH决定于过量的NaOH浓度：

$$[OH^-]=c(NaOH)\times\frac{过量 NaOH 溶液的体积}{溶液的总体积}$$

如加入NaOH溶液20.02mL（+0.1%相对误差）时，

$$[OH^-]=0.1000\times\frac{20.02-20.00}{20.02+20.00}=5.0\times 10^{-5}\ (mol/L),\ pOH=4.30$$

用上述方法可计算出滴定过程中各点的pH值，并将其结果以NaOH的加入量为横坐标，溶液的pH值为纵坐标，绘制pH-V关系曲线，称为滴定曲线，如图6-1所示。

由图6-1可以看出，从滴定开始到滴入NaOH溶液19.98mL，曲线比较平坦，溶液的pH仅变化3.30个pH单位。但当滴入NaOH溶液从19.98～20.02mL，约1滴，溶液的pH由4.30急剧上升到9.70，变化了5.40个pH单位。这种在化学计量点前后相对误差为±0.1%范围内溶液的pH突变，称为滴定突跃，其所对应的pH值范围称为滴定突跃范围。突跃后继续滴入NaOH，曲线又较为平坦。

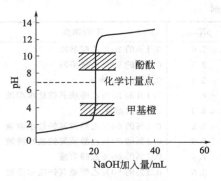

图6-1　0.1mol/L NaOH滴定20mL 0.1mol/L HCl的滴定曲线

（2）指示剂的选择和酸碱滴定的判据　滴定突跃是指示剂选择的依据，也是酸碱滴定能否进行的依据。凡是变色范围全部或部分落在滴定突跃范围内的指示剂，都可用来指示滴定终点。由表6-1可看出，甲基橙、甲基红、酚酞、溴酚蓝、溴百里酚蓝等均可作为滴定的指示剂。由此可见，滴定突跃范围越小，可供选择的指示剂就越少。影响滴定突跃范围的原因有酸（碱）溶液的浓度和强度。滴定突跃小于0.3pH单位，人眼不能辨别指示剂颜色的变化，滴定不能进行。弱酸（弱碱）能被强碱（强酸）直接准确滴定的判据是$cK_a(K_b)\geqslant 10^{-8}$，对于多元酸（多元碱）的滴定，同时满足$K_{a1}/K_{a2}(K_{b1}/K_{b2})\geqslant 10^4$条件，则有两个滴定突跃，可分步滴定。

二、酸度的测定

1. 食品中的酸味物质及其功能

（1）食品中常见的酸味物质　食品中的酸味物质，包括有机酸、无机酸、酸式盐和某些酸性化合物。在果蔬及其制品中，以苹果酸、柠檬酸、酒石酸、琥珀酸和醋酸为主；在肉、

鱼类食品中则以乳酸为主；此外，还有一些无机酸，像盐酸、磷酸等。这些酸味物质，有的是食品中的天然成分，如葡萄中的酒石酸，苹果中的苹果酸；有的是在发酵中产生的，如酸牛奶中的乳酸；还有的是人为加进去的，如配制型饮料中加入的柠檬酸。

（2）食品中酸味物质的功能　酸在食品中的主要作用是用于显味、防腐和稳定颜色。酸味物质对食品的风味有很大的影响，无论哪种途径来的酸性物质都是食品重要的显味剂，其中大多数的有机酸具有很浓的水果香味，能刺激食欲，促进消化。酸味物质在食品中还能起到一定的防腐作用：当食品的pH＜2.5时，通常除霉菌外，大部分微生物的生长都会受到抑制；若将醋酸的浓度控制在6%，可有效地抑制腐败菌的生长。食品中存在的酸味物质pH值的高低，对保持食品颜色的稳定性也起着一定的作用。在水果加工过程中，如果加酸降低介质的pH值，可抑制水果的褐变；选用pH6.5～7.2的沸水热烫蔬菜，能很好地保持绿色蔬菜特有的鲜绿色。

2. 酸度的概念

食品中的酸度通常用总酸度、有效酸度、挥发性酸度、牛乳酸度等来表示。

（1）总酸度　总酸度又称为可滴定酸度，是指食品中所有酸性物质的总量，包括已离解的酸浓度和未离解的酸浓度。可采用标准碱液来滴定，并以样品中主要代表酸的百分含量表示。

（2）有效酸度　有效酸度指样品中呈离子状态的氢离子的浓度（严格地讲是活度），用pH计进行测定，用pH值表示。

（3）挥发性酸度　挥发性酸度指食品中易挥发的有机酸。如乙酸、甲酸及丁酸等低碳链的直链脂肪酸，可用直接法或间接法进行测定。

（4）牛乳酸度　牛乳中有两种酸度：外表酸度和真实酸度。牛乳的总酸度为外表酸度与真实酸度之和。

外表酸度又称固有酸度或潜在酸度，是指刚挤出来的新鲜牛乳本身所具有的酸度，主要来源于鲜牛乳中的酪蛋白、白蛋白、柠檬酸盐及磷酸盐等酸性成分。外表酸度在鲜乳中约占0.15%～0.18%（以乳酸计）。

真实酸度又称发酵酸度，是指牛乳在放置过程中，由乳酸菌作用于乳糖产生乳酸而升高的那部分酸度。若牛乳的含酸量超过0.15%～0.20%，即认为有乳酸存在。习惯上把含酸量在0.20%以下的牛乳列为新鲜牛乳，而0.20%以上的列为不新鲜牛乳。

牛乳酸度有两种表示方法：①用°T表示牛乳的酸度，是指滴定100mL牛乳所消耗0.1mol/L的氢氧化钠的体积（mL）或滴定10mL牛乳所消耗0.1mol/L的氢氧化钠的体积（mL）乘以10，新鲜牛乳的酸度常为16～18°T；②用乳酸的百分含量来表示，与总酸度的计算方法一样，用乳酸表示牛乳的酸度。

3. 酸度测定的意义

（1）判断果蔬的成熟程度　不同种类的水果和蔬菜，酸的含量因其成熟度、生长条件的不同而异。一般成熟度越高，酸的含量越低。如番茄在成熟过程中，总酸度从绿熟期的0.94%下降到完熟期的0.64%，同时糖的含量增加，糖酸比增大，具有良好的口感。

（2）判断食品的新鲜程度　例如，牛乳及乳制品中的乳酸含量过高，说明已由乳酸菌发酵而腐败变质；新鲜油脂常为中性，不含游离脂肪酸，但在放置过程中，本身所含的脂肪酶能水解油脂生成脂肪酸，使油脂酸败；水果制品中有游离的半乳糖醛酸，说明受到霉烂水果的污染。

(3) 判断食品质量的好坏 食品中有机酸含量的多少，能直接影响食品的风味、色泽、稳定性和品质的高低。如有机酸可提高维生素 C 的稳定性，防止其氧化；水果中适量的挥发酸含量可带给其特定的香气；在水果加工过程中，控制 pH 值可以抑制水果褐变等。

所以，食品中酸度的测定具有重要的意义。

4. 酸度测定的方法

(1) 总酸度的测定方法——滴定法

① 原理 食品中的有机弱酸用标准碱液进行滴定时，被中和生成盐类。

$$RCOOH + NaOH \longrightarrow RCOONa + H_2O$$

以酚酞作为指示剂，滴定至溶液显淡红色，30s 不褪色为终点。根据所消耗的标准碱液的浓度和体积，计算出样品中酸的含量。

② 适用范围 本法适于各类色泽较浅的食品中总酸含量的测定

(2) 挥发性酸度的测定方法——水蒸馏法 挥发酸的测定可用直接法和间接法。直接法是通过水蒸气蒸馏或溶剂萃取把挥发酸分离出来，再用标准碱进行滴定；间接法是将挥发酸蒸发除去后，用标准碱滴定不挥发酸，最后从总酸度中减去不挥发酸，便是挥发酸的含量。直接法操作方便，较常用，适用于挥发酸含量比较高的样品。若蒸馏液有所损失或被污染，或样品中挥发酸含量较低时，适于选用间接法。下面介绍在食品分析中常用的水蒸馏法测定挥发性酸度的方法。

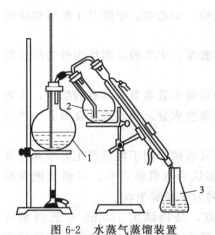

图 6-2 水蒸气蒸馏装置
1—蒸气发生器；2—样品瓶；3—接收瓶

① 原理 挥发酸可用水蒸气蒸馏使之分离，加入磷酸可以使结合的挥发酸离析。经冷凝收集后，可用标准碱液滴定。根据所消耗的标准碱溶液的浓度和体积，计算挥发酸的含量。

② 适用范围 水蒸馏法适用于各类饮料、果蔬及其制品（如发酵制品、酒类等）中挥发酸含量的测定。

③ 水蒸气蒸馏装置 见图 6-2 所示。

(3) 有效酸度的测定方法——比色法和电位法 常用的测定溶液 pH 的方法有比色法和电位法两种。

① 比色法 是利用不同的酸碱指示剂比较来判断有效酸度，它具有简便、经济、快速等优点，但结果不甚准确，仅能粗略地估计各类样液的有效酸度。

② 电位法 适用于各类饮料、果蔬及其制品，以及肉、蛋类等食品中 pH 的测定。它具有准确度较高（可精确到 0.01）、操作简便、不受试样本身颜色的影响等优点，在食品检验中得到广泛的应用。

三、蛋白质的测定

(一) 蛋白质测定的意义

蛋白质是食品营养价值的重要指标。蛋白质的含量因食品的不同而不同，通常动物性食品的蛋白质含量高于植物性食品。测定食品中蛋白质的含量对于评价食品的营养价值、合理开发利用食品资源、指导生产、优化食品配方、提高产品质量具有重要的意义。

（二）蛋白质测定的方法

蛋白质测定最常用的方法是凯氏定氮法，它是测定总有机氮的最准确和操作较简便的方法之一。此外，双缩脲分光光度比色法、染料结合分光光度比色法、酚试剂法等也常用于蛋白质含量的测定。由于此方法简便快速，多用于生产单位的质量控制分析。近年来，国外采用红外检测仪对蛋白质进行快速定量分析。

由于食品中氨基酸成分复杂多样，因此在一般的常规检验中，对食品中氨基酸含量的测定多测定样品中的氨基酸总量。通常采用酸碱滴定法来完成，这里主要介绍凯氏定氮法、分光光度比色法。

1. 凯氏定氮法

（1）原理　新鲜食品中的含氮化合物主要是蛋白质，所以检验食品中的蛋白质时往往测定总氮含量，然后乘以蛋白质的换算系数即可得到蛋白质含量。含氮是蛋白质的共性，是区别于其他有机化合物的标志，不同食品蛋白质中氨基酸的比例不同，故含氮量也不同。一般蛋白质含氮量为16%，也就是一份氮相当于6.25份蛋白质，此值为蛋白质系数。不同食品种类该系数不同，如玉米、鸡蛋、青豆、荞麦等为6.25，花生为5.46，大米为5.95，大豆及制品为5.71，牛乳及其制品为6.38，小麦为5.70。凯氏定氮法可用于所有动植物性食品的蛋白质含量测定，但因样品中常含有非蛋白质的含氮化合物，如核酸、生物碱、含氮类脂、卟啉以及含氮色素等，故通常将测定结果称为粗蛋白质含量。

凯氏定氮法是各种测定蛋白质含量方法的基础，经过人们长期的应用和不断的改进，至今已演变成常量法、微量法、改良凯氏定氮法、自动定氮仪法、半微量法等多种方法。

凯氏定氮法是将样品与浓硫酸和催化剂共同加热，使蛋白质分解，其中的碳和氢被氧化为水和二氧化碳逸出，而样品中的有机氮转化为氨，并与硫酸结合成硫酸铵，此过程称为消化。在消化液中加碱，使氨游离出来，再通过水蒸气蒸馏，使氨蒸出，用硼酸吸收形成硼酸铵，再以标准盐酸或硫酸溶液滴定，根据标准酸的消耗量可计算出蛋白质的含量。

其详细原理如下。

① 消化过程　浓硫酸具有脱水性，能使有机物脱水并炭化为碳、氢、氮；浓硫酸还具有氧化性，使炭化后的碳进一步氧化为二氧化碳，硫酸则被成还原为二氧化硫；二氧化硫使氮还原为氨，本身则被氧化为三氧化硫，氨随之与硫酸作用生成硫酸铵留在酸性溶液中。消化反应方程式如下所示。

$$2NH_2(CH_2)_2COOH + 13H_2SO_4 \longrightarrow (NH_4)_2SO_4 + 6CO_2 + 12SO_2 + 16H_2O$$

$$H_2SO_4 + C \xrightarrow{\triangle} 2SO_2 + 2H_2O + CO_2 \uparrow$$

$$H_2SO_4 + 2NH_3 \longrightarrow (NH_4)_2SO_4$$

在消化反应中，为了缩短消化时间，加速蛋白质的分解，常加入催化剂硫酸钾和硫酸铜。加入硫酸钾的目的是为了提高溶液的沸点，加快有机物分解。硫酸钾与硫酸作用生成硫酸氢钾可提高反应温度，一般纯硫酸的沸点在340℃左右，而添加硫酸钾后，可使温度提高至400℃以上。而且随着消化过程中硫酸不断地被分解，水分不断逸出使硫酸氢钾的浓度逐渐增大，故沸点不断升高，其反应式如下：

$$K_2SO_4 + H_2SO_4 \longrightarrow 2KHSO_4$$

$$2KHSO_4 \xrightarrow{\triangle} K_2SO_4 + H_2O + SO_3$$

硫酸钾的加入量也不能太大，否则消化体系温度过高，又会引起已生成的铁盐发生热分解析出氨而造成损失，如下式所示：

$$(NH_4)_2SO_4 \xrightarrow{\triangle} NH_3\uparrow + (NH_4)HSO_4$$

$$2(NH_4)HSO_4 \xrightarrow{\triangle} 2NH_3\uparrow + 2SO_3\uparrow + 2H_2O$$

$$2CuSO_4 \xrightarrow{\triangle} Cu_2SO_4 + SO_2\uparrow + O_2\uparrow$$

除硫酸钾外，也可以加入硫酸钠、氯化钾等盐类来提高沸点，但效果不如硫酸钾。

硫酸铜起催化剂的作用。凯氏定氮法中可用的催化剂种类很多，除硫酸铜外，还有氧化汞、汞、硒粉等，但考虑到效果、价格及环境污染等多种因素，应用最广泛的是硫酸铜。使用时常加入少量过氧化氢、次氯酸钾等作为氧化剂，以加速有机物的氧化分解，硫酸铜的作用机理如下：

$$Cu_2SO_4 + 2H_2SO_4 \longrightarrow 2CuSO_4 + 2H_2O + SO_2\uparrow$$

$$C + 2CuSO_4 \xrightarrow{\triangle} Cu_2SO_4 + SO_2\uparrow + CO_2\uparrow$$

此反应不断进行，待有机物全部被消化完后，不再有硫酸亚铜（Cu_2SO_4 褐色）生成，溶液呈现清澈的二价铜的蓝绿色。故硫酸铜除起催化剂的作用外，还可指示消化终点的到达，以及下一步蒸馏作为碱性反应的指示剂。

② 蒸馏　在消化完全的样品消化液中加入浓氢氧化钠使呈碱性，此时氨游离出来，加热蒸馏即可释放出氨气，反应方程式如下：

$$2NaOH + (NH_4)_2SO_4 \xrightarrow{\triangle} 2NH_3\uparrow + Na_2SO_4 + 2H_2O$$

③ 吸收与滴定　蒸馏所释放出来的氨，用硼酸溶液进行吸收。硼酸呈微弱酸性（$K_{a1} = 5.8 \times 10^{-10}$），与氨形成强碱弱酸盐，待吸收完全后，再用盐酸标准溶液滴定，计算总氮含量。吸收及滴定反应方程式如下：

$$2NH_3 + 4H_3BO_3 \Longrightarrow (NH_4)_2B_4O_7 + 5H_2O$$

$$(NH_4)_2B_4O_7 + 5H_2O + 2HCl \Longrightarrow 2NH_4Cl + 4H_3BO_3$$

(2) 适用范围　此法可应用于各类食品中蛋白质含量的测定，但不适用于添加无机含氮物质或有机非蛋白含氮物质的食品测定。

(3) 特点　凯氏定氮法具有应用范围广、灵敏度较高、回收率较好以及可以不用昂贵仪器等优点。但操作费时，对于高脂肪、高蛋白质的样品消化需要 5h 以上，且在操作中会产生大量有害气体而污染工作环境，影响操作人员健康。

(4) 定氮蒸馏装置　微量凯氏定氮装置见图 6-3 所示。

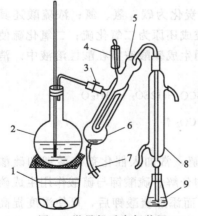

图 6-3 微量凯氏定氮装置
1—电炉；2—蒸气发生器（2L 平底烧瓶）；
3—螺旋夹；4—小漏斗及棒状玻璃塞；
5—反应室；6—反应室外层；7—橡皮管及螺旋夹；8—冷凝管；9—蒸馏液接收瓶

2. 分光光度测定法

(1) 原理　食品与硫酸和催化剂一同加热消化，使蛋白质分解，分解的氨与硫酸结合生成硫酸铵。然后在 pH4.8 的乙酸钠-乙酸缓冲溶液中，硫酸铵与乙酰丙酮和甲醛反应生成黄色的 3,5-二乙酰基-2,6-二甲基-1,4-二氢吡啶化合物。在波长 400nm 处测定吸光度，与标准系列比较定量，结果乘以换算系数，即为蛋白质含量。

(2) 特点　满足对工艺过程的快速控制分析，而且具有环境污染少、操作简便、省时等特点。

四、氨基酸态氮的测定

氨基酸含量一直是某些发酵产品如调味品的质量指标，也是目前许多保健食品的质量指标之一。与蛋白质中的氨基酸结合状态不同，呈游离状态的氨基酸的含氮量可直接测定，故称氨基酸态氮。

食品中氨基酸的含量常用电位滴定法（甲醛值法）和比色法测定。

1. 电位滴定法

(1) 基本原理　氨基酸具有酸性的羧基（—COOH）及碱性的氨基（—NH$_2$），根据氨基酸的两性作用，加入甲醛时与碱性的氨基（—NH$_2$）结合，使碱性消失，使羧基显示出酸性。再用氢氧化钠标准溶液滴定羧基，用酸度计的玻璃电极及甘汞电极同时插入被测液中构成电池，根据酸度计指示的pH判断和控制滴定终点。具体的反应式如下：

$$\begin{array}{c}
\text{H O} \\
| \ \| \\
\text{R—C—C} \\
| \\
\text{HN—}
\end{array}
\rightleftharpoons
\begin{array}{c}
\text{O} \\
\| \\
\text{R—C—C—OH} \\
| \\
\text{NH}_2
\end{array}
\xrightarrow{+\text{HCHO}}
\begin{array}{c}
\text{H} \\
| \\
\text{R—C—COOH} \\
| \\
\text{N—CH}_2
\end{array}$$

$$\xrightarrow{+\text{NaOH}}
\begin{array}{c}
\text{R—CH—COOH} \\
| \\
\text{HN—CH}_2\text{OH}
\end{array}
\text{或}
\begin{array}{c}
\text{R—CH—COOH} \\
| \\
\text{N(CH}_2\text{OH)}_2
\end{array}$$

$$\text{或}
\begin{array}{c}
\text{R—CH—COONa} \\
| \\
\text{N—CH}_2
\end{array}
\text{或}
\begin{array}{c}
\text{R—CH—COOH} \\
| \\
\text{HN—CHO}
\end{array}$$

(2) 适用范围　适用于以粮食和其副产品豆饼、麦麸等为原料酿造或配制的酱油氨基酸指标的分析。

2. 比色法

(1) 原理　在pH4.8的乙酸钠-乙酸缓冲溶液中，氨基酸态氮与乙酰丙酮和甲醛反应生成黄色的3,5-二乙酰基-2,6-二甲基-1,4-二氢吡啶化合物。在波长400nm处测定吸光度，与标准系列比较定量。

(2) 适用范围　适用于以粮食和其副产品豆饼、麦麸等为原料酿造或配制的酱油氨基酸以及其他食品中的氨基酸指标的分析。

第二节　实　验　实　训

一、盐酸标准溶液的配制和标定（参照GB/T 5009.1—2003）

1. 原理

浓盐酸不稳定，易挥发，必须用标定法配制标准溶液。先将盐酸配制成近似浓度，再用基准试剂无水碳酸钠标定其准确浓度。标定反应原理：$Na_2CO_3 + 2HCl \longrightarrow 2NaCl + CO_2\uparrow + H_2O$。标定时为缩小指示剂的变色范围，用溴甲酚绿-甲基红混合指示剂，该混合指示剂的碱色为暗绿色,它的变色点 pH 值为 5.1,其酸色为暗红色,使颜色变化更加明显,终点更容易判断。

2. 试剂与仪器

(1) 仪器 分析天平、酸式滴定管 50mL、三角烧瓶 250mL、瓷坩埚、称量瓶、容量瓶、量筒、标签。

(2) 试剂

① 浓盐酸。

② 无水碳酸钠(基准试剂)。

③ 溴甲酚绿-甲基红混合指示剂:量取 30mL 溴甲酚绿的乙醇溶液(2g/L),加入 20mL 甲基红乙醇溶液(1g/L),混匀备用。

3. 操作步骤

(1) 配制

① 0.5mol/L 盐酸标准滴定溶液 量取 45mL 盐酸,缓慢注入 1000mL 水,摇匀。

② 0.1mol/L 盐酸标准滴定溶液 量取 9mL 盐酸,缓慢注入 1000mL 水,摇匀。

③ 1.0mol/L 盐酸标准滴定溶液 量取 90mL 盐酸,缓慢注入 1000mL 水,摇匀。

(2) 标定

① 基准物处理 预先在玛瑙研钵中研细无水碳酸钠适量,置入洁净的瓷坩埚中,在沙浴上加热,注意使坩埚中的无水碳酸钠面低于沙浴面,坩埚用瓷盖半掩之。沙浴中插一支 360℃温度计,温度计的水银球与坩埚底平,开始加热,保持 270~300℃ 1h。加热期间缓缓加以搅拌,防止无水碳酸钠结块,加热完毕后,稍冷,将碳酸钠移入干燥好的称量瓶中,于干燥器中冷却后称量至恒重。

② 0.5mol/L 盐酸标准滴定溶液 准确称取约 0.8g 在 270~300℃ 干燥至恒重的基准无水碳酸钠,加入 50mL 水使之溶解,加 10 滴溴甲酚绿-甲基红混合指示剂,用待标定溶液滴定至溶液由绿色转变为紫红色,煮沸 2min,冷却至室温,继续滴定至溶液由绿色变为暗紫色。做 3 个平行,并同时做空白试验。记录体积填入表 6-2。

③ 0.1mol/L 盐酸标准滴定溶液 按上述方法操作,但基准无水碳酸钠量改为约 0.15g。

④ 1mol/L 盐酸标准滴定溶液 按上述方法操作,但基准无水碳酸钠量改为约 1.5g。

(3) 记录 标定盐酸标准溶液记录见表 6-2。

表 6-2 标定盐酸标准溶液记录

	第一份	第二份	第三份	空白
无水碳酸钠质量/g				—
HCl 的始计数/mL				
HCl 的终计数/mL				
消耗 HCl 的体积/mL				
HCl 的浓度/(mol/mL)				
HCl 浓度的平均值				—
绝对偏差				—
绝对平均偏差				—
相对平均偏差				—

(4) 计算 盐酸标准溶液的浓度按下式计算：

$$c = \frac{m}{(V_1 - V_2) \times 0.0530}$$

式中 c——盐酸标准溶液的浓度，mol/L；

m——基准无水碳酸钠的质量，g；

V_1——基准样品消耗的盐酸标准溶液用量，mL；

V_2——空白试验消耗的盐酸标准溶液用量，mL；

0.0530——与 1.0mL 盐酸标准溶液（1mol/L）相当的基准无水碳酸钠的质量（g），g/mmol。

4. 注意事项

① 在良好保存条件下溶液有效期 2 个月。

② 如发现溶液产生沉淀或者有霉菌应进行复查。

③ 溶液中在二氧化碳存在下，终点变色不够敏锐，因此在滴定至临近终点时，要加热煮沸，以除去 CO_2，冷却后再滴定。

④ 0.01mol/L、0.02mol/L 盐酸标准滴定液可以临用前取用 0.05mol/L 或 0.1mol/L 盐酸溶液，加水稀释制成，必要时其浓度要重新标定。

⑤ 各项记录要准确、及时，标准溶液标定完后，应盖紧瓶塞，填写并贴好标签。

二、氢氧化钠标准溶液的配制和标定（参照 GB/T 5009.1—2003）

1. 原理

氢氧化钠是最常用的碱溶液，常作为标准溶液测定酸或酸性物质，如测定食品中的总酸含量等。固体 NaOH 具有很强的吸湿性，还易吸收空气中的 CO_2 生成 Na_2CO_3，且含有少量的硅酸盐、硫酸盐和氯化物等，因此不能直接配制成标准溶液，只能用间接法配制，再用基准物质标定其浓度。常用的基准物质是邻苯二甲酸氢钾，其分子式为 $C_8H_4O_4HK$，摩尔质量为 204.2g/mol，属有机弱酸盐，因此可用 NaOH 溶液滴定。用酚酞作指示剂。

2. 仪器及试剂

(1) 仪器 分析天平、托盘天平 0.1g、塑料试剂瓶、碱式滴定管 50mL、三角烧瓶 250mL、移液管、称量瓶、量杯。

(2) 试剂

① 氢氧化钠。

② 邻苯二甲酸氢钾（基准试剂）。

③ 1%（10g/L）酚酞指示剂：称取酚酞 1g 溶于适量乙醇中，再稀释至 100mL。

3. 操作步骤

(1) 配制

① 氢氧化钠饱和溶液 称取 120g 氢氧化钠，加蒸馏水溶解后稀释至 100mL，制成 NaOH 饱和溶液，待溶液冷却后，倒入塑料瓶中，盖上橡皮塞，贴上标签，放置数日，澄清后备用。

② 1mol/L 氢氧化钠标准溶液 吸取 56mL 澄清的氢氧化钠饱和溶液，加适量新煮沸过的冷水至 1000mL，摇匀。

③ 0.5mol/L 氢氧化钠标准溶液 吸取 28mL 澄清的氢氧化钠饱和溶液，加适量新煮沸过的冷水至 1000mL，摇匀。

④ 0.1mol/L 氢氧化钠标准溶液 吸取 5.6mL 澄清的氢氧化钠饱和溶液，加适量新煮沸过的冷水至 1000mL，摇匀。

(2) 标定

① 1mol/L 氢氧化钠标准溶液 准确称取约 6g 在 105~110℃ 干燥至恒重的基准邻苯二甲酸氢钾，加 80mL 新煮沸过的冷水，使之尽量溶解，加 2 滴酚酞指示液，用配制好的氢氧化钠溶液滴定至溶液呈粉红色，0.5min 不褪色。3 次平行实验，并同时做空白实验。

② 0.5mol/L 氢氧化钠标准溶液 按上述方法操作，但基准邻苯二甲酸氢钾量改为约 3g。

③ 0.1mol/L 氢氧化钠标准溶液 按上述方法操作，但基准邻苯二甲酸氢钾量改为约 0.6g。

(3) 记录 标定氢氧化钠标准溶液记录见表 6-3。

表 6-3 标定氢氧化钠标准溶液记录

	第一份	第二份	第三份	空白
邻苯二甲酸氢钾的质量/g				
氢氧化钠的终读数/mL				
氢氧化钠的始读数/mL				
消耗氢氧化钠的体积/mL				
氢氧化钠的浓度/(mol/mL)				
氢氧化钠的平均浓度/(mol/mL)				

(4) 计算 氢氧化钠标准溶液的浓度按下式计算：

$$c = \frac{m}{(V_1 - V_2) \times 0.2042}$$

式中 c——氢氧化钠标准溶液的实际浓度，mol/L；

m——基准邻苯二甲酸氢钾的质量，g；

0.2042——与 1.00mL 氢氧化钠标准滴定溶液（1mol/L）相当的基准邻苯二甲酸氢钾的质量（g），g/mmol；

V_1——滴定邻苯二甲酸氢钾消耗氢氧化钠标准溶液的用量，mL；

V_2——空白试验中氢氧化钠标准溶液的用量，mL。

4. 注意事项

① 为使标定的浓度准确，标定后可用相应浓度的 HCl 对标。

② 溶液有效期为 2 个月。

③ NaOH 饱和溶液要静置 7 天以上，使 Na_2CO_3 完全沉淀，方可取其上清液使用。测定其上清液有无 Na_2CO_3 的方法是：取少许上清液加水稀释，加氢氧化钡饱和液 1mL，10min 内不产生浑浊表示 Na_2CO_3 已完全沉淀。

三、食品总酸度及有效酸度的测定（参照 GB/T 12456—1990）

(一) 原理

1. 总酸测定原理——滴定法

食品中的有机弱酸用标准碱液进行滴定时，被中和生成盐类。

$$RCOOH + NaOH \longrightarrow RCOONa + H_2O$$

以酚酞作为指示剂，滴定至溶液显淡红色，30s 不褪色为终点。根据所消耗的标准碱液的浓度和体积，计算出样品中酸的含量。

2. 有效酸测定原理——pH 计法

将玻璃电极（指示电极）和甘汞电极（参比电极）插入被测溶液中组成一个电池，其电动势与溶液的 pH 值有关。通过对电池电动势的测量即可测定溶液的 pH。

酸度计是由电极和电位计两部分组成的。电极与被测液组成工作电池，电池的电动势用电位计测量。目前各种酸度计的结构越来越简单、紧凑，并趋向数字显示式。常见的酸度计如 pHS-3C 型等。

（二）试剂与仪器

（1）试剂　0.1mol/L NaOH 标准溶液，酚酞乙醇溶液，pH4.01 的标准缓冲溶液。

（2）仪器　水浴锅，酸度计，玻璃电极，甘汞电极。

（三）实验步骤

1. 样品的制备

（1）固体样品　若是果蔬及其制品，需去皮、去柄、去核后，切成块状，置于组织捣碎机中捣碎并混匀。取适量样品（视其总酸含量而定），用 150mL 无 CO_2 的蒸馏水（果蔬干品需加入 8~9 倍无 CO_2 的蒸馏水），将其移入 250mL 容量瓶中，在 75~80℃的水浴上加热 30min（果脯类在沸水浴上加热 1h），冷却定容，干滤纸过滤，弃去初滤液 25mL，收集滤液备用。

（2）含 CO_2 的饮料、酒类　将样品置于 40℃水浴上加热 30min 以除去 CO_2，冷却后备用。

（3）调味品和不含 CO_2 的饮料　混匀样品，直接取样，必要时加适量的水稀释（若样品浑浊，则需过滤）。

（4）咖啡样品　样品粉碎通过 40 目筛后取 10g，置于锥形瓶中，加入 75mL 80%的乙醇，加塞放置 16h，并不时摇动，过滤。

（5）固体饮料　称取 5~10g 样品于研钵中，加少量无 CO_2 的蒸馏水，研磨成糊状，用无 CO_2 蒸馏水移入 250mL 容量瓶中，充分摇匀，过滤。

2. 总酸度的测定

准确吸取上述已制备好的滤液 50mL 于 250mL 锥形瓶中，加 3~4 滴酚酞指示剂，用 0.1mol/L NaOH 标准溶液滴定至微红色 30s 不褪色，记录消耗 0.1mol/L NaOH 标准溶液的体积（mL）。

3. 有效酸度的测定

（1）酸度计的校正　①开启酸度计电源，预热 30min，连接玻璃电极与甘汞电极，在读数开关放开的情况下调零。②测量标准缓冲溶液的温度，调节酸度计温度补偿旋钮。③将两电极浸入缓冲溶液中，按下读数开关，调节定位旋钮使 pH 计指针在缓冲溶液的 pH 上，放开读数开关，指针回零。如此重复操作 2 次。

（2）pH 的测定　①用无 CO_2 的蒸馏水淋洗电极，并用滤纸吸干，再用样品制备液冲洗两电极。②根据样品制备液的温度，调节酸度计温度补偿旋钮，将两电极插入样品溶液中，按下读数开关，稳定 1min，酸度计指针所指 pH 即为样品的 pH。

4. 记录

NaOH 标准溶液浓度/(mol/L)	NaOH 标准溶液的用量/mL				pH		
	1	2	3	平均	1	2	平均

5. 计算

$$X = \frac{c \times V \times K}{m} \times \frac{V_0}{V_1} \times 100$$

式中 X——总酸含量，g/100mL 或 g/100g；

   c——NaOH 标准溶液的浓度，mol/L；

   V——氢氧化钠标准溶液的用量，mL；

   m——样品的体积或质量，mL 或 g；

   V_0——样品稀释液总体积，mL；

   V_1——滴定时吸取样液体积，mL；

   K——换算成适当酸的系数，即滴定度，g/mmol；其中，苹果酸为 0.067，醋酸为 0.06，酒石酸为 0.075，乳酸为 0.09，柠檬酸（含 1 分子水）为 0.07。

（四）说明

① 若滤液有颜色（如带色果汁等），使终点颜色变化不明显，会影响滴定终点的判断，测定前，可加入约同体积的无 CO_2 蒸馏水稀释，或活性炭脱色处理，用原样液对照，以及用外指示剂法等方法来减少干扰。脱色处理方法：取 25mL 样液，置于 100mL 容量瓶中，加水至刻度混合均匀。取出约 50~60mL，加入活性炭 1~2g 脱色，放水浴上加热至 50~60℃微温过滤，即可脱色。取此滤液 10mL，置于锥形瓶中加入水 50mL，测定方法同上（计算时换算为原样品体积）。对于颜色过深或浑浊的样液，则改用电位滴定法进行测定。

② 该实验中的水全部为无 CO_2 蒸馏水，方法是在使用前将蒸馏水煮沸 15min，迅速冷却备用。样品中的 CO_2 对滴定也有影响，因而在实验前也要去除。浸渍、稀释用水量应根据样品中总酸量而定，一般要求滴定时消耗 0.1mol/L NaOH 不得少于 5mL，最好在 10~15mL。

③ 食品中含有多种有机酸，总酸测定的结果一般以样品中含量最多的酸来表示。柑橘类果实及其制品和饮料以柠檬酸表示；葡萄及其制品以酒石酸表示；苹果、核果类果实及其制品和蔬菜以苹果酸表示；乳品、肉类、水产及其制品以乳酸表示；酒类、调味品以醋酸表示。

④ 食品中的有机酸均为弱酸，用强碱（NaOH）滴定时，其滴定终点偏碱，一般在 pH8.2 左右，所以可选用酚酞作为指示剂。

四、食品中蛋白质测定——微量凯氏定氮法（参照 GB/T 5009.5—2003）

1. 原理

蛋白质为含氮有机物。食品与硫酸和催化剂一同加热消化，使蛋白质分解，其中 C、H 形成 CO_2 及 H_2O 逸去，分解的氨与硫酸结合成硫酸铵，然后碱化蒸馏使氨游离，用硼酸吸收后，再以硫酸或盐酸标准溶液滴定，根据酸的消耗量乘以换算系数，即为蛋白质的含量。

2. 仪器与试剂

（1）仪器 微量凯氏定氮装置。

(2) 试剂

① 浓硫酸（密度为 1.8419g/L）。

② 硫酸钾。

③ 硫酸铜 $CuSO_4 \cdot 5H_2O$。

④ 400g/L 氢氧化钠溶液：将 40g 氢氧化钠溶于蒸馏水中稀释至 100mL。

⑤ 20g/L 硼酸吸收液：称取 10g 硼酸溶解于 500mL 热水中，摇匀备用。

⑥ 甲基红-溴甲酚绿混合指示剂：5 份 1g/L 溴甲酚绿 95% 乙醇溶液与 1 份 1g/L 甲基红乙醇溶液用时混合均匀。也可以用 2 份甲基红乙醇溶液与 1 份甲基蓝乙醇溶液（1g/L）临用时混合。

⑦ 盐酸标准滴定溶液 $c(HCl) = 0.0500$ mol/L 或硫酸标准滴定溶液 $c(1/2H_2SO_4) = 0.0500$ mol/L。

3. 分析步骤

(1) 试样处理　准确称取固体样品 0.20~2.00g（半固体样品 2.00~5.00g，液体样品 10.00~25.00mL），约相当氮 30~40mg，小心移入干燥洁净的 100mL 或 500mL 凯氏烧瓶（又名定氮瓶）中。加入研细的硫酸铜 0.2g、硫酸钾 6g 及浓硫酸 20mL，轻轻摇匀，瓶口放一小漏斗，并将凯氏烧瓶以 45°斜支于有小孔的石棉网上。用电炉以小火加热，待内容物全部炭化，泡沫停止产生后，加大火力，并保持瓶内液体微沸，至液体变蓝绿色透明后，再继续加热微沸 0.5~1h。取下放冷，小心加入 20mL 水。放冷后，移入 100mL 容量瓶中，并用少量水洗定氮瓶，洗液并入容量瓶中，再加水至刻度，混匀备用。同时做试剂空白试验。

(2) 滴定　按图 6-3 装好微量定氮装置，于水蒸气发生瓶内装水至 2/3 处，加入数粒玻璃珠，加甲基红指示液数滴及数毫升硫酸使水呈酸性。用调压器控制，加热煮沸水蒸气发生瓶内的水。向接收瓶内装入 10mL 硼酸溶液及 1~2 滴混合指示液，并使冷凝管的下端插入吸收瓶液面下。准确吸取 10mL 样品处理液由小漏斗流入反应室，并以 10mL 水洗涤小烧杯使流入反应室内，塞紧玻璃塞。将 10mL 400g/L 氢氧化钠溶液倒入小烧杯，提起玻璃塞使其缓缓流入反应室，立即将玻璃塞塞紧，并加水于小烧杯中以防漏气。夹紧螺旋夹，开始蒸馏。蒸馏 5min。移动接收瓶，液面离开冷凝管尖端，再蒸馏 1min。然后用少量蒸馏水冲洗冷凝管下端外面。取下接收瓶。出液用盐酸标准滴定溶液（或硫酸标准滴定溶液）滴定至灰色或蓝紫色为终点。同时准确吸取 10mL 试剂空白消化液做空白试验。

(3) 数据记录

盐酸标准溶液浓度/(mol/L)	样品滴定耗盐酸量/mL			空白滴定耗盐酸量/mL		
	1	2	平均	1	2	平均
0.05						

(4) 结果计算　试样中蛋白质的含量按下式进行计算：

$$X = \frac{c(V_1 - V_2) \times 0.0140}{m \times \frac{10}{100}} \times F \times 100$$

式中　X——样品中蛋白质的含量，g/100g（或 g/100mL）；

　　　c——1/2 H_2SO_4 或 HCl 标准滴定溶液的浓度，mol/L；

　　V_1——滴定样品消化液时消耗硫酸或盐酸标准溶液的体积，mL；

V_2——滴定空白消化液时消耗硫酸或盐酸标准溶液的体积,mL;

m——样品质量(或体积),g(或mL);

0.0140——1.00mL 盐酸$[c(HCl)=1.000mol/L]$或硫酸$[c(\frac{1}{2}H_2SO_4)=1.000mol/L]$标准滴定溶液相当于氮的质量(g),g/mmol;

F——氮换算为蛋白质的系数。肉及肉制品、鸡蛋、青豆、荞麦等为 6.25;玉米、高粱为 6.24;花生为 5.46;大米为 5.95;大豆及其制品为 5.71;牛乳及其制品为 6.38;小麦、面粉为 5.70;大麦、小米、燕麦为 5.83;芝麻、向日葵为 5.30。

计算结果保留 3 位有效数字。

在重复条件下获得两次独立测定结果的绝对差值不得超过算术平均值的 10%。

4. 说明

① 所用试剂溶液均用无氨蒸馏水配制。

② 样品中若含脂肪或糖较多时,消化过程中易产生大量泡沫。为防止泡沫溢出,在开始消化时应用小火加热,并不断摇动;也可以加入少量辛醇、液体石蜡或硅油消泡剂,并同时注意控制热源强度。

消化时应保持缓和沸腾,过程中注意不断转动凯氏烧瓶,以利用冷凝酸液将附在瓶壁上的固体残渣洗下并促使其消化完全。当样品消化液不易澄清透明时,可将凯氏烧瓶冷却,加入 30%(体积分数)过氧化氢 2~3mL 后再继续加热消化。

若取样量较大,如干试样超过 5g,可按每克试样 5mL 的比例增加硫酸用量。

一般消化至透明后,继续消化 30min 即可。但对于含有特别难以消化的氮化合物的样品,如含赖氨酸、组氨酸、色氨酸、酪氨酸或脯氨酸等时,需适当延长消化时间。有机物若分解完全,消化液呈蓝色或浅绿色,但含铁量多时,呈较深绿色。

③ 蒸馏前往水蒸气发生器内装的水中加硫酸使其保持酸性,可避免水中的氨被蒸出而影响测定结果。蒸馏装置不能漏气。

加碱量要足量,操作要迅速,漏斗应采用水封措施,防止氨气逸失。蒸馏前若加碱量不足,消化液呈蓝色,不生成氢氧化铜沉淀,此时需增加氢氧化钠的用量。

蒸馏过程中,蒸气发生要均匀充足,中间不得停火断气,防止倒吸。

硼酸吸收液的温度不应超过 40℃,否则对氨的吸收作用减弱而造成损失,此时可置于冷水浴中使用。

蒸馏完毕后,应先将冷凝管下端提离液面清洗管口,再蒸 1min 后关掉热源,防止造成吸收液倒吸。

④ 混合指示剂在碱性溶液中呈绿色,在中性溶液中呈灰色,在酸性溶液中呈红色。

五、酱油中氨态氮的测定(参照 GB/T 5009.39—2003)

1. 原理

氨基酸含有羧基和氨基,利用氨基酸的两性作用,加入甲醛固定氨基的碱性,使羧基显示出酸性,用氢氧化钠标准溶液滴定后进行定量,以酸度计测定终点。

2. 仪器与试剂

(1)仪器 酸度计、磁力搅拌器、10mL 微量滴定管、25mL 碱式滴定管、100mL 容量瓶、100mL 烧杯。

(2) 试剂

① 36% 甲醛溶液，不应含聚合物。

② 0.050mol/L NaOH 标准溶液。

3. 分析步骤

(1) 准确吸取 5mL 试样置于 100mL 容量瓶中，加水至刻度，混匀后吸取 20.0mL 置于 200mL 烧杯中，加水 60mL。开动磁力搅拌器，用 0.05mol/L NaOH 标准溶液滴定至酸度计指示 pH 为 8.2，记录消耗氢氧化钠标准溶液的体积，供计算总酸含量（按总酸计算公式，可以算出样品的总酸含量）。

(2) 向上述溶液中准确加入 10.0mL 甲醛溶液，混匀。再用上述氢氧化钠标准溶液继续滴定至 pH9.2，再次记录消耗氢氧化钠标准溶液的体积。供计算氨基酸含量用。

(3) 同时取 80mL 蒸馏水置于另一 200mL 洁净烧杯中，先用 0.05mol/L 氢氧化钠标准溶液滴定至 pH 为 8.2（此时不计碱消耗量）。再加入 10.0mL 中性甲醛溶液，用 0.05mol/L 氢氧化钠标准溶液滴定至 pH 为 8.2，做试剂空白试验。平行测定两次，同时做试剂空白试验。

(4) 数据记录

滴定次数	加甲醛前耗 NaOH 量/mL	加甲醛后耗 NaOH 量/mL	NaOH 标准溶液的浓度/(mol/L)
1			
2			
平均			
空白滴定			

(5) 结果计算

$$X = \frac{(V-V_0)c \times 0.014 \times 100}{5 \times 20} \times 100$$

式中 X——样品中氨基酸态氮的含量，g/100mL；

V——测定用的样品稀释液加入甲醛后消耗氢氧化钠标准溶液的体积，mL；

V_0——试剂空白试验加入甲醛后消耗氢氧化钠标准溶液的体积，mL；

20——样品稀释液取用量，mL；

c——NaOH 标准溶液的浓度，mol/L；

0.014——1.00mL 氢氧化钠标准溶液[c(NaOH)=1.000mol/L]相当于氮的质量（g），g/mmol。

计算结果保留 3 位有效数字。

在重复条件下，获得的两次独立测定结果的绝对差值不得超过算术平均值的 10%。

结果与国家标准 GB 2717—2003 中规定氨基酸态氮不小于 0.4g/100mL 比较，判断单项指标是否合格。

4. 说明

① 浑浊和色深样液可不经处理而直接测定。

② 对于含有固体颗粒的食品如酱在测定前应该先研磨均匀，后称取约 5.0g 试样置于 100mL 烧杯中，加 50mL 水，充分搅拌，必要时可加热，移入 100mL 容量瓶中，用少量水

分次洗涤烧杯，洗液并入容量瓶，定容到刻度，混匀。吸取 10.0mL 放入 200mL 烧杯中加水 60mL，按上述方法中从"开动磁力搅拌器……"起操作和计算。

复 习 题

1. 对于颜色较深的样品，在测定其总酸度时应如何保证测定结果的准确度？
2. 食品挥发酸的主要成分有哪些？如何测定食品中挥发酸的含量？
3. 什么是有效酸度？用电位法进行 pH 测定应注意哪些问题？
4. 食品的总酸度、挥发酸、有效酸度的测定值之间有什么关系？
5. 有一食醋试样，欲测定其总酸度，因颜色过深，用滴定法终点难以判断，故拟用电位滴定法，如何进行测定？写出具体的测定方案。
6. 为什么说用凯氏定氮法测定出的食品中蛋白质含量为粗蛋白含量？
7. 在消化过程中加入的硫酸铜试剂有哪些作用？
8. 蛋白质蒸馏装置的水蒸气发生器中的水为何要用硫酸调成酸性？蛋白质测定的结果计算为什么要乘上蛋白质系数？
9. 试述氨基酸态氮的测定原理。

模块七　食品化学分析检验技术
——配位滴定法

> **学习目标**
> 1. 重点掌握水总硬度的测定原理和方法。
> 2. 掌握金属指示剂的作用原理和具备的条件，提高配位滴定的方法。
> 3. 了解 EDTA 的特性。

第一节　知 识 讲 解

一、配位滴定法的基本原理

配位滴定法是以配位反应为基础的一种滴定分析方法。能够用于配位滴定的主要是氨羧配位体。它是一类以氨基二乙酸基团[—$N(CH_2COOH)_2$]为基体的有机配位体，其分子中含有配位能力很强的氨基氮和羧基氧两种配位原子，能与大多数金属离子形成稳定的配合物。氨羧配位体的种类很多，在配位滴定中，应用最广的是乙二胺四乙酸（EDTA）。

（一）乙二胺四乙酸（EDTA）及其配合物的特性

1. 乙二胺四乙酸及其二钠盐的性质

乙二胺四乙酸是一种四元酸，常用 H_4Y 表示。它在水中的溶解度很小（在 22℃时，每 100mL 水中只能溶解 0.02g），其二钠盐（$Na_2H_2Y·2H_2O$，一般也简称为 EDTA）溶解度较大（在 22℃时，每 100mL 水中能溶解 11.1g），其饱和水溶液的浓度约为 0.3mol/L。因此，EDTA 标准溶液常用 $Na_2H_2Y·2H_2O$ 配制。

EDTA 在水溶液中具有双偶极离子结构，其结构式为：

$$\begin{array}{c} HOOCCH_2 \\ ^-OOCCH_2 \end{array}\!\!\!>\!\!N^+\!\!-\!CH_2\!-\!CH_2\!-\!^+\!N\!<\!\!\!\begin{array}{c} CH_2COO^- \\ CH_2COOH \end{array}$$

在水溶液中 EDTA 存在 H_6Y^{2+}、H_5Y^+、H_4Y、H_3Y^-、H_2Y^{2-}、HY^{3-}、Y^{4-} 七种形式，只有 Y^{4-} 形式能与金属离子直接配位。EDTA 的存在形式与酸度有关，溶液的酸度越低，Y^{4-} 的浓度越大，当 pH＞10.3 时，EDTA 主要以 Y^{4-} 形式存在。因此，在碱性溶液中，EDTA 的配位能力最强。

2. EDTA 与金属离子形成配合物的特点

（1）计量关系简单　EDTA 与大多数金属离子均形成 1∶1 型的配合物，只有锆和钼等例外。简写反应方程式为：

$$M+Y \rightleftharpoons MY$$

（2）配合物十分稳定　EDTA 有 6 个配位原子，与大多数金属离子均形成有多个五元环的螯合物。

(3) 水溶性非常好　使配位滴定可以在水溶液中进行。

(4) 配合物的颜色与金属离子有关　无色的金属离子与 EDTA 配位时，形成无色的螯合物，有色的金属离子与 EDTA 配位时，则形成颜色较深的配合物。

3. 影响 EDTA 解离平衡的因素

在配位滴定中，金属离子 M 和配位剂 Y 配位生成 MY 配合物，称为主反应。即：

$$M+Y \rightleftharpoons MY \qquad K_{MY}=\frac{[MY]}{[M][Y]}$$

K_{MY} 称为配合物的稳定常数（又称绝对稳定常数），K_{MY} 值越大，说明配合物越稳定。EDTA 与一些常见金属离子形成的配合物的稳定常数见表 7-1。

反应物 M、Y 和生成物 MY 与溶液中其他组分发生的反应称为副反应。当有副反应时，K_{MY} 变成 K'_{MY}，K'_{MY} 称为条件稳定常数。凡是有副反应的发生，都不利于配位滴定分析，因此，必须消除副反应。

表 7-1　EDTA 与一些常见金属离子形成的配合物的稳定常数

阳离子	$\lg K_{MY}$	阳离子	$\lg K_{MY}$	阳离子	$\lg K_{MY}$
Na^+	1.66	Ce^{3+}	15.98	Cu^{2+}	18.80
Li^+	2.79	Al^{3+}	16.30	Hg^{2+}	21.80
Ba^{2+}	7.86	Co^{2+}	16.31	Th^{4+}	23.20
Sr^{2+}	8.73	Cd^{2+}	16.46	Cr^{3+}	23.40
Mg^{2+}	8.69	Zn^{2+}	16.50	Fe^{3+}	25.10
Ca^{2+}	10.69	Pb^{2+}	18.04	U^{4+}	25.80
Mn^{2+}	13.87	Y^{3+}	18.09	Bi^{3+}	27.94
Fe^{2+}	14.32	Ni^{2+}	18.62		

对配位平衡影响较大的副反应主要是酸效应和配位效应。

(1) 酸效应　由于 H^+ 与 Y 之间发生副反应，使 EDTA 参加主反应的能力下降，这种现象称为酸效应。酸度越大，酸效应越严重，配位滴定的误差就越大。只有当 pH>12 时，Y 才完全没有副反应，配位能力最强。但值得注意的是，如果溶液的 pH 过大，许多金属离子将水解生成氢氧化物沉淀，使金属离子的浓度降低，配位反应不完全，反而影响金属离子的测定，所以选择适当的 pH 是进行配位滴定的重要条件。

(2) 配位效应　由于溶液中其他配位体（L）的存在使金属离子参加主反应的能力下降的现象称为配位效应。其他配位体能否影响 EDTA 对金属离子的测定，可从两个方面来考虑：①比较 $\lg K_{ML}$ 与 $\lg K_{MY}$ 的大小；②考虑配位剂 L 的浓度。如果其他配位体的浓度不是太大，且 $\lg K_{MY}$ 远大于 $\lg K_{ML}$，则其他配位体 L 的存在对金属离子的测定无影响。如果 $\lg K_{ML}$ 和 $\lg K_{MY}$ 两者的稳定常数相差不是很大，L 的浓度又是较大时，则应考虑配位体 L 的影响。

在配位滴定分析中，配位效应较小，而酸效应较大，因此在滴定分析时，主要是考虑酸度影响。

（二）配位滴定的条件

配位滴定法与酸碱滴定法相似，随着 EDTA 的加入，金属离子浓度逐渐降低，到达化学计量点附近（±0.1%相对误差），溶液中的金属离子浓度发生突变，形成滴定突跃。滴定突跃是判断滴定能否进行的依据，滴定突跃范围大，有利于准确滴定。

1. 影响滴定突跃范围的因素

在配位滴定中，金属离子浓度一定时，K'_{MY}值越大，滴定突跃范围越大；当K'_{MY}值一定时，金属离子浓度越大，滴定突跃范围越大。因此，K'_{MY}值越大，越有利于准确滴定。

2. 配位滴定允许的最低 pH 值

在配位滴定中，当目测终点与化学计量点二者 pM（$pM=-\lg[M]$）的差值 ΔpM 为 ±0.2，允许的终点误差为±0.1%时，则必须满足条件：

$$\lg(cK'_{MY}) \geqslant 6$$

c 为金属离子的浓度，如果金属离子的浓度一定（一般为 10^{-2} mol/L），则上式可写成：

$$\lg K'_{MY} \geqslant 8$$

如果只考虑酸效应，不考虑其他副效应时，则K'_{MY}值主要由溶液的酸度来决定，通过计算，可求出满足上述条件的各种金属离子的最小允许 pH 值（如表 7-2 所示）。配位滴定时，如果溶液的 pH 低于最小 pH 值，则不能进行滴定分析。如测定 Ca^{2+} 时，如果溶液的 pH≥7.5，可以进行滴定，如果 pH<7.5，就不能保证准确滴定，pH=7.5 即为滴定 10^{-2} mol/L Ca^{2+} 溶液的最小允许 pH 值。

表 7-2　EDTA 滴定金属离子的近似最小允许 pH 值

金属离子	pH（近似值）	金属离子	pH（近似值）	金属离子	pH（近似值）
Mg^{2+}	9.7	Co^{2+}	4.0	Cu^{2+}	2.9
Ca^{2+}	7.5	Zn^{2+}	3.9	Hg^{2+}	1.9
Mn^{2+}	5.2	Cd^{2+}	3.9	Sn^{2+}	1.7
Fe^{2+}	5.1	Pb^{2+}	3.2	Fe^{3+}	1.0
Al^{3+}	4.2	Ni^{2+}	3.0	Bi^{3+}	0.7

注：金属离子浓度为 10^{-2} mol/L，允许测定的相对误差为±0.1%。

（三）金属指示剂的选择

在配位滴定中，常用金属指示剂来指示滴定终点。

1. 金属指示剂的作用原理

金属指示剂多为有机配位剂，能与金属离子 M 反应，生成有色配合物，其颜色与指示剂本身的颜色有显著差别，从而指示滴定终点。现以铬黑 T（以 In 表示指示剂）为例，说明金属指示剂的变色原理。即：

$$M + In \rightleftharpoons MIn$$
$$\text{颜色Ⅰ} \quad \text{颜色Ⅱ}$$

铬黑 T 在 pH 7~11 时呈蓝色，与金属离子（Ca^{2+}、Mg^{2+}、Zn^{2+}）形成的配合物为红色，两者颜色有显著差别，可以用来作为指示剂。但应注意在 pH<6 时呈红色或在 pH>12 时呈橙色与配合物的红色没有显著差别，因此选用金属指示剂时，必须选择合适的 pH 范围。

滴定时，在含有上述金属离子的溶液中，加入少量铬黑 T 指示剂，溶液呈红色，然后逐滴加入 EDTA 形成配合物 MY，当游离的金属离子形成配合物后，继续滴加 EDTA 时，由于配合物 MY 的条件稳定常数大于配合物 MIn 的条件稳定常数，稍过量的 EDTA 就夺取 MIn 中的 M，使指示剂游离出来，红色溶液突然转变为蓝色溶液，指示滴定终点的到达。

终点时的化学反应为：

$$MIn + Y \rightleftharpoons MY + In$$
$\quad\quad\quad\quad$红色$\quad\quad\quad\quad\quad$蓝色

2. 金属指示剂应具备的条件

① 在滴定的 pH 值范围内，游离指示剂 In 的颜色与配合物 MIn 的颜色应有显著的差别。

② 配合物 MIn 应有适当的稳定性（$lgK_{MIn} \geq 4$），否则，如果 MIn 稳定性太低，会过早将金属离子释放出来，使终点提前，造成较大的误差。

③ 配合物 MIn 的稳定性应小于 MY 的稳定性，这样在到达滴定终点时，EDTA 才能从 MIn 中夺取 M 使 In 游离出来而变色。如果指示剂与金属离子生成的配合物 MIn 比 EDTA 与金属离子生成的配合物 MY 更稳定，以致到达化学计量点时滴入过量 EDTA 指示剂也不能释放出来，终点溶液颜色不变化，这种现象称为指示剂的封闭现象。例如，用铬黑 T 作指示剂，在 pH = 10 的条件下，用 EDTA 滴定 Ca^{2+}、Mg^{2+} 时，Fe^{3+}、Al^{3+}、Ni^{2+} 和 Co^{2+} 对铬黑 T 有封闭作用。此时可加入掩蔽剂来掩蔽干扰离子。

④ 指示剂与金属离子形成的配合物应易溶于水。如果生成的配合物 MIn 在水中的溶解度小，可使 EDTA 与 MIn 的置换作用缓慢，致使终点拖长，这种现象称为指示剂的僵化现象。这时，可加入适当的有机溶剂或加热，以增大其溶解度或加快其置换速率。

⑤ 金属指示剂应有一定的稳定性，以便于应用和贮存。但大多数金属指示剂易被日光、氧化剂和空气所分解；有些指示剂在水溶液中不稳定，日久会变质。因此应根据其性质进行配制和保存。例如，铬黑 T 易氧化变质，常将铬黑 T 与干燥的 NaCl 以 1：100 配成固体混合物保存。

常见的金属指示剂有铬黑 T（BT 或 EBT）、钙指示剂（NN）、二甲酚橙（XO）、酸性铬蓝 K、PAN 等。

（四）提高配位滴定选择性的方法

由于 EDTA 能与大多数金属离子形成稳定的配合物，而在滴定的溶液中往往同时存在多种金属离子，在滴定时可能相互干扰，因此，在配位滴定时，首先要消除其他金属离子的干扰。

1. 控制溶液的酸度

不同的金属离子与 EDTA 形成配合物的稳定常数是不同的，配合物的 lgK_{MY} 越大，则滴定时的最低 pH 值越小。若溶液中同时有两种或两种以上的金属离子，且它们与 EDTA 所形成的配合物稳定常数又相差足够大（要求 $\Delta lgK_{MY} \geq 5$），可通过调节溶液的 pH 值，使其只有一种金属离子与 EDTA 形成稳定的配合物，而其他离子与 EDTA 不发生配合反应，从而达到滴定某种金属离子或进行连续滴定的目的。

例如，当溶液中 Fe^{3+} 和 Ca^{2+} 浓度皆为 10^{-2} mol/L 时，能否分别滴定，可通过计算确定。从表 7-1 可知，$lgK_{FeY} = 25.1$，$lgK_{CaY} = 10.69$，$\Delta lgK = 25.1 - 10.69 = 14.41$，故可分别滴定。根据表 7-2 可知，滴定 Fe^{3+} 允许的最低 pH 值约为 1.0，滴定 Ca^{2+} 允许的最低 pH 值约为 7.5，因此，先调节溶液的 pH≥1.0 呈酸性，用 EDTA 滴定 Fe^{3+}，此时 Ca^{2+} 不与 EDTA 发生配位反应，而 Fe^{3+} 能与 EDTA 形成稳定的配合物。当 Fe^{3+} 滴定完后，再调节溶液 pH≥7.5 呈碱性，继续用 EDTA 滴定 Ca^{2+}。

如果不能满足 $\Delta lgK_{MY} \geq 5$ 的条件，就不能采用调节酸度的方法来消除离子的干扰。例如，当溶液中有 Ca^{2+} 和 Mn^{2+} 时，要选择滴定 Ca^{2+}，从表 7-1 计算可知，$\Delta lgK = 3.18 \leqslant 5$，要消除 Mn^{2+} 的干扰，提高滴定的选择性，就必须采用其他措施。

酸度不但影响 EDTA 与金属离子的配位反应，而且在配位滴定中指示剂也要求在一定的 pH 范围内使用。在配位滴定过程中，溶液的酸度也会随着滴定而变化，还需在滴定时加入一定量的缓冲溶液。因此，进行 EDTA 滴定时应特别注意控制溶液的酸度。

2. 掩蔽的方法

在配位滴定中，常使用掩蔽剂来消除其他离子的干扰，常用的掩蔽方法按反应的类型不同，可分为配位掩蔽法、沉淀掩蔽法和氧化还原掩蔽法。最常用的是配位掩蔽法。

（1）配位掩蔽法　就是利用配位反应降低干扰离子浓度以消除干扰的方法。例如，用 EDTA 滴定水中的 Ca^{2+}、Mg^{2+} 测定水的硬度时，Fe^{3+}、Al^{3+}、Ni^{2+} 和 Co^{2+} 等离子的存在会干扰测定，可加入少量的三乙醇胺掩蔽 Fe^{3+}、Al^{3+}，加入 KCN 掩蔽 Ni^{2+} 和 Co^{2+}，以消除干扰。测定食品中钙含量时，铁用柠檬酸钠来掩蔽。

配位掩蔽剂应具备下列条件。

① 掩蔽剂与干扰离子形成配合物的稳定性，必须大于 EDTA 与该离子形成配合物的稳定性，而且这些配合物应为无色或浅色，不影响终点的观察。

② 掩蔽剂不与被测金属离子配位或形成配合物的稳定性要比被测离子与 EDTA 形成配合物的稳定性小得多，不影响滴定。

③ 掩蔽剂所需的 pH 值范围要与滴定时所要求的 pH 值范围相一致。

常用配位掩蔽剂有 KCN、NH_4F、三乙醇胺、酒石酸、柠檬酸钠、草酸等。

（2）沉淀掩蔽法　就是利用干扰离子与掩蔽剂形成沉淀以降低其浓度而消除干扰的方法。例如，在 Ca^{2+}、Mg^{2+} 溶液水加入 NaOH 溶液，使 pH＞12，则 Mg^{2+} 生成 $Mg(OH)_2$ 沉淀，可以用 EDTA 滴定 Ca^{2+}。沉淀掩蔽法要求所生成的沉淀溶解度要小，无色或浅色，且吸附作用小，否则将影响终点的观察和结果的测定。

（3）氧化还原掩蔽法　就是利用氧化还原反应，改变干扰离子价态以消除干扰的方法。例如，用 EDTA 滴定 Bi^{3+} 时，如果溶液中存在 Fe^{3+}，则 Fe^{3+} 干扰测定，可加入抗坏血酸或盐酸羟胺，将 Fe^{3+} 还原为 Fe^{2+}，由于 Fe^{2+} 与 EDTA 形成配合物的稳定性比 Fe^{3+} 与 EDTA 形成配合物的稳定性小得多，所以能掩蔽 Fe^{3+} 的干扰。

二、配位滴定法的应用

1. 水的总硬度的测定

水的硬度用溶解于水中的钙盐和镁盐的含量来表示。水的总硬度包括暂时硬度和永久硬度。在水中以碳酸盐、酸式碳酸盐形式存在的钙盐、镁盐，加热能被分解、析出沉淀而除去，这类盐形成的硬度称为暂时硬度。在水中以硫酸盐、氯化盐等形式存在的钙盐、镁盐所形成的硬度称为永久硬度。

锅炉用水常用软水，否则易形成锅垢影响传热，这是水中钙、镁的碳酸盐、酸式碳酸盐、硫酸盐、氯化盐等所致。硬度过大的水不适宜作食品加工用水，因为钙盐与果蔬中的果胶酸结合生成果胶酸钙而使果肉变硬，钙盐、镁盐与果蔬中的酸化合生成溶解度小的有机酸盐，与蛋白质生成不溶性物质，引起汁液浑浊与沉淀。可见，工业用水对硬度有严格的要求，不同水质对食品加工的品质影响很大。因此，经常要对水进行硬度分析，为水处理提供依据。测定水中的总硬度就是先测定 Ca^{2+}、Mg^{2+} 的总量，再将其量折算成 $CaCO_3$ 的质量，然后以每升水中所含 $CaCO_3$ 的质量（mg）表示，单位为 mg/L。也有用含 $CaCO_3$ 的物质的量浓度来表示的，单位为 mmol/L。

一般采用配位滴定法来测定。先精密称取一定量的水样，加氨-氯化铵缓冲溶液调节 pH=10，以铬黑 T 为指示剂，用 EDTA 标准溶液直接滴定，直至溶液由红色变为蓝色时为终点。根据 EDTA 的消耗量，即可计算出水的总硬度。滴定时，用三乙醇胺或盐酸羟胺来掩蔽 Fe^{3+}、Al^{3+} 等离子的干扰，用 Na_2S 或 KCN 来掩蔽 Cu^{2+}、Pb^{2+} 等离子的干扰。

计算公式为：

$$水的总硬度(CaCO_3, mg/L) = \frac{c(EDTA)V(EDTA)M(CaCO_3)}{V(水样)} \times 1000$$

式中，$c(EDTA)$ 的单位为 mol/L；$V(EDTA)$ 和 V（水样）的单位为 mL 或 L；$M(CaCO_3)$ 的单位为 g/mol。

2. 钙的测定

钙是人体所需的重要矿质元素，它是构成骨骼和牙齿的主要成分，它还参与和维持机体内许多生理生化过程。缺钙容易得佝偻病。钙主要存在于奶制品、豆制品、骨头、虾米，以及各种蔬菜等食品中。在食品加工中钙常作为营养强化剂和食品品质改良剂应用，因此了解食品中钙的含量是很重要的。钙的测定常用高锰酸钾法和 EDTA 配位滴定法。这里介绍配位滴定法。

在 pH 12～14 时，Ca^{2+} 可与 EDTA 作用生成稳定的配合物 EDTA-Ca^{2+}，Mg^{2+} 生成 $Mg(OH)_2$ 沉淀而被掩蔽，以钙指示剂（NN）为指示剂，NN 水溶液在 pH>11 时为纯蓝色，与 Ca^{2+} 生成的配合物 NN-Ca^{2+} 为酒红色，其稳定性小于 EDTA-Ca^{2+}，用 EDTA 标准溶液直接滴定，当接近终点时，EDTA 夺取 NN-Ca^{2+} 中的 Ca^{2+} 而使 NN 游离出来，溶液从酒红色变成纯蓝色，即为滴定终点。记录 EDTA 的消耗量，即可计算出钙的含量。滴定时，用 KCN 或 Na_2S 来掩蔽 Cu、Zn、Co、Ni、Pb 等离子，用三乙醇胺或柠檬酸钠来掩蔽 Fe、Al 等离子的干扰。

第二节　实验实训　水的总硬度的测定（参照 GB 5750—85）

工业用水对硬度有严格的要求，尤其是锅炉用水，硬度较高的水需经过软化处理并达到一定标准后才能输入锅炉。我国生活饮用水对硬度也有规定（以 $CaCO_3$ 计），不得超过 450mg/L。因此常对水的硬度进行测定，并为水的处理提供依据。

1. 原理

在 pH=10 时，EDTA 能与水中的钙离子、镁离子生成稳定的无色可溶性配合物，其稳定性比铬黑 T（pH 在 6.3～11.3 呈蓝色）与镁离子、钙离子形成的配合物（紫红色）的稳定性强。以 EDTA 标准溶液直接滴定，铬黑 T 为指示剂，在接近终点时，EDTA 夺取 Mg-EBT 中的镁，使铬黑 T 游离出来，溶液由紫红色转变为蓝色，即为滴定终点。由于 Mg-EBT 比 Ca-EBT 稳定，如果水样中没有或极少有 Mg^{2+}，则终点变色不够敏锐。可在缓冲溶液中加入适量 Mg-EDTA，使终点变色更敏锐。滴定时，加入盐酸羟胺或三乙醇胺和硫化钠或 KCN 来消除水中少量的 Fe^{3+}、Al^{3+}、Cu^{2+}、Ni^{2+}、Co^{2+} 等的干扰。

2. 试剂

（1）铬黑 T 指示剂：称取 0.5g 铬黑 T 与 100g 氯化钠充分混合，贮于棕色瓶内，密闭备用。可较长期保存。或称取 0.5g 铬黑 T，用 95％乙醇溶解并稀释至 100mL，置于冰箱中保存。可稳定 1 个月。

(2) 氨-氯化铵缓冲溶液（pH=10）：①A 液，称取 16.9g 氯化铵，加适量水溶解后，加入 143mL 浓氨水。②B 液，称取 0.780g 硫酸镁（$MgSO_4 \cdot 7H_2O$）及 1.178g 乙二胺四乙酸二钠，溶于 50mL 纯水中，加入 2mL 氯化铵-氢氧化铵溶液（A 液）和 5 滴铬黑 T（此时溶液应呈紫红色，若为天蓝色，应再加极少量硫酸镁使呈紫红色），用 EDTA 标准溶液滴定至溶液由紫红色变为天蓝色。③合并 A 液和 B 液，用纯水稀释至 250mL，并密闭贮存于聚乙烯瓶或硬质玻璃瓶中，防止反复开盖使氨水浓度降低而影响 pH 值。合并后如溶液又变为紫红色，在计算结果时应扣除试剂空白。

(3) 5％硫化钠溶液：称取 5.0g 硫化钠（$Na_2S \cdot 9H_2O$）溶于纯水中，并稀释至 100mL。

(4) 1.0％盐酸羟胺溶液：称取 1.0g 盐酸羟胺，溶于纯水中，并稀释至 100mL。

(5) HCl 溶液（1:1）。

(6) 锌标准溶液：准确称取 0.6~0.8g 的锌粒（或 ZnO），溶于 1:1 盐酸溶液中，置于水浴上温热至完全溶解。移入容量瓶中，定容至 1000mL。按下式计算锌标准溶液的浓度：

$$c = \frac{m}{M}$$

式中 c——锌标准溶液的浓度，mol/L；

m——锌的质量，g；

M——锌的摩尔质量，一般是 65.37（或 ZnO 为 81.37），g/mol。

(7) 0.01mol/L EDTA 标准溶液的配制与标定：①配制，称取 3.72gEDTA 二钠盐（相对分子质量为 372.2），溶于纯水中，并稀释至 1000mL，摇匀，贮存于聚乙烯瓶中待标定。②标定，用移液管准确移取 25.00mL 锌标准溶液到 150mL 锥形瓶中，加入 25mL 纯水，加氨水调至近中性，再加 2mL 缓冲溶液和 5 滴铬黑 T 指示剂，用 EDTA 溶液滴定至溶液由紫红色转变成蓝色为滴定终点。记录消耗 EDTA 的体积。平行测定 3 次。计算公式：

$$c = \frac{c_1 V_1}{V_2}$$

式中 c——EDTA 标准溶液的浓度，mol/L；

c_1——锌标准溶液的浓度，mol/L；

V_1——滴定时吸取的锌标准溶液的体积，mL；

V_2——滴定时消耗 EDTA 的体积，mL。

3. 操作方法

准确吸取 50.00mL 水样（如果硬度过小，改取 100mL）于 150mL 锥形瓶中，加入 0.5mL 盐酸羟胺和 1mL 硫化钠溶液，然后加入 1~2mL 缓冲溶液及 5 滴铬黑 T 指示剂，立即用 EDTA 标准溶液滴定，至溶液由紫红色变为蓝色即为终点。记录消耗 EDTA 标准溶液的体积。平行测定 3 次。同时做空白试验，并记录消耗 EDTA 的体积 V_0。

4. 计算

计算水的总硬度和相对平均偏差。计算水的总硬度公式如下：

$$\rho = \frac{c(V_1 - V_0) \times 100.09}{V} \times 1000$$

式中 ρ——水样的总硬度（以 $CaCO_3$ 计），mg/L；

　　　c——EDTA 标准溶液的浓度，mol/L；

　　　V_1——滴定时消耗 EDTA 的体积，mL；

　　　V_0——空白试验所消耗 EDTA 的体积，mL；

　100.09——与 1.00mmol EDTA 标准溶液相当的以毫克表示的总硬度（以 $CaCO_3$ 计），mg/mmol；

　　　V——吸取的水样体积，mL。

5. 说明

① 配制缓冲溶液时加入 Mg-EDTA 是为了使含镁较低的水样滴定终点更为敏锐。如果有市售 Mg-EDTA 试剂，则可直接称取 1.25g Mg-EDTA，加入 250mL 缓冲溶液中。

② 水样中钙、镁含量较大时，为防止碳酸钙及氢氧化镁在碱性溶液中沉淀，影响在滴定时的转化，可预先加入 1～2 滴 1∶1 盐酸酸化水样，并加热除去二氧化碳，冷却后再滴定。

③ 如水样中含悬浮性或胶体有机物影响终点的观察时，可预先将水样蒸干，并于 550℃ 灰化，用纯水溶解残渣后再进行滴定。

④ 为防止碳酸钙及氢氧化镁在碱性溶液中沉淀，可根据滴定第一份水样所消耗的 EDTA 溶液的体积，在滴定第二份和第三份水样时，先加入 95％ 左右的 EDTA 标准溶液，然后再加入缓冲溶液进行滴定。

⑤ 若取 50mL 水样，本法测定的最低检测浓度为 1.0mg/L。

复 习 题

1. 在配位滴定中，为什么常用乙二胺四乙酸的二钠盐作配位滴定剂而不是乙二胺四乙酸？

2. EDTA 与金属离子形成的配合物有哪些特点？

3. 金属离子能被准确滴定的条件是什么？

4. 金属指示剂应具备哪些条件？为什么金属指示剂在使用时要求一定的 pH 范围？

5. 欲标定 0.01mol/L EDTA 溶液，消耗此溶液 25mL，应称取基准物质 ZnO 多少克？

6. 精确称取基准物质 $CaCO_3$ 10g，预处理后定容为 1000mL，取此溶液 25mL，用 EDTA 滴定至终点，消耗 EDTA 的体积为 26.78mL，求 EDTA 的浓度？

7. 精确移取水样 100mL，测定水的总硬度，用 0.005mol/L EDTA 滴定至终点，消耗体积 10.68mL，求水样的总硬度？（53.4mg/L）

8. 已知 EDTA 的浓度为 0.05mol/L，试计算该溶液分别对 $CaCO_3$、ZnO、Fe_2O_3 的滴定度。

模块八 食品化学分析检验技术
——氧化还原滴定法

> **学习目标**
> 1. 重点掌握食品中还原糖和维生素C的氧化还原测定法。
> 2. 掌握高锰酸钾法、重铬酸钾法、碘量法、费林试剂法及靛酚法的原理、方法和应用。
> 3. 了解氧化还原滴定法的基本原理。

第一节 知识讲解

一、氧化还原滴定法概述

(一) 氧化还原滴定法的原理

氧化还原滴定法是利用氧化还原反应进行滴定分析的一种方法，其应用十分广泛，不仅能直接测定许多具有氧化性或还原性的物质的含量，还可以间接测定不具有氧化性或还原性的物质的含量。如 $KMnO_4$ 法间接测定 Ca^{2+}，先将 Ca^{2+} 定量转化为 CaC_2O_4 沉淀，再将沉淀溶解为 $C_2O_4^{2-}$，然后用 $KMnO_4$ 标准溶液滴定，即可间接求得 Ca^{2+} 的含量。

(二) 氧化还原滴定分析的前提条件

氧化还原反应的机理往往很复杂，许多反应的历程也不够清楚。有许多反应速率慢，而且副反应多，不能满足滴定分析的要求。能够用于氧化还原滴定分析的化学反应必须具备下列条件。

① 反应能够定量进行。一般认为滴定剂和被滴定物质对应的电对的条件电极电位差大于 0.40V，反应就能定量进行。

② 有足够快的反应速率。

③ 有适当的方法或指示剂指示反应的终点。

由于上述条件的限制，不是所有的氧化还原反应都能用于滴定分析。有些反应从理论上看进行得很完全，但由于反应速率太慢而无实际意义。因此，在食品分析检测中，通常关注滴定反应的快慢和滴定终点的确定问题。

(三) 氧化还原滴定曲线

在氧化还原滴定过程中，随着滴定剂的加入，氧化剂与还原剂浓度的改变将引起被滴定溶液电极电位的改变。电极电位随滴定剂加入而变化的情况，可以用相应的滴定曲线来表示。滴定曲线可以由实验测得的数据进行描绘，也可以用能斯特方程式求出相应的电极电位

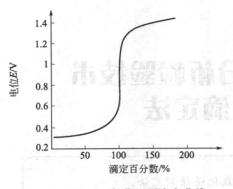

图 8-1 氧化还原滴定曲线

值来绘制，其形状与酸碱滴定曲线类似，只是纵坐标由 pH 变成了电极电位 E，如图 8-1 所示。

通过滴定曲线或计算可以得出，在化学计量点附近，溶液的电极电位出现突跃性改变，称之为电位突跃，即这一氧化还原反应中，作为反应物之一的滴定剂加入量引起相当于反应达 99.9%～100.1% 之间所对应的电极电位变化值。突跃范围的大小与氧化剂和还原剂两电对的电极电位的差值大小有关，两电对的电极电位相差越大，突跃范围越大，反之，则越小。

（四）氧化还原滴定中的指示剂

在氧化还原滴定中，除了用电位法确定终点外，还通常用指示剂确定终点。常用的指示剂有三类，即自身指示剂、特殊指示剂（或称显色指示剂）、氧化还原指示剂。

1. 自身指示剂

某些标准溶液或被滴定的物质本身有颜色（如 $KMnO_4$），滴定终点时反应溶液体系颜色变为无色或浅色，则可以借助此颜色变化来指示滴定终点的到达，滴定时无须另外加入指示剂。

2. 特殊指示剂

有的物质（如淀粉）本身不具有氧化还原性，本身无特征颜色，但它可以与具有氧化还原性的物质结合生成有色化合物，从而引起溶液颜色的改变，指示滴定终点。例如，可溶性淀粉与 I_2 生成蓝色化合物，当 I_2 被还原为 I^- 时，蓝色消失，当 I^- 被氧化为 I_2，蓝色出现，因此，淀粉是碘量法常用的指示剂。

3. 氧化还原指示剂

氧化还原指示剂本身是有氧化还原性质的有机化合物，可以参与氧化还原反应，它的氧化型和还原型具有不同的颜色，指示剂的变色电位范围应在滴定突跃范围之内。在化学计量点附近，通过指示剂的氧化还原反应，当氧化型变为还原型，或由还原型变为氧化型时，其颜色发生突变来指示滴定终点。

不同的氧化还原指示剂其变色范围不同，表 8-1 列出常用的几种氧化还原指示剂的颜色变化。

表 8-1 常用的几种氧化还原指示剂的颜色变化

指示剂	$E_{In(O)/In(R)}[c(H^+)=1mol/L]$ /V	颜色变化	
		氧化型	还原型
次甲基蓝	0.36	蓝	无色
二苯胺	0.76	紫	无色
二苯胺磺酸钠	0.84	红紫	无色
邻苯氨基苯甲酸	0.89	红紫	无色
邻二氮菲亚铁	1.06	浅蓝	红

(五) 常用的氧化还原滴定法

氧化还原滴定法通常根据氧化剂的名称来命名，如高锰酸钾法、重铬酸钾法、碘量法、铈量法、溴酸钾法、费林试剂法等。各种方法都有其自身的特点和应用范围。本节只介绍食品分析中常用的几种方法。

1. 高锰酸钾法

(1) 概述　高锰酸钾法是以高锰酸钾作为氧化剂进行滴定分析的氧化还原滴定法。$KMnO_4$ 是一种强氧化剂，其氧化能力及还原产物与溶液的酸度有关。在强酸条件下，$KMnO_4$ 具有更强的氧化能力，其滴定半反应为：

$$MnO_4^- + 5e + 8H^+ \rightleftharpoons Mn^{2+} + 4H_2O \quad E^{\ominus} = 1.51V$$

为防止 Cl^-（具有还原性）和 NO_3^-（酸性条件下具有氧化性）的干扰，酸性介质不能用 HCl 或 HNO_3，通常是用 $c(H^+)$ 为 1～2mol/L 的 H_2SO_4 溶液。

高锰酸钾法的优点是：$KMnO_4$ 氧化能力强，应用广泛，许多还原性物质如 Fe^{2+}、H_2O_2、$C_2O_4^{2-}$、有机物等可用 $KMnO_4$ 标准溶液直接滴定；$KMnO_4$ 自身有颜色，2×10^{-6} mol/L $KMnO_4$ 溶液就可以显粉红色，具有指示剂作用。主要缺点是：$KMnO_4$ 试剂常含有少量杂质，只能用间接方法配制 $KMnO_4$ 标准溶液，溶液的稳定性不够高；$KMnO_4$ 的氧化能力太强，能与许多还原性物质发生作用，所以干扰比较多，反应的选择性差。

(2) $KMnO_4$ 溶液的配制　$KMnO_4$ 中常含有二氧化锰、硫酸盐、氯化物和硝酸盐等少量杂质，同时蒸馏水中也常含有微量还原性物质，能与 $KMnO_4$ 作用，使 $KMnO_4$ 浓度改变。因此，配制 $KMnO_4$ 溶液时，先称取稍多于理论量的 $KMnO_4$，溶于一定体积的蒸馏水中，加热煮沸 1h，再放置 2～3 天，使溶液中可能存在的还原性物质完全氧化，过滤除去沉淀（过滤时用玻璃纤维或玻璃砂芯漏斗，不能用滤纸），滤液贮存于棕色试剂瓶中，并置于暗处。

(3) $KMnO_4$ 溶液浓度的标定　标定 $KMnO_4$ 溶液的基准物质相当多，如 $Na_2C_2O_4$、$H_2C_2O_4 \cdot 2H_2O$、As_2O_3 和纯铁丝等，其中因 $Na_2C_2O_4$ 性质稳定、易于提纯而最为常用。

标定方法是：准确称取一定质量的 $Na_2C_2O_4$ 基准物，溶于适量水中，在 H_2SO_4 酸性介质条件下用 $KMnO_4$ 溶液滴定，反应式为：

$$2MnO_4^- + 5C_2O_4^{2-} + 16H^+ \rightleftharpoons 2Mn^{2+} + 10CO_2 \uparrow + 8H_2O$$

然后根据终点时所耗 $KMnO_4$ 的体积及所称取 $Na_2C_2O_4$ 的质量计算出 $KMnO_4$ 的准确浓度（mol/L）。

$$c(KMnO_4) = \frac{2}{5} \times \frac{m(Na_2C_2O_4)}{M(Na_2C_2O_4)V(KMnO_4)}$$

式中，$m(Na_2C_2O_4)$ 的单位为 g；$M(Na_2C_2O_4)$ 的单位为 g/mol；$V(KMnO_4)$ 的单位为 L。

为了使反应定量、快速进行，必须控制好以下滴定条件。

① 酸度　开始滴定时溶液的酸度一般控制在 $c(H^+)$ 为 0.5～1mol/L，滴定终点时溶液的 $c(H^+)$ 约为 0.2～0.5mol/L。若酸度过低，易生成 MnO_2 或其他产物；酸度过高则会促使 $H_2C_2O_4$ 分解。

② 温度　应把溶液加热至 70～85℃，并趁热进行滴定，滴定结束时溶液温度不应低于60℃。因为该滴定在室温下反应缓慢，需加热以提高反应速率。但若加热温度超过 90℃，则易引起 $C_2O_4^{2-}$ 部分分解，造成较大误差。

$$H_2C_2O_4 \Longrightarrow CO_2\uparrow + CO\uparrow + H_2O$$

③ 滴定速度 开始滴定时，滴定速度宜慢不宜快，须待前一滴 $KMnO_4$ 紫红色完全褪去后再滴加第二滴溶液，否则滴入的 $KMnO_4$ 来不及与 $C_2O_4^{2-}$ 反应，却在热的酸溶液中分解，影响标定结果的准确度。即：

$$4MnO_4^- + 12H^+ \Longrightarrow 4Mn^{2+} + 5O_2\uparrow + 6H_2O$$
$$2MnO_4^- + 3Mn^{2+} + 2H_2O \Longrightarrow 5MnO_2\downarrow + 4H^+$$

随着滴定的进行，反应生成的 Mn^{2+} 对滴定反应产生自催化作用，使反应速率逐渐加快，因此滴定速度可随之加快。临近滴定终点时，反应物 $C_2O_4^{2-}$ 已经很少，反应速率明显降低，$KMnO_4$ 紫红色褪去很慢，此时滴定速度也需相应减慢。

如果在滴定前加入少量 $MnSO_4$ 作催化剂，则一开始就可以按正常速度进行滴定。

当用 $KMnO_4$ 自身指示终点时，终点后溶液的粉红色会逐渐消失，原因是空气中的还原性气体和灰尘可与 MnO_4^- 缓慢作用，使 MnO_4^- 还原。所以，滴定时溶液出现粉红色经 30s 不褪色即可认为到达终点。

标定过的 $KMnO_4$ 溶液不宜长期存放，因存放时会产生 $MnO(OH)_2$ 沉淀。使用久置的 $KMnO_4$ 溶液时，应将其过滤并重新标定浓度。

（4）$KMnO_4$ 法的应用 食品中还原糖的测定。

2. 重铬酸钾法

（1）概述 以重铬酸钾标准溶液作滴定剂的氧化还原滴定法称为重铬酸钾法，$K_2Cr_2O_7$ 是一种强氧化剂，在酸性条件下，其半反应为：

$$Cr_2O_7^{2-} + 14H^+ + 6e \longrightarrow 2Cr^{3+} + 7H_2O \qquad E^{\ominus} = 1.33V$$

$K_2Cr_2O_7$ 溶液为橙色，而其还原产物为绿色的 Cr^{3+}，溶液变色不够敏锐，故其滴定终点要借助氧化还原指示剂来判断。常用指示剂有二苯胺磺酸钠、邻二氮菲亚铁等。

显然，$K_2Cr_2O_7$ 在酸性条件下的氧化能力不如 $KMnO_4$ 强，并还需另加指示剂。但重铬酸钾法与高锰酸钾法相比具有许多优点。

① $K_2Cr_2O_7$ 易得到纯品，干燥后可直接作基准物，因而可直接配制 $K_2Cr_2O_7$ 标准溶液。

② $K_2Cr_2O_7$ 标准溶液稳定，在密闭容器中可长期保存。

③ 重铬酸钾法选择性较高，滴定可在盐酸介质中进行。

（2）$K_2Cr_2O_7$ 标准溶液的配制 准确称量经 140～150℃烘干的 $K_2Cr_2O_7$ 基准物质，将其溶解后，定量转移至容量瓶中，加一定量的水定容，即得 $K_2Cr_2O_7$ 标准溶液。其浓度（mol/L）由下式计算：

$$c(K_2Cr_2O_7) = \frac{m(K_2Cr_2O_7)}{M(K_2Cr_2O_7)V(K_2Cr_2O_7)}$$

式中，$m(K_2Cr_2O_7)$ 的单位为 g；$M(K_2Cr_2O_7)$ 的单位为 g/mol；$V(K_2Cr_2O_7)$ 的单位为 L。

（3）$K_2Cr_2O_7$ 的应用

① 铁含量的测定 把试样中的铁处理为 Fe^{2+} 的形式，然后用重铬酸钾标准溶液滴定之：

$$6Fe^{2+} + Cr_2O_7^{2-} + 14H^+ \Longrightarrow 6Fe^{3+} + 2Cr^{3+} + 7H_2O$$

滴定反应是在 H_2SO_4-H_3PO_4 介质中进行的，以二苯胺磺酸钠为指示剂，滴定终点时溶液颜色由绿色突变为紫色。试样中铁含量由下式计算：

$$w(\mathrm{Fe}) = \frac{6 \times c(\mathrm{K_2Cr_2O_7}) V(\mathrm{K_2Cr_2O_7}) M(\mathrm{Fe})}{m(\text{试样})} \times 100\%$$

式中，$c(\mathrm{K_2Cr_2O_7})$ 的单位为 mol/L；$V(\mathrm{K_2Cr_2O_7})$ 的单位为 L；$M(\mathrm{Fe})$ 的单位为 g/mol；$m(\text{试样})$ 的单位为 g。

② 水中化学需氧量的测定　化学需氧量（COD）是指在一定条件用强氧化剂处理水样所消耗的氧化剂的量，通常折算成每升水样消耗氧的质量（单位为 mg/L）。化学需氧量反映了水体受污染的程度。水中各种有机物进行化学氧化反应的难易程度是不同的，因此化学需氧量是在规定条件下水中各种还原剂需氧量的总和。

测定化学需氧量的常用方法有高锰酸钾法和重铬酸钾法。由于重铬酸钾法的氧化程度比高锰酸法高，污染严重的水体和工业废水就用重铬酸钾法测定。其测定方法是：水样在 $\mathrm{H_2SO_4}$ 介质中，以 $\mathrm{Ag_2SO_4}$ 作催化剂，加入已知过量的 $\mathrm{K_2Cr_2O_7}$ 标准溶液，加热。待反应完成后，剩余的 $\mathrm{K_2Cr_2O_7}$ 以 1,10-二氮菲亚铁为指示剂，用 $\mathrm{FeSO_4}$ 标准溶液返滴定，终点时溶液颜色由黄色经蓝色最后变为红褐色。

水样的 COD 值计算式如下：

$$\rho(\mathrm{O_2}) = \frac{[V_0(\mathrm{FeSO_4}) - V(\mathrm{FeSO_4})] c(\mathrm{FeSO_4}) M(\mathrm{O_2}) \times \frac{1}{4} \times 1000}{V(\text{水样})}$$

式中，$V_0(\mathrm{FeSO_4})$、$V(\mathrm{FeSO_4})$ 分别为空白测定和试样测定所用 $\mathrm{FeSO_4}$ 标准溶液的体积，单位为 mL 或 L；$c(\mathrm{FeSO_4})$ 的单位为 mol/L；$M(\mathrm{O_2})$ 的单位为 g；$V(\text{水样})$ 的单位同 $V_0(\mathrm{FeSO_4})$ 和 $V(\mathrm{FeSO_4})$ 为 mL 或 L。

3. 碘量法

(1) 概述　以 $\mathrm{I_2}$ 作氧化剂或利用 $\mathrm{I^-}$ 的还原性进行滴定的分析方法称为碘量法。其滴定半反应为：

$$\mathrm{I_2} + 2e \Longleftrightarrow 2\mathrm{I^-} \quad E^{\ominus} = 0.545\mathrm{V}$$

固体 $\mathrm{I_2}$ 在水中溶解度很小，且易挥发，通常将 $\mathrm{I_2}$ 溶解在 KI 的溶液中，这时 $\mathrm{I_2}$ 以 $\mathrm{I_3^-}$ 形式存在：

$$\mathrm{I_2} + \mathrm{I^-} \Longleftrightarrow \mathrm{I_3^-}$$

因此，滴定分析中所用的碘液是 $\mathrm{I_3^-}$ 溶液，为简便起见，一般仍将 $\mathrm{I_3^-}$ 简写为 $\mathrm{I_2}$。

由 $E^{\ominus}_{(\mathrm{I_2/I^-})} = 0.545\mathrm{V}$ 可知，$\mathrm{I_2}$ 的氧化能力较弱，它只能氧化一些还原性较强的物质，如维生素 C；而 $\mathrm{I^-}$ 作为中等强度的还原剂，可被许多氧化剂氧化为 $\mathrm{I_2}$。因此，碘量法又可分为直接碘量法和间接碘量法。

① 直接碘量法　$E^{\ominus}$ 比 $E^{\ominus}_{(\mathrm{I_2/I^-})}$ 低的还原型物质，能被 $\mathrm{I_2}$ 氧化。用 $\mathrm{I_2}$ 标准溶液直接滴定还原剂溶液的分析方法，称为直接碘量法或碘滴定法。该法以淀粉为指示剂，终点时溶液由无色恰好变为蓝色。

② 间接碘量法　$E^{\ominus}$ 比 $E^{\ominus}_{(\mathrm{I_2/I^-})}$ 高的氧化型物质，能将 $\mathrm{I^-}$ 氧化，反应析出的 $\mathrm{I_2}$ 用 $\mathrm{Na_2S_2O_3}$ 标准溶液进行滴定，以此计算该氧化型物质的含量，这种方法叫间接碘量法或滴定碘法。

间接碘量法仍以淀粉为指示剂，溶液蓝色恰好褪尽即为滴定终点。但淀粉应在大部分 $\mathrm{I_2}$ 已被 $\mathrm{Na_2S_2O_3}$ 还原、溶液由深褐色变为浅黄色时才加入。若加得过早，生成的 $\mathrm{I_2}$ 与淀粉形

成复合物难以被 $Na_2S_2O_3$ 还原,给测定带来误差。

由于 I^- 能与许多氧化剂作用,间接碘量法的应用较直接碘量法更为广泛。

碘量法有许多优点:既可以测定还原性物质,也可以测定氧化性物质,副反应少,反应介质可以是酸性、中性或弱碱性。

但应用碘量法也要注意防止 I_2 挥发和 I^- 被空气氧化,并注意控制介质的酸碱度。

① 加入过量的 KI,使 I_2 生成 I_3^-,减少 I_2 的挥发性。

② 析出 I_2 的反应应在碘量瓶中进行,避免阳光照射,温度不宜高,反应完成后立即滴定(滴定一般在室温下进行)。

③ 滴定时避免剧烈摇动溶液,滴定速度要快。

④ 光照及 Cu^{2+}、NO_2^- 等对空气氧化 I^- 的反应有催化作用,故在测定前需消除 Cu^{2+}、NO_2^- 等干扰离子,将溶液置于暗处,避光保存。

⑤ 反应介质酸度不能太高,否则下列副反应程度将会明显增加。

$$4I^- + O_2 + 4H^+ \rightleftharpoons 2I_2 + 2H_2O$$
$$S_2O_3^{2-} + 2H^+ \rightleftharpoons H_2SO_3 + S\downarrow$$

⑥ 直接碘量法测定不能在碱液中进行,间接碘量法反应需在中性、弱酸或弱碱性介质中进行。如果溶液的 pH 过高,I_2 将发生歧化反应:

$$3I_2 + 6OH^- \rightleftharpoons IO_3^- + 5I^- + 3H_2O$$

(2) I_2 和 $Na_2S_2O_3$ 溶液的配制和标定

① $Na_2S_2O_3$ 溶液的配制和标定 $Na_2S_2O_3$ 晶体中一般含有 S、Na_2SO_3 和 NaCl 等杂质,且本身不稳定,空气中的二氧化碳、氧气以及水中的微生物等都易分解 $Na_2S_2O_3$ 而使其溶液出现浑浊。

$$Na_2S_2O_3 + CO_2 + H_2O \rightleftharpoons NaHCO_3 + NaHSO_3 + S\downarrow$$
$$2Na_2S_2O_3 + O_2 \rightleftharpoons 2Na_2SO_4 + 2S\downarrow$$
$$Na_2S_2O_3 \xrightarrow{微生物} Na_2SO_3 + S\downarrow$$

因此,配制 $Na_2S_2O_3$ 溶液一般采用如下步骤:称取需要量的 $Na_2S_2O_3 \cdot 5H_2O$,溶于刚煮沸并冷却后的蒸馏水中(以除去水溶液中的 CO_2 和 O_2 等),加入少量 Na_2CO_3 使溶液呈微碱性,以抑制微生物生长,防止 $Na_2S_2O_3$ 分解。配制的 $Na_2S_2O_3$ 溶液应贮存于棕色瓶内,避光保存 1~2 周,使其稳定后再标定。

标定 $Na_2S_2O_3$ 溶液浓度时,常以 $K_2Cr_2O_7$ 作基准物。步骤是:准确称取一定量的分析纯 $K_2Cr_2O_7$,在酸性条件下与过量 KI 作用,析出相当化学计量的 I_2,然后用淀粉作指示剂,以 $Na_2S_2O_3$ 溶液滴定之。有关反应式如下:

$$Cr_2O_7^{2-} + 6I^- + 14H^+ \rightleftharpoons 2Cr^{3+} + 3I_2 + 7H_2O$$
$$I_2 + 2S_2O_3^{2-} \rightleftharpoons 2I^- + S_4O_6^{2-}$$

最后根据所称 $K_2Cr_2O_7$ 的质量(g)及滴定所消耗 $Na_2S_2O_3$ 溶液的体积(mL)计算 $Na_2S_2O_3$ 溶液的准确浓度(mol/L)。滴定计量关系:

$$K_2Cr_2O_7 \sim 3I_2 \sim 6Na_2S_2O_3$$

$$c(Na_2S_2O_3) = \frac{6m(K_2Cr_2O_7)}{M(K_2Cr_2O_7)V(Na_2S_2O_3)} \times 1000$$

② I_2 溶液的配制和浓度标定 由于 I_2 挥发性强,准确称量有一定困难,所以一般不用直接法配制其标准溶液,而是用市售的碘配制近似浓度的溶液,再进行标定。配制 I_2 溶液

时,先称取需要量的碘晶体和过量 KI 晶体,一起置于研钵中,加少量水研磨,待溶解后稀释到一定体积,置于棕色试剂瓶中,避光保存。

碘溶液的准确浓度(mol/L)可以用 $Na_2S_2O_3$ 标准溶液比较滴定而求得。

$$c(I_2) = \frac{c(Na_2S_2O_3)V(Na_2S_2O_3)}{2 \times V(I_2)}$$

(3)碘量法应用示例——漂白粉中有效氯的测定 漂白粉的主要成分是次氯酸钙和氯化钙,其中次氯酸钙具有氧化能力,常以有效氯表示。所谓"有效氯"是指漂白粉酸化时放出的氯:

$$Ca(ClO)Cl + 2H^+ \Longrightarrow Ca^{2+} + Cl_2 + H_2O$$

漂白粉的质量是以有效氯的含量为标准的,即以含 Cl_2 的质量分数表示。测定漂白粉中有效氯的方法是:准确迅速称取一定质量的试样,加入过量 KI,然后加 H_2SO_4 酸化,次氯酸盐酸化放出的 Cl_2 与 I^- 作用生成一定量的 I_2,用 $Na_2S_2O_3$ 标准溶液滴定之。有关反应式为:

$$Cl_2 + 2I^- \Longrightarrow 2Cl^- + I_2$$
$$I_2 + 2S_2O_3^{2-} \Longrightarrow 2I^- + S_4O_6^{2-}$$

计算有效氯含量:

$$w(Cl_2) = \frac{c(Na_2S_2O_3)V(Na_2S_2O_3)M(Cl_2)}{2m(试样)} \times 100\%$$

式中,$c(Na_2S_2O_3)$ 的单位为 mol/L;$M(Cl_2)$ 的单位为 g/mol;$V(Na_2S_2O_3)$ 的单位为 mL;$m(试样)$ 的单位为 mg。

在测定过程中,应尽量避免试样与空气较长时间的接触,试样应密封保存。

4. 费林试剂法

在还原糖测定中的直接滴定法就是费林试剂法,这是一种在碱性条件下利用糖的还原性进行测定的氧化还原滴定法。与上述 3 种方法不同的是,费林试剂是一种较弱的氧化剂,氧化还原反应较为复杂,计量关系往往不是由反应方程式确定的,而是通过实验来确定。此外,该法操作条件也比较特殊,存在相当大的变数,从而影响了分析结果的精密度。

费林试剂法的原理、测定方法、步骤及注意事项详见本模块第二节中"还原糖的测定"部分。

5. 其他特殊方法

在食品分析中,对某些特定成分(如维生素 C)的测定会采用特殊的分析方法,2,6-二氯靛酚滴定法(简称靛酚法)就是其中的一种。

维生素 C 的化学名称是 L-(+)-苏阿糖型-2,3,5,6-四羟基-2-己烯酸-4-内酯,广泛存在于新鲜瓜果、蔬菜中,有抗坏血病的作用,故被人们称做抗坏血酸。抗坏血酸主要有还原型及脱氢型两种,维生素 C 通常指还原型抗坏血酸。维生素 C 极易被氧化为脱氢抗坏血酸,所以它是一个较强的还原剂,可用作食品抗氧剂。

L-抗坏血酸   L-脱氢抗坏血酸

测定食品中维生素 C 含量的常用方法主要有 2,6-二氯靛酚滴定法、2,4-二硝基苯肼比色法、固蓝盐 B 显色分光光度法等,其中 2,6-二氯靛酚滴定法就是基于氧化还原反应的滴定分析法。该法原理如下。

用标准碘酸钾溶液标定抗坏血酸溶液，用已标定的抗坏血酸溶液标定2,6-二氯靛酚染料溶液，再用此染料滴定样品中的抗坏血酸。2,6-二氯靛酚在酸性溶液中呈红色，被抗坏血酸还原后即失去红色，还原型抗坏血酸则被氧化成脱氢抗坏血酸。当溶液中过量一滴染料时即显红色，以示终点。在无杂质干扰时，溶液所用染料量与样品中抗坏血酸含量成正比，依此定量。

标定抗坏血酸溶液时加入淀粉指示剂和KI溶液，用0.001mol/L KIO$_3$标液滴定到淡蓝色终点，由下式计算抗坏血酸浓度c(mg/mL)：

$$c = \frac{0.088 \times V_1}{V_2}$$

式中　V_1——滴定时消耗0.001mol/L KIO$_3$标准溶液的体积，mL；

V_2——滴定时所取抗坏血酸的体积，mL；

0.088——1mL 0.001mol/L KIO$_3$标准溶液相当于抗坏血酸的量，mg/mL。

接着在草酸介质中用抗坏血酸标准溶液标定2,6-二氯靛酚溶液，用染料2,6-二氯靛酚滴定至溶液呈粉红色，在15s不褪色为终点。计算滴定度（T），即每毫升2,6-二氯靛酚相当于抗坏血酸的质量（mg）。

$$T = \frac{cV_1}{V_2}$$

式中　c——抗坏血酸标准溶液的浓度，mg/mL；

V_1——抗坏血酸标准溶液的体积，mL；

V_2——消耗2,6-二氯靛酚的体积，mL。

然后将已处理好的样液用染料滴定至粉红色终点，按下式计算抗坏血酸含量：

$$抗坏血酸含量(mg/100g) = \frac{VT}{W} \times 100$$

式中　V——消耗染料体积，mL；

T——滴定度；

W——滴定时所有滤液中含有样品的质量，g。

靛酚法测定的是还原型抗坏血酸，方法简便，较灵敏。但特异性差，样品中的其他还原性物质（如Fe^{2+}、Sn^{2+}、Cu^{2+}等）会干扰测定，使测定结果偏高。

二、食品中碳水化合物的测定

碳水化合物的测定在食品工业中具有特别重要的意义。碳水化合物是食品工业的主要原辅材料，是大多数食品的重要组成成分，是能量的主要来源，它影响着食品的物理性质和人类的生理代谢。它在各种食品中的存在形式和含量各不相同，碳水化合物包括单糖、双糖和多糖，它的含量是食品营养价值高低的重要标志，也是某些食品重要的质量指标。碳水化合物的测定是食品的主要分析项目之一。

食品中碳水化合物的测定方法很多，测定单糖和低聚糖的方法有物理法、化学法、色谱法和酶法等。物理法包括相对密度法、折光法和旋光法等，这些方法比较简便。对一些特定的样品，或在生产过程中进行监控，采用物理法较为方便。化学法是一种广泛采用的常规分析法，它包括还原糖法（费林试剂法、高锰酸钾法、铁氰酸钾法等）、碘量法、缩合反应法等。化学法测得的多为糖的总量，不能确定糖的种类及每种糖的含量。利用色谱法可以对样品中的各种糖类进行分离定量。目前利用气相色谱和高效液相色谱分离和定量食品中的各种糖类已得到广泛应用。近年来发展起来的离子交换色谱具有灵敏度高、选择性好等优点，也已成为一种卓有成效的糖的色谱分析法。用酶法测定糖类也有一定的应用，如用 β-半乳糖脱氢酶测定半乳糖、乳糖，用葡萄糖氧化酶测定葡萄糖等。

本节将着重介绍碳水化合物测定方法中的标准分析方法。

（一）可溶性糖类的测定

食品中的可溶性糖通常是指葡萄糖、果糖等游离单糖及蔗糖等低聚糖。

1. 可溶性糖类的提取和澄清

测定可溶性糖时，一般需选择适当的溶剂提取样品，并对提取液进行纯化，排除干扰物质，然后才能测定。

（1）提取液的制备　常用的提取剂有水和乙醇。对于含脂肪的食品，如乳酪、巧克力、蛋黄酱等，通常首先以石油醚处理样品一次或几次进行脱脂，再以水进行提取，必要时可加热。对含有大量淀粉和糊精的食品，如粮谷制品、某些蔬菜、调味品，用水提取会使部分淀粉、糊精溶出，影响测定，同时增加了过滤困难。因此，宜采用乙醇溶液提取，通常用 70%～75%的乙醇溶液。用乙醇溶液作提取剂时，提取液不用除蛋白质，因为蛋白质不会溶解出来。对含酒精和二氧化碳的液体样品，通常蒸发至原体积的 1/4～1/3，以除去其中的酒精和二氧化碳。但酸性食品，在加热前应预先以氢氧化钠调节样品溶液至中性，以防止低聚糖被部分水解。

（2）提取液的澄清　初步得到的提取液中，除含有单糖和低聚糖等可溶性糖类外，还不同程度地含有一些影响测定的杂质，如色素、蛋白质、可溶性果胶、可溶性淀粉、有机酸、氨基酸、单宁等。这些物质的存在常会使提取液带有颜色，或呈现浑浊，影响测定终点的观察，也可能在测定过程中与被测成分或分析试剂发生化学反应，影响分析结果的准确性。胶态杂质的存在还会给过滤操作带来困难，因此必须把这些干扰物质除去。常用的方法是加入澄清剂沉淀这些干扰物质。

常用澄清剂有中性醋酸铅［$Pb(CH_3COO)_2 \cdot 3H_2O$］、乙酸锌-亚铁氰化钾溶液、酒石酸铜-氢氧化钠溶液，活性炭等也可作为澄清剂。应根据样品的特性和采用的分析方法来选择澄清剂。如用直接滴定法测定还原糖时不能用酒石酸铜-氢氧化钠溶液澄清样品，以免样液中引入 Cu^{2+}；用高锰酸钾滴定法测定还原糖时，不能用乙酸锌-亚铁氰化钾溶液澄清样液，以免样液中引入 Fe^{2+}。

2. 还原糖的测定

还原糖是指具有还原性的糖类。葡萄糖分子中含有游离醛基，果糖分子中含有游离酮基，乳糖和麦芽糖分子中含有游离的半缩醛羟基，因而它们都具有还原性，都是还原糖。其他非还原性糖类，如双糖、三糖、多糖等（常见的蔗糖、糊精、淀粉等都属此类），它本身不具有还原性，但可以通过水解而生成具有还原性的单糖，再进行测定，然后换算成样品中相应糖类的含量。所以糖类的测定是以还原糖的测定为基础的。

还原糖的测定方法很多，其中最常用的有直接滴定法、高锰酸钾滴定法、蓝-爱农法等，现分别介绍如下。

（1）直接滴定法　此法为国家标准（GB/T 5009.7—2003）食品中还原糖测定的第一法。

① 原理　一定量的碱性酒石酸铜甲液、乙液等体积混合后，生成天蓝色的氢氧化铜沉

淀，这种沉淀很快与酒石酸钾钠反应，生成深蓝色的酒石酸钾钠铜的配合物。在加热条件下，以次甲基蓝作为指示剂，用样液直接滴定经标定的碱性酒石酸钾钠铜溶液，还原糖将二价铜还原为氧化亚铜。待二价铜全部被还原后，稍过量的还原糖将次甲基蓝还原，溶液由蓝色变为无色，即为终点。根据最终所消耗的样液的体积，即可计算出还原糖的含量。有关反应方程式如下：

$$CuSO_4 + 2NaOH \Longrightarrow Cu(OH)_2 \downarrow + Na_2SO_4$$

$$\begin{array}{c}KO\\HO\end{array}\!\begin{array}{c}OH\\OH\\ONa\end{array} + Cu(OH)_2 \longrightarrow \begin{array}{c}KO\\\\\\ONa\end{array}\!\!\!\!\!\!\!\!\!\!\!\!\!\!\!Cu + 2H_2O$$

$$\begin{array}{c}CHO\\(CHOH)_4\\CH_2OH\end{array} + 2\begin{array}{c}KO\\\\ONa\end{array}\!\!\!\!\!\!\!\!Cu + 2H_2O \longrightarrow 2\begin{array}{c}KO\\HO\end{array}\!\!\!\!\!\!\!\!\!\!\!\!\!\begin{array}{c}OH\\OH\\ONa\end{array} + \begin{array}{c}COOH\\(CHOH)_4\\CH_2OH\end{array} + Cu_2O$$

由上述反应看，1mol 葡萄糖可以将 2mol 的 Cu^{2+} 还原为 Cu^+。而实际上，还原糖在碱性溶液中与硫酸铜的反应并不完全符合以上关系。在碱性及加热条件下还原糖将形成某些差向异构体的平衡体系，并且在此反应条件下将产生降解，形成多种活性降解产物，其反应过程极为复杂，并非反应方程式中所反映的那么简单。实验结果表明，1mol 的葡萄糖只能还原 1mol 多点的 Cu^{2+}，且随反应条件的变化而变化。因此，不能根据上述反应直接计算出还原糖含量，而是要用已知浓度的葡萄糖标准溶液标定的方法，或利用通过实验编制出来的还原糖检索表来计算。

② 特点　此法是目前最常用的测定还原糖的方法，该法又称费林试剂容量法、快速法，它是在蓝-爱农容量法的基础上发展起来的，具有试剂用量少，操作简单、快速，滴定终点明显等特点。

③ 适用范围　此法适用于各类食品中还原糖的测定。但对于深色样品（如酱油、深色果汁等），因色素干扰使终点难以判断，从而影响其准确性。

（2）高锰酸钾滴定法　此法为国家标准（GB/T 5009.7—2003）食品中还原糖测定的第二法，此法又称贝尔德法。

① 原理　将还原糖与一定量过量的碱性酒石酸铜溶液反应，还原糖使二价铜还原成氧化亚铜。过滤得到氧化亚铜，加入过量的酸性硫酸铁溶液将其氧化溶解，而三价铁被定量地还原成亚铁盐，再用高锰酸钾溶液滴定所生成的亚铁盐，反应方程式如下：

$$Cu_2O + Fe_2(SO_4)_3 + H_2SO_4 \Longrightarrow 2CuSO_4 + 2FeSO_4 + H_2O$$
$$10FeSO_4 + 2KMnO_4 + 8H_2SO_4 \Longrightarrow 5Fe_2(SO_4)_3 + K_2SO_4 + 2MnSO_4 + 8H_2O$$

由以上反应可见，5mol Cu_2O 相当于 2mol 的 $KMnO_4$，故根据高锰酸钾标准溶液的消耗量可计算出氧化亚铜的量，从还原糖质量换算表中查出与氧化亚铜量相当的还原糖的量，即可计算出样品中还原糖的含量。

② 特点　此法的主要特点是准确度高、重现性好，这两方面都优于直接滴定法。缺点是操作步骤不多，但操作复杂、费时，需查特制的还原糖质量换算表。

③ 适用范围　此法适用于各类食品中还原糖的测定，对于深色样液也同样适用。

④ 说明　操作过程必须严格按规定执行，加入碱性酒石酸铜甲液、乙液后，务必控制在 4min 内加热至沸，沸腾时间 2min 也要准确，否则会引起较大的误差。该法所用的碱性酒石酸铜溶液是过量的，即保证把所有的还原糖全部氧化后，还有过剩的 Cu^{2+} 存在。所以，经煮沸后的反应液应显蓝色。如不显蓝色，说明样液含糖浓度过高，应调整样液浓度，或减少样液取用体积，重新操作，而不能增加碱性酒石酸铜甲液、乙液的用量。样品中的还原糖既有单糖，也有麦芽糖或乳糖等双糖时，还原糖的测定结果会偏低，这主要是因为双糖的分子中仅含有一个还原基所致。在抽滤和洗涤时，要防止氧化亚铜沉淀暴露在空气中，应使沉淀始终在液面下，避免其氧化。

3. 蔗糖的测定

在食品生产中，为判断原料的成熟度，鉴别白糖、蜂蜜等食品原料的品质，以及控制糖果、果脯、加糖乳制品等产品的质量指标，常需要测定蔗糖的含量。

蔗糖是非还原性双糖，不能用测定还原糖的方法直接进行测定。但蔗糖经酸水解后可生成具有还原性的葡萄糖和果糖，故也可按测定还原糖的方法进行测定。对于纯度较高的蔗糖溶液，可用相对密度、折射率、旋光率等物理检验法进行测定。

在此仅介绍国家标准（GB/T 5009.8—2003）中的还原糖法。

（1）原理　样品除去蛋白质等杂质后，用稀盐酸水解，使蔗糖转化为还原糖。然后按还原糖测定的方法，分别测定水解前后样液中还原糖的含量，两者的差值即为由蔗糖水解产生的还原糖的量，再乘以换算系数 0.95 即为蔗糖的含量。

蔗糖的水解反应方程式：

$$C_{12}H_{22}O_{11} + H_2O \longrightarrow C_6H_{12}O_6 + C_6H_{12}O_6$$

蔗糖的相对分子质量为 342，水解后生成 2 分子单糖，其相对分子质量之和为 360。

$$\frac{342}{360} = 0.95$$

即 1g 转化糖相当于 0.95g 蔗糖量。

（2）说明　① 蔗糖在本法规定的水解条件下，可以完全水解，而其他双糖和淀粉等的水解作用很小，可忽略不计。所以必须严格控制水解条件，以确保结果的准确性与重现性。此外果糖在酸性溶液中易分解，故水解结束后应立即取出并迅速冷却、中和。② 用还原糖法测定蔗糖时，为减少误差，测得的还原糖应以转化糖表示，故用直接法滴定时，碱性酒石酸铜溶液的标定需采用蔗糖标准溶液按测定条件水解后进行标定。③ 若选用高锰酸钾滴定时，查附表时应查转化糖项。

4. 总糖的测定

许多食品中含有多种糖类，包括具有还原性的葡萄糖、果糖、麦芽糖、乳糖等，以及非还原性的蔗糖、棉子糖等。这些糖有的来自原料，有的是因生产需要而加入的，有的是在生产过程中形成的（如蔗糖水解为葡萄糖和果糖）。许多食品中通常只需测定其总量，即所谓的"总糖"。食品中的总糖通常是指食品中存在的具有还原性的或在测定条件下能水解为还原性单糖的碳水化合物总量，但不包括淀粉，因为在该测定条件下，淀粉的水解作用很微弱。应当注意这里所讲的总糖与营养学上所指的总糖是有区别的，营养学上的总糖是指被人体消化、吸收利用的糖类物质的总和，包括淀粉。

总糖是许多食品（如麦乳精、果蔬罐头、巧克力、软饮料等）的重要质量指标，是食品生产中的常规检验项目，总糖含量直接影响食品的质量及成本。所以，总糖的测定在食品分析中具有十分重要的意义。

总糖的测定通常采用以测定还原糖为基础的直接滴定法，也可用蒽酮比色法等。

（1）直接滴定法原理　样品经处理除去蛋白质等杂质后，加入稀盐酸，在加热条件下使蔗糖水解转化为还原糖，再以直接滴定法测定水解后样品中还原糖的总量。总糖测定的结果一般根据产品的质量指标要求，以转化糖或葡萄糖计。碱性酒石酸铜应用相应的糖标准溶液来进行标定。

（2）蒽酮比色法原理　单糖类遇浓硫酸时，脱水生成糠醛衍生物，后者可与蒽酮缩合成蓝绿色的化合物，当糖含量在20~200mg范围内时，其呈色强度与溶液中糖的含量成正比，故可比色定量。

（二）淀粉的测定

淀粉在植物性食品中分布很广，广泛存在于植物的根、茎、叶、种子及水果中。它是一种多糖，是供给人体热量的主要来源。在食品工业中的用途也非常广泛，常作为食品的原辅料。制造面包、糕点、饼干用的面粉，可通过掺和纯淀粉来调节面筋浓度和胀润度；在糖果生产中不仅使用大量由淀粉制造的糖浆，也使用原淀粉和变性淀粉；淀粉还可在冷饮中作为稳定剂，在肉类罐头中作为增稠剂，在其他食品中还可作为胶体生成剂、保湿剂、乳化剂、黏合剂等。淀粉含量是某些食品主要的质量指标，也是食品生产管理中的一个常检项目。

淀粉是由葡萄糖单位构成的聚合体，按聚合形式不同可形成两种不同的淀粉分子，即直链淀粉和支链淀粉。淀粉的主要性质有：①水溶性，直链淀粉不溶于冷水，可溶于热水，支链淀粉常压下不溶于水，只有在加热并加压时才能溶解于水；②醇溶性，不溶于浓度在30%以上的乙醇溶液；③水解性，在酸或酶的作用下可以水解，最终产物是葡萄糖；④旋光性，淀粉水溶液具有右旋性，旋光度为+201.5°~+205°。

淀粉测定的方法很多，国家标准分析方法GB/T 5009.9—2003 第一法为酶水解法，第二法为酸水解法。即将淀粉在酶或酸的作用下水解为葡萄糖后，再按测定还原糖的方法进行定量测定。也可以利用淀粉具有旋光性这一性质，用旋光法测定。

1．酶水解法

此法为国家标准（GB/T 5009.9—2003）食品中淀粉测定的第一法。

（1）原理　试样经除去脂肪及可溶性糖类后，用淀粉酶将淀粉水解成双糖，再用盐酸将双糖水解成单糖，然后按还原糖测定的方法进行测定，再乘上换算系数0.9即得淀粉含量。

（2）特点　因为淀粉酶有严格的选择性，淀粉酶只水解淀粉而不会水解其他多糖，水解后通过过滤可除去其他多糖。所以该法不受半纤维素、多缩戊糖、果胶质等多糖的干扰，适合于这类多糖含量高的样品，分析结果准确可靠，但操作复杂费时。

2．酸水解法

此法为国家标准（GB/T 5009.9—2003）食品中淀粉测定的第二法。

（1）原理　样品经过除去脂肪和可溶性糖类后，用酸水解淀粉为葡萄糖，按还原糖的测定方法来测定还原糖含量，再乘以换算系数0.9即得淀粉含量。

（2）特点　酸水解法不仅使淀粉水解，其他多糖如半纤维素和多缩戊糖等也会被水解为具有还原性的木糖、阿拉伯糖等，使得测定结果偏高。因此，对于淀粉含量较低而半纤维素、多缩戊糖和果胶含量较高的样品不适宜用该法。该法操作简单、应用广泛，但选择性和准确性不如酶法。

第二节 实 验 实 训

一、硫代硫酸钠标准溶液的配制和标定（参照 GB/T 601—20024.6；GB/T 5009.1—2003）

1. 原理

以 $K_2Cr_2O_7$ 作基准物，在酸性条件下与过量 KI 作用，析出相当化学计量的 I_2，然后用淀粉作指示剂，以 $Na_2S_2O_3$ 溶液滴定之。

2. 试剂

① 硫代硫酸钠。
② 碳酸钠。
③ 碘化钾。
④ 重铬酸钾。
⑤ 硫酸（1+8）：吸取 10mL 硫酸，慢慢放入 80mL 水中。
⑥ 淀粉指示液：称取 0.5g 可溶性淀粉，加入约 5mL 水，搅匀后缓缓倾入 10mL 沸水中，随加随搅拌，煮沸 2min，放冷，备用。指示液应临用时配制。

3. 分析步骤

(1) 硫代硫酸钠标准溶液的配制　称取 26g 硫代硫酸钠及 0.2g 碳酸钠，加入适量新煮沸过的冷水使之溶解，并稀释至 1000mL，混匀，放置一段时间后过滤备用。

(2) 硫代硫酸钠标准溶液的标定　准确称取约 0.15g 在 120℃ 干燥至恒量的基准重铬酸钾，置于 50mL 容量瓶中，加入 50mL 水使之溶解。加入 2g 碘化钾，轻轻振摇使之溶解。再加入 20mL 硫酸（1+8），密塞，摇匀，放置暗处 10min 后用 250mL 水稀释。用硫代硫酸钠标准溶液滴至溶液呈浅黄绿色，再加入 3mL 淀粉指示液，继续滴定至蓝色消失而显亮绿色。反应液及稀释用水的温度不应高于 20℃。

同时做试剂空白试验。

(3) 计算

$$c = \frac{m}{(V_1 - V_2) \times 0.04903}$$

式中　c——硫代硫酸钠标准溶液的浓度，mol/L；
　　　m——基准重铬酸钾的质量，g；
　　　V_1——硫代硫酸钠标准溶液的体积，mL；
　　　V_2——试剂空白试验中硫代硫酸钠标准溶液的体积，mL。
0.04903——与 1.00mL 硫代硫酸钠标准溶液 [$c(Na_2S_2O_3 \cdot 5H_2O) = 1.000$mol/L] 相当的重铬酸钾的质量（g），g/mmol。

二、食品中还原糖的含量测定——直接滴定法（参照 GB/T 5009.7—2003）

1. 原理

试样经除去蛋白质后，在加热条件下，以次甲基蓝作指示剂，滴定标定过的碱性酒石酸钾钠铜溶液。当达到终点时，稍微过量的还原糖将蓝色的次甲基蓝还原为无色，而显示出氧化亚铜的橘红色。加入亚铁氰化钾，可使橘红色的终点变为无色或淡黄色的终点而更易于判断。根据样品液消耗体积计算还原糖量。

2. 仪器

酸式滴定管，电炉。

3. 试剂

① 碱性酒石酸铜甲液（费林试剂 A 液）：称取 $CuSO_4 \cdot 5H_2O$ 15g 及亚甲基蓝 0.05g，加水溶解，定容至 1000mL，摇匀。

② 碱性酒石酸铜乙液（费林试剂 B 液）：称取 50g 酒石酸钾钠、75g 氢氧化钠、4g 亚铁氰化钾溶解后，定容至 1000mL，摇匀，贮存于橡胶塞玻璃瓶内。

③ 乙酸锌溶液：称取 21.9g 乙酸锌，加 3mL 冰醋酸，加水溶解并稀释至 100mL。

④ 亚铁氰化钾溶液：称取 10.6g 亚铁氰化钾，加水溶解并稀释至 100mL。

⑤ 0.1%标准葡萄糖溶液：取分析纯葡萄糖，在 100℃下烘干至恒重，准确称取 1.000g 无水葡萄糖，加水溶解后加入 5mL 盐酸，并以水稀释至 1000mL。此溶液每毫升相当于 1.0mg 葡萄糖。

4. 分析步骤

(1) 试样处理

① 乳类、乳制品及含蛋白质的冷食类（雪糕、冰淇淋、豆乳等）　称取 2.50～5.00g 固体样品（或吸取 25.00～50.00mL 液体样液），置于 250mL 容量瓶中，加 50mL 水，慢慢加入 5mL 蛋白质澄清剂乙酸锌及亚铁氰化钾溶液，加水至刻度，混匀，沉淀，静置 30min，用干燥滤纸过滤，弃去初滤液，滤液备用。

② 酒精性饮料　吸取 100.0mL 试样，置于蒸发皿中，用氢氧化钠（40g/L）溶液中和至中性，在水浴上蒸发至原体积的 1/4 后，移入 250mL 容量瓶中，加水至刻度。

③ 淀粉含量较高的食品　称取 10.00～20.00g 样品置于 250mL 容量瓶中，加 200mL 水，在 45℃水浴中加热 1h，并不断振摇。冷却后加水稀释至刻度，混匀，静置使其沉淀。吸取 200mL 上层清液于另一 250mL 容量瓶中，以下按①法除去蛋白质后，配制成待测样液。

④ 汽水等含有二氧化碳的饮料　吸取 100.00mL 试液置于蒸发皿中，在水浴上除去二氧化碳后，定量移入 250mL 容量瓶中，用水洗涤蒸发皿，洗液并于容量瓶中，再加水至刻度，混匀后备用。

(2) 费林试剂的标定　准确吸取费林试剂 A 液、B 液各 5.0mL 于锥形瓶中，加水 10mL，加入玻璃珠 2 粒，从滴定管滴加约 9mL 葡萄糖标准溶液，控制在 2min 内加热至沸腾，沸腾后立即以每 2s 1 滴的速度继续滴加标准葡萄糖溶液，直至溶液蓝色刚好褪去为终点，记录消耗葡萄糖标准溶液的总体积。平行操作 3 份，取其平均值，计算每 10mL 费林试剂相当于葡萄糖的质量（mg）。

$$A = Vc$$

式中　A——10mL 费林试剂相当于葡萄糖的质量，mg；
　　　V——标定的消耗葡萄糖标准溶液的总体积，mL；
　　　c——葡萄糖标准溶液的浓度，mg/mL。

(3) 试样溶液的预测定　吸取费林试剂 A 液、B 液各 5.0mL 于锥形瓶中，加水 10mL，加入玻璃珠 2 粒，控制在 2min 内加热至沸腾，趁沸以先快后慢的速度从滴定管中滴加试样溶液，并保持沸腾状态，待溶液颜色变浅时，以每 2s 1 滴的速度滴定，直至蓝色刚好褪去为终点，记下样液消耗的体积。

（4）试样溶液的测定　吸取费林试剂 A 液、B 液各 5mL 于锥形瓶中，加水 10mL，加入玻璃珠 2 粒，从滴定管滴加比预测体积少 1mL 的试样溶液至锥形瓶中，使其在 2min 内加热至沸腾，沸腾后以每 2s 1 滴的速度滴定，直至蓝色刚好褪去为终点，记录样液消耗的体积。同法平行操作 3 份，得出平均消耗体积。

（5）记录

步骤	预备滴定/mL	正式滴定/mL		
		预加	续滴	正式滴定消耗的体积
费林试剂的标定				V_1
样液的测定				V_2

（6）计算

$$X = \frac{A}{m \times \frac{V}{250} \times 1000} \times 100$$

式中　X——试样中还原糖的含量（以还原糖计），g/100g；
　　　A——10mL 费林试剂相当于葡萄糖的质量，mg；
　　　m——试样质量，g；
　　　V——测定时平均消耗试样溶液的体积，mL；
　　　250——试样液的总体积，mL。

计算结果精确到小数点后一位。

5. 注意事项

① 碱性酒石酸铜甲液、乙液应分别配制贮存，用时才混合。

② 碱性酒石酸铜的氧化能力较强，可将醛糖和酮糖都氧化，所以测得的是总还原糖量。

③ 本法对糖进行定量的基础是碱性酒石酸铜溶液中 Cu^{2+} 的量，所以，样品处理时不能采用硫酸铜-氢氧化钠作为澄清剂，以免样液中误入 Cu^{2+}，得出错误的结果。

④ 在碱性酒石酸铜乙液中加入亚铁氰化钾，是为了使所生成的 Cu_2O 红色沉淀与之形成可溶性的无色配合物，使终点便于观察。

$$Cu_2O\downarrow + K_4Fe(CN)_6 + H_2O \Longrightarrow K_2Cu_2Fe(CN)_6 + 2KOH$$

⑤ 次甲基蓝也是一种氧化剂，但在测定条件下其氧化能力比 Cu^{2+} 弱，故还原糖先与 Cu^{2+} 反应，待 Cu^{2+} 完全反应后，稍过量的还原糖才会与次甲基蓝发生反应，使溶液蓝色消失，指示到达终点。

⑥ 整个滴定过程必须在沸腾条件下进行，其目的是加快反应速率和防止空气进入，避免氧化亚铜和还原型的次甲基蓝被空气氧化从而增加耗糖量。

⑦ 测定中还原糖液的浓度、滴定速度、热源强度及煮沸时间等都对测定精密度有很大的影响。还原糖液浓度要求在 0.1% 左右，与标准葡萄糖溶液的浓度相近；继续滴定至终点的体积应控制在 0.5～1mL 以内，以保证在 1min 内完成续滴定的工作；热源一般采用 800W 电炉，热源强度和煮沸时间应严格按照操作中的规定执行，否则，加热及煮沸时间不同，水蒸气蒸发量不同，反应液的碱度也不同，从而会影响反应速率、反应程度及最终测定的结果。

⑧ 预测定与正式测定的操作条件应一致。平行实验中消耗样液量之差应不超过 0.1mL。

三、水果、蔬菜中维生素 C 含量的测定——2,6-二氯靛酚滴定法（参照 GB/T 6195—86）

1. 原理

染料 2,6-二氯靛酚的颜色反应表现了两种特性：一是取决于其氧化还原状态，氧化态为深蓝色，还原态变为无色；二是受其介质的酸度影响，在碱性溶液中呈深蓝色，在酸性介质中呈浅红色。

维生素 C 是一种已糖醛基酸，有抗坏血病的作用，所以被人们称做抗坏血酸，主要有还原型及氧化型两种。

用蓝色的碱性染料标准溶液对含维生素 C 的酸性浸出液进行氧化还原滴定，染料被还原为无色，当到达滴定终点时，多余的染料在酸性介质中则表现为浅红色，可由染料用量计算样品中还原型抗坏血酸的含量。

2. 试剂

① 2‰（20g/L）的偏磷酸溶液。

② 2‰（20g/L）的草酸溶液。

③ 抗坏血酸标准溶液（1mg/mL）：准确称取 100mg（准确至 0.1mg）抗坏血酸溶于 2‰草酸中，并稀释至 100mL。现配现用。

④ 2,6-二氯靛酚溶液：称取碳酸氢钠 52mg 溶解在 200mL 热蒸馏水中，然后称取 2,6-二氯靛酚 50mg 溶解在上述碳酸氢钠溶液中，冷却定容至 250mL，过滤至棕色瓶中，贮存于冰箱内。每周标定一次。

⑤ 0.001mol/L KIO_3 标液：吸取 0.1mol/L KIO_3 溶液 5.0mL，放入 500mL 容量瓶内，加水至刻度，摇匀。每毫升溶液相当于抗坏血酸 0.008mg。

⑥ 0.5‰淀粉溶液。

⑦ 6‰KI 溶液。

3. 分析步骤

(1) 2,6-二氯靛酚溶液的标定 吸取 1mL 已知浓度的抗坏血酸标准溶液于 50mL 锥形瓶中，加 10mL 2‰草酸，摇匀，用染料 2,6-二氯靛酚滴定至溶液呈粉红色，在 15s 不褪色为终点。同时另取 10mL 2‰草酸做空白试验。计算滴定度 T：

$$T(\text{mg/mL}) = \frac{cV}{V_1 - V_2}$$

式中 T——滴定度，即每毫升 2,6-二氯靛酚溶液相当于抗坏血酸的质量，mg/mL；

c——抗坏血酸的浓度，mg/mL；

V——吸取抗坏血酸标准溶液的体积，mL；

V_1——滴定抗坏血酸溶液所用 2,6-二氯靛酚溶液的体积，mL；

V_2——滴定空白所用 2,6-二氯靛酚溶液的体积，mL。

(2) 样液制备 称取具有代表性样品的可食部分 100g，放入组织捣碎机中，加 100mL 2‰草酸，迅速捣成匀浆。称 10～40g 浆状样品，用 2‰草酸将样品移入 100mL 容量瓶中，并稀释至刻度，摇匀过滤。若滤液有色，可按每克样品加 0.4g 白陶土脱色后再过滤。

(3) 滴定 吸取 10mL 滤液放入 50mL 锥形瓶中，用已标定过的 2,6-二氯靛酚溶液滴定，直至溶液呈粉红色 15s 不褪色为止。同时做空白试验。

(4) 计算

$$维生素 C 含量(mg/100g) = \frac{(V-V_0)TA}{W} \times 100$$

式中　V——滴定样液时消耗染料溶液的体积，mL；

　　　V_0——滴定空白时消耗染料溶液的体积，mL；

　　　T——2,6-二氯靛酚染料的滴定度，mg/mL；

　　　A——稀释倍数；

　　　W——样品质量，g。

平行测定结果用算术平均值表示，取 3 位有效数字，含量低的保留小数点后两位数字。

平行测定结果的相对误差，在维生素 C 含量大于 20mg/100g 时不得超过 2%，小于 20mg/100g 时不得超过 5%。

4. 说明

① 靛酚法测定的是还原型抗坏血酸，方法简便，较灵敏，但特异性差，样品中的其他还原性物质（如 Fe^{2+}、Sn^{2+}、Cu^{2+} 等）会干扰测定，使测定结果偏高。

② 所有试剂的配制最好都用重蒸馏水。

③ 样品进入实验室后，应浸泡在已知量的 2% 草酸液中，以防氧化，损失维生素 C；贮存过久的罐头食品，可能含有大量的低价铁离子（Fe^{2+}），要用 8% 的醋酸代替 2% 草酸。这时如用草酸，低价铁离子可以还原 2,6-二氯靛酚，使测定数字增高，使用醋酸可以避免这种情况的发生。

④ 整个操作过程中要迅速，避免还原型抗坏血酸被氧化。

⑤ 在处理各种样品时，如遇有泡沫产生，可加入数滴辛醇消除。

⑥ 测定样液时，需做空白对照，样液滴定体积扣除空白体积。

复 习 题

1. 氧化还原滴定法共分几类？这些方法的基本反应是什么？
2. 氧化还原滴定法的主要依据是什么？它与酸碱滴定法、配位滴定法有何相似点和不同点？
3. 用氧化还原滴定法可以测定哪些物质？
4. 影响氧化还原反应速率的主要因素有哪些？
5. 判断一个氧化还原反应能否进行完全的依据是什么？
6. 应用氧化还原滴定法应具备哪些主要条件？
7. 碘量法的主要误差来源有哪些？为什么碘量法不适宜在高酸度或高碱度介质中进行？
8. 说明还原糖测定的原理。为什么说还原糖的测定是糖类定量的基础？
9. 直接滴定法测定食品中的还原糖是如何进行定量的？
10. 用直接滴定法测定还原糖，为什么样液要进行预测定？怎样提高测定结果的准确度？
11. 高锰酸钾法测定还原糖与直接滴定法有什么异同点？
12. 测定食品中蔗糖为什么要进行水解？如何进行水解？
13. 用还原糖法测定蔗糖时，为什么要用蔗糖水解液来标定费林试剂？

14. 什么是食品中的总糖？分别叙述各种测定方法的原理及注意事项。

15. 如何正确配制和标定碱性酒石酸铜溶液及高锰酸钾标准溶液？

16. 今有 25.00mL KI 溶液，用 10.00mL 0.050mol/L 的 KIO_3 溶液处理后，煮沸溶液以除去 I_2。冷却后加入过量 KI 溶液使之与剩余的 KIO_3 反应，然后将溶液调至中性。析出的 I_2 用 0.1008mol/L $Na_2S_2O_3$ 标准溶液滴定，用去 21.14mL。计算 KI 溶液的浓度？

17. 测定样品中丙酮的含量时，称取试样 0.1000g 于盛有 NaOH 溶液的碘量瓶中，振荡，准确加 50.00mL 0.05000mol/L I_2 标准溶液，盖好。待反应完成后，加 H_2SO_4 调节溶液成微酸性，立即用 0.1000mol/L $Na_2S_2O_3$ 标准溶液滴定，消耗 10.00mL $Na_2S_2O_3$。计算试样中丙酮的质量分数？（$CH_3COCH_3 + 3I_2 + 4NaOH \longrightarrow CH_3COONa + 3NaI + 3H_2O + CHI_3$）

模块九 食品化学分析检验技术
——沉淀滴定法

> **学习目标**
> 1. 重点掌握莫尔法和佛尔哈德法在食品中氯化钠含量测定上的应用。
> 2. 掌握莫尔法和佛尔哈德法的测定原理。
> 3. 了解沉淀滴定法的滴定曲线。

第一节 知识讲解

一、沉淀滴定法的基本原理

沉淀滴定法是利用沉淀反应来进行滴定分析的一种方法。如用标准 $AgNO_3$ 溶液来滴定样品中 Cl^-,滴定过程中发生了 AgCl 沉淀的反应:

$$Ag^+ + Cl^- =\!=\!= AgCl \downarrow$$

从而求得试样中 Cl^- 的含量。

根据滴定分析法对化学反应的要求,用于沉淀滴定的反应必须同时具备以下条件:①沉淀的组成要固定,即被测离子与沉淀剂之间要有准确的化学计量关系;②沉淀的溶解度要小,即反应必须是完全的、定量的;③沉淀反应的速率要快,不易形成过饱和溶液;④要有适当的方式指示滴定终点;⑤沉淀的吸附现象不会引起显著误差。

要同时满足以上条件的沉淀反应并不多,常局限于银离子与卤素、硫氰酸盐等阴离子的沉淀反应:

$$Ag^+ + Cl^- =\!=\!= AgCl \downarrow \qquad K_{sp(AgCl)} = 1.77 \times 10^{-10}$$
$$Ag^+ + Br^- =\!=\!= AgBr \downarrow \qquad K_{sp(AgBr)} = 4.95 \times 10^{-13}$$
$$Ag^+ + I^- =\!=\!= AgI \downarrow \qquad K_{sp(AgI)} = 8.3 \times 10^{-17}$$
$$Ag^+ + CNS^- =\!=\!= AgCNS \downarrow \qquad K_{sp(AgCNS)} = 1.07 \times 10^{-12}$$

利用这些反应可以测定 Cl^-、Br^-、I^-、CNS^- 和 Ag^+。以这类银盐沉淀反应为基础的沉淀滴定法,称为银量法,该方法可用于测定食品、海水、矿盐以及生理盐水、电解液、电镀液、自来水中的 Cl^-、Br^-、I^-、CNS^- 和 Ag^+,对于含氯有机物的测定也具有重要的实际意义。

除银量法外,还有利用其他沉淀反应的方法,如 $K_4[Fe(CN)_6]$ 与 Zn^{2+}、Ba^{2+} 与 SO_4^{2-}、四苯硼化钠 $[NaB(C_6H_6)_4]$ 与 K^+ 等形成的沉淀反应,也可用于沉淀滴定法,但不如银量法应用普遍。本模块的讨论将限于银盐的沉淀滴定。

(一)滴定曲线

沉淀滴定的滴定曲线是以滴定过程中溶液中金属离子浓度的负对数值(以 pM 表示)或

溶液中阴离子浓度的负对数值（以 pX 表示）的变化来表示。对滴定曲线的研究将有助于了解指示剂的选择、滴定的精确度和对混合物的滴定情况。沉淀滴定的滴定曲线和酸碱滴定、配位滴定、氧化还原滴定的滴定曲线完全类同。下面以银离子滴定卤离子的情况来说明，以加入的 $AgNO_3$ 溶液体积为横坐标，以 pX 值（卤素离子浓度的负对数值）为纵坐标作图而得滴定曲线，如图 9-1 所示。

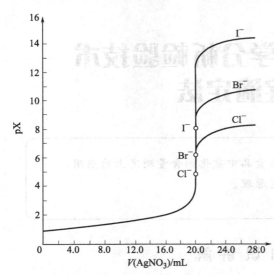

图 9-1 用 0.1000mol/L 的 $AgNO_3$ 溶液滴定 20.00mL 0.1000mol/L 的 Cl^-、Br^-、I^- 溶液的滴定曲线

从图 9-1 滴定曲线可以看出，在化学计量点附近，pX 都有一个突跃，而且突跃范围还与沉淀的溶解度有关。通过比较表明其卤化物的 K_{sp} 越小，滴定突跃范围越大。AgCl、AgBr、AgI 的 K_{sp} 值分别为 $1.77×10^{-10}$、$4.95×10^{-13}$、$8.3×10^{-17}$。每种阴离子有相同的浓度，这样一直到化学计量点前，每种离子均保持着相同的浓度。在化学计量点时，K_{sp} 越小，则 $[X^-]$ 越小，对于饱和的盐溶液的 pX 值越大。过化学计量点后，同样，K_{sp} 越小，则 $[X^-]$ 越小，pX 值的跃迁就越大。因此，总的效应是化合物越难溶解，在化学计量点附近 pX 的滴定突跃就越大。与酸碱滴定一样，溶液浓度也影响着突跃范围，标准溶液及滴定溶液的浓度愈大，突跃范围亦愈大。

（二）终点检测——指示剂法

在银量法中通常使用两种类型的指示剂：一类是稍过量的滴定剂与指示剂会形成带色的化合物而显示滴定终点；另一类是吸附指示剂，它在化学计量点时，由于此时沉淀吸附性质的改变，使指示剂突然被吸附在沉淀上，从而发生颜色的改变，以指示滴定终点。本书仅讨论第一种类型。

1. 莫尔（Mohr）法——铬酸钾作指示剂

正如酸碱体系可以用作酸碱滴定指示剂一样，生成另一种沉淀也能用来指示沉淀滴定的完成。这种情况最熟悉的例子就是用银离子滴定氯离子，以铬酸根离子作指示剂的莫尔法。把持久不褪的砖红色铬酸银沉淀的最初出现作为滴定终点。

（1）方法原理 在含有 Cl^- 的中性或弱碱性溶液中，以 K_2CrO_4 作指示剂，用 $AgNO_3$ 溶液直接滴定 Cl^-。反应式分别为：

$$Ag^+ + Cl^- \rightleftharpoons AgCl \downarrow （白色） \qquad K_{sp(AgCl)} = 1.77×10^{-10}$$

$$2Ag^+ + CrO_4^{2-} \rightleftharpoons Ag_2CrO_4 \downarrow （砖红色） \qquad K_{sp(AgCl)} = 1.12×10^{-12}$$

莫尔法测定 Cl^- 是根据分步沉淀原理。因为 AgCl 沉淀的溶解度（$1.33×10^{-5}$ mol/L）小于 Ag_2CrO_4 沉淀的溶解度（$1.33×10^{-5}$ mol/L），即 AgCl 开始沉淀时所需的 $[Ag^+]$ 要比 Ag_2CrO_4 开始沉淀时所需的 $[Ag^+]$ 要小。所以，当滴定加入了 $AgNO_3$ 溶液时，首先析出 AgCl 沉淀，当溶液中 Cl^- 与 Ag^+ 完全沉淀后，稍微过量的 Ag^+ 就与 CrO_4^{2-} 生成 Ag_2CrO_4 沉淀。因此，只要 K_2CrO_4 的浓度合适，就可以在化学计量点附近出现砖红色沉淀，以指示滴定终点。

(2) 滴定条件 莫尔法的滴定条件主要是控制溶液中 K_2CrO_4 的浓度和溶液的酸度。

① K_2CrO_4 溶液的浓度 K_2CrO_4 溶液浓度的大小，会影响 Ag_2CrO_4 砖红色沉淀出现的时间，从而影响滴定终点的判断。实验证明，滴定终点时，溶液中 K_2CrO_4 浓度约为 5.0×10^{-3} mol/L 较为适宜。

② 溶液的酸度 反应必须在中性或弱碱性介质（pH6.5～10.5）中进行。在酸性或碱性溶液中进行滴定，会使结果偏高。因为 Ag_2CrO_4 沉淀会溶解于酸中；在高的 OH^- 浓度下，滴定剂 $AgNO_3$ 会被分解生成 Ag_2O 沉淀；若在氨性溶液中，滴定剂 $AgNO_3$ 会与氨形成配合物。这时，无法观察到终点，从而造成很大误差。如果溶液是酸性，应先用硼砂或碳酸氢钠中和；如果试液呈强碱性，应先用硝酸中和，然后再进行滴定。

③ 滴定时要充分振荡 因为 AgCl 沉淀有吸附性质，吸附溶液中的 Cl^-，使 Ag_2CrO_4 砖红色沉淀过早地出现，为了避免这种误差，滴定时必须充分振荡，使被 AgCl 沉淀吸附的 Cl^- 释放出来，与 Ag^+ 反应完全，才能得到准确的结果。

(3) 应用范围

① 主要用于测定样品中的氯化物或溴化物。当 Cl^- 与 Br^- 共存时，则测得的是它们的总量。由于 AgI 沉淀及 AgCNS 沉淀具有强烈的吸附作用，会使终点过早地出现或终点变色不明显，造成的误差较大，故此法不宜测定 I^- 及 CNS^-。

② 凡能与 Ag^+ 生成沉淀的阴离子（如 PO_4^{3-}、AsO_4^{3-}、S^{2-}、CO_3^{2-}、$C_2O_4^{2-}$、F^-、IO_3^- 等）、凡能与 CrO_4^{2-} 生成沉淀的阳离子（如 Ba^{2+}、Pb^{2+}、Hg^{2+} 等），以及能与 Ag^+ 形成配合物的物质（如 EDTA、KCN、NH_3、$S_2O_3^{2-}$ 等），都会对测定产生干扰。在中性或弱碱性溶液中能发生水解的金属离子也不能存在。

③ 此法适合于用 $AgNO_3$ 滴定 Cl^-，而不适合用 NaCl 滴定 Ag^+。因为滴定前，溶液加入指示剂 K_2CrO_4 时，就会先生成 Ag_2CrO_4 砖红色沉淀，滴定过程中要使它转化为 AgCl 白色沉淀的速率很慢，所以如果要用此法测定 Ag^+，可先加入过量的 NaCl 标准溶液，然后返滴定过量的 Cl^-，但误差较大。可采用下面介绍的佛尔哈德（Volhard）法。

2. 佛尔哈德（Volhard）法——铁铵矾作指示剂

(1) 方法原理 以铁铵矾 $[FeNH_4(SO_4)_2 \cdot 12H_2O]$ 作指示剂，在硝酸溶液中沉淀出 AgCNS，稍过量的 CNS^- 与 Fe^{3+} 反应显色指示滴定终点，称为佛尔哈德法。此法可用于直接滴定 Ag^+ 或返滴定卤离子和 CNS^-。

① 直接滴定法用于测定 Ag^+ 在含有 Ag^+ 的硝酸溶液样品中，以铁铵矾作指示剂，用 NH_4CNS 或 KCNS 溶液作标准溶液进行滴定，Ag^+ 和 CNS^- 定量反应产生 AgCNS 沉淀。当达到化学计量点时，稍过量的 CNS^- 与指示剂中的 Fe^{3+} 反应生成红色的 $Fe(CNS)^{2+}$ 配合物指示终点到达。反应式如下：

$Ag^+ + CNS^- =\!\!=\!\!= AgCNS\downarrow$（白色） $K_{sp(AgCNS)} = 1.07\times10^{-12}$

$Fe^{3+} + CNS^- =\!\!=\!\!= Fe(CNS)^{2+}$（红色） $K_稳 = 200$

② 返滴定法用于测定 Cl^-、Br^-、I^- 和 CNS^- 如果要测定样品中卤离子或 CNS^- 等，则必须先加入过量的 $AgNO_3$ 标准溶液，然后再加铁铵矾作指示剂，再用 NH_4CNS 或 KCNS 标准溶液返滴定过量的 Ag^+。反应式如下：

$Cl^- + Ag^+$（过量）$=\!\!=\!\!= AgCl\downarrow$（白色）$+ Ag^+$（剩余量）

Ag^+（剩余量）$+ CNS^- =\!\!=\!\!= AgCNS\downarrow$（白色）

$$Fe^{3+} + CNS^- = Fe(CNS)^{2+}（红色）$$

(2) 滴定条件

① 铁铵矾指示剂的浓度　实验证明，Fe^{3+} 浓度通常保持在 0.015mol/L 为适宜。

② 溶液的酸度　滴定反应要在 HNO_3 介质中进行，且酸度一般要大于 0.3mol/L。酸度太低，指示剂中的 Fe^{3+} 会水解；碱性介质中，标准溶液的 Ag^+ 会形成 Ag_2O 沉淀；在 NH_3 溶液中会生成 $[Ag(NH_3)]^{2+}$。

③ 用 NH_4CNS 溶液直接滴定 Ag^+ 时要充分振荡，避免 AgCNS 沉淀对 Ag^+ 的吸附。当用返滴定法测定 Cl^- 时，溶液中有 AgCl 和 AgCNS 两种沉淀。化学计量点后稍过量的 CNS^- 会与 Fe^{3+} 形成红色的 $Fe(CNS)^{2+}$，也会使 AgCl 转化为 AgCNS 沉淀，因为 AgCl 的溶解度（$1.33×10^{-5}$ mol/L）比 AgCNS 溶解度（$1.0×10^{-6}$ mol/L）大。此时剧烈的摇荡会促使沉淀转化，而使终点红色消失。为避免这种误差，通常采用两种方法：可在加入过量 $AgNO_3$ 后，将溶液煮沸使 AgCl 沉淀凝聚，以减少 AgCl 沉淀对 Ag^+ 的吸附，然后过滤除去 AgCl 沉淀，再用 NH_4CNS 标准溶液滴定滤液中剩余的 Ag^+；也可以加入有机溶剂如硝基苯，用力摇荡使 AgCl 沉淀进入有机层，避免了 AgCl 与 CNS^- 的接触，从而消除了沉淀转化的影响。后者方法较简便，但硝基苯毒性大。近年来，有人用邻苯二甲酸二甲酯或邻苯二甲酸二乙酯代替硝基苯，也可获得同样的效果。

(3) 应用范围　由于佛尔哈德法是在 HNO_3 介质中进行，可以避免许多阴离子的干扰，因此选择性优于莫尔法，可用于测定 Cl^-、Br^-、I^-、CNS^- 和 Ag^+ 等。但强氧化剂、氮的氧化物、铜盐、汞盐等能与 CNS^- 作用，对测定有干扰，需预先除去。当用返滴定法测定 Br^- 和 I^- 时，由于 AgBr 和 AgI 的溶解度均小于 AgCNS 的溶解度，故不会发生沉淀的转化反应，不必采取上述措施。但在测定 I^- 时，应先加入过量的 $AgNO_3$ 溶液，然后才加指示剂，否则 Fe^{3+} 将与 I^- 反应析出 I_2，影响测定结果的准确度。

(三) 标准溶液的配制

银量法中常用的标准溶液是 $AgNO_3$ 和 NH_4CNS（或 KCNS）溶液。

1. $AgNO_3$ 溶液的配制和标定

(1) 直接法　分析纯（AR）的 $AgNO_3$ 符合基准物的要求，可用直接法配制。将分析纯（AR）$AgNO_3$ 结晶置于烘箱内，在 110℃烘 1~2h，以除去吸湿水，然后准确称取，配成所需浓度的标准溶液。由于 $AgNO_3$ 见光易分解，因此，$AgNO_3$ 固体或已配好的标准溶液都应保存在密封的棕色玻璃瓶中，置于暗处。$AgNO_3$ 有腐蚀性，切勿与皮肤接触。

操作步骤　准确称取已干燥至恒重的分析纯硝酸银约 8.5g，溶于少量蒸馏水中，然后将它定量地转移入 500mL 容量瓶中，用蒸馏水小心稀释至标线，摇匀后倒入洁净干燥的棕色瓶中密闭保存。按下式计算 $AgNO_3$ 标准溶液的准确浓度：

$$c = m/(169.87 × 0.5000)$$

式中　c——硝酸银标准溶液的物质的量浓度，mol/L；

m——分析纯硝酸银的质量，g；

169.87——硝酸银的摩尔质量；

0.5000——硝酸银溶液的体积，L。

(2) 标定法　若所用硝酸银纯度不够，需用标定法配制。标定时可采用莫尔法或佛尔哈德法，但所用的方法最好和测定样品时的方法一致，以消除系统误差。

（3）操作步骤

① 配制　称取约 17.5g 硝酸银，溶于 1000mL 蒸馏水中，混匀，保存于密封棕色玻璃瓶中待标定。

② 标定　若用莫尔法则标定剂用分析纯 NaCl，由于 NaCl 易潮解，故放在洁净的坩埚中，用玻璃棒搅拌，于 400～500℃下灼烧至恒重，冷却后放在干燥器中备用。准确称取已恒重的分析纯 NaCl 约 0.2g，溶于 70mL 蒸馏水中，加入 5％铬酸钾指示剂 5 滴，在充分振荡下用待标定的硝酸银溶液滴至砖红色沉淀出现，即为终点。

③ 计算　按下式计算 $AgNO_3$ 标准溶液的准确浓度：

$$c = \frac{m}{V \times 0.05845}$$

式中　c——硝酸银标准溶液的浓度，mol/L；
　　　m——分析纯 NaCl 的质量，g；
　　　V——硝酸银溶液的体积，mL；
0.05845——NaCl 的毫摩尔质量，g/mmol。

因为 $AgNO_3$ 与有机物接触易被还原，故 $AgNO_3$ 标准溶液应装入酸式滴定管中使用。滴定用过的银盐废液和沉淀应收集起来，以便回收。

2. NH_4CNS 溶液的配制和标定

NH_4CNS 试剂往往含有杂质，且易潮解，只能先配制成近似所需浓度的溶液，然后进行标定。标定 NH_4CNS 溶液最简便的方法，是移取一定体积的 $AgNO_3$ 标准溶液，以铁铵矾作指示剂，用 NH_4CNS 溶液直接滴定。操作步骤如下。

① 配制　在台秤上称取固体 NH_4CNS 4.5g，加入少量蒸馏水溶解，用蒸馏水稀释至 590mL，保存于洁净的试剂瓶中待标定。

② 标定　用移液管移取 $AgNO_3$ 标准溶液 25mL，放于 250mL 三角瓶中，加入新煮沸冷却后的 6mol/L HNO_3 3mL 和铁铵矾指示剂 1mL，在强烈摇动下用配制好的 NH_4CNS 溶液滴定。当接近终点时，溶液显出红色，经用力摇动则又消失。继续滴定到溶液刚显出的红色虽经剧烈摇动仍不消失时即为终点。

③ 计算 NH_4CNS 溶液的准确浓度：

$$c_1 = c_2 V_2 / V_1$$

式中　c_1——NH_4CNS 标准溶液的浓度，mol/L；
　　　V_1——NH_4CNS 标准溶液的体积，mL；
　　　c_2——$AgNO_3$ 标准溶液的浓度，mol/L；
　　　V_2——$AgNO_3$ 标准溶液的体积，mL。

也可用 NaCl 作基准试剂，采用佛尔哈德返滴定法，同时标定 $AgNO_3$ 和 NH_4CNS 溶液。先准确称取 NaCl，溶于水之后，加入定量过量的 $AgNO_3$ 溶液，以铁铵矾作指示剂，用 NH_4CNS 溶液回滴过剩的 $AgNO_3$。若已知 $AgNO_3$ 和 NH_4CNS 两溶液的体积比，就可由基准物质 NaCl 的质量和 $AgNO_3$、NH_4CNS 的用量，计算两种溶液的准确浓度。

3. 铁铵矾指示剂的配制

称取铁铵矾 25g，将它研成粉状，溶于 50mL 2∶3 HNO_3 溶液中，并用蒸馏水稀释至 250mL。倒入棕色瓶中，密闭，放在暗处备用。

二、食品中氯化钠含量的测定

食盐是人体生理过程中必不可缺的物质，是食品加工中最常用的辅助材料。食品中食盐的含量都有一定的规定，因而常需要测定食品中氯化钠的含量。

1. 样品处理

（1）可溶于水的样品（如味精等食品辅料）　可直接加入蒸馏水，搅拌溶解，定容后待滴定。

（2）油状样品（如奶油等乳制品）　准确称取样品约1.0g，置于100mL分液漏斗中，用50℃温蒸馏水20～30mL洗涤5次，将洗液一并转入250mL容量瓶中，冷却至室温，用水稀释至刻度，摇匀。

（3）色泽过深使终点不易辨认的样品或不溶性固体样品（如盐渍品、罐头、腊制品、干酪素、乳糖）　准确称取混匀并粉碎的盐渍样品（如咸鱼、咸蛋等）约2.0g，置于坩埚中，在120℃烘箱中烘干，于电炉上炭化，将此坩埚趁热移入高温炉中，于500℃下灰化，取出，冷却，加水数滴，用玻璃棒搅拌，用蒸馏水移入250mL容量瓶中，并稀释至刻度，摇匀，得到澄清液。

（4）不溶性固体样品　磨细后也可以用浸提方法提取可溶性的NaCl后，再待滴定。

2. 测定方法

最常用的测定食品中氯化钠含量的方法有莫尔法、佛尔哈德法、浊度法、电位滴定法、极谱法和盐分测定仪法等。实验室主要采用莫尔法和佛尔哈德法，因为此滴定法快速、简便、准确，但对色泽较深的样品难以辨认滴定终点，样品需经灰化后才能测定，较容易造成盐分损失。电位滴定法较准确，但操作麻烦且需要仪器。

第二节　实验实训　酱油中食盐含量的测定——莫尔法

（参照 GB/T 5009.39—2003；GB/T 12457—1990）

1. 原理

以 K_2CrO_4 作指示剂，用 $AgNO_3$ 标准溶液直接滴定样品中 NaCl，滴定过程中先出现 AgCl 白色沉淀，当样品中 Cl^- 与 Ag^+ 定量沉淀完全后，稍微过量的 Ag^+ 就与指示剂 K_2CrO_4 生成 Ag_2CrO_4 砖红色沉淀，即为滴定终点。反应分别为：

$$Ag^+ + Cl^- \rightleftharpoons AgCl \downarrow (白色) \qquad K_{sp(AgCl)} = 1.77 \times 10^{-10}$$

$$2Ag^+ + CrO_4^{2-} \rightleftharpoons Ag_2CrO_4 \downarrow (砖红色) \qquad K_{sp(AgCl)} = 1.12 \times 10^{-12}$$

2. 试剂

0.1mol/L $AgNO_3$ 标准滴定溶液；5%（50g/L）K_2CrO_4 溶液。

3. 分析步骤

吸取5.0mL酱油试样于100mL容量瓶中，加水稀释至刻度。吸取2.0mL试样稀释液于150～200mL锥形瓶中，加100mL水及1mL铬酸钾溶液（50g/L）混匀。用0.100mol/L硝酸银标准溶液滴定至初显橘红色。

量取100mL蒸馏水，同时做试剂空白试验。

按下式计算酱油中氯化钠的含量：

$$X = \frac{(V_1 - V_0)c \times 0.0585}{5 \times \frac{2}{100}} \times 100$$

式中 X——试样中氯化钠的含量，g/100mL；

c——$AgNO_3$ 标准滴定溶液的浓度，mol/L；

V_1——测定试样稀释液时消耗 $AgNO_3$ 标准滴定溶液的体积，mL；

V_0——试剂空白消耗 $AgNO_3$ 标准滴定溶液的体积，mL；

0.0585——与 1.00mL 0.1mol/L 硝酸银标准溶液相当的 NaCl 的质量（g），g/mmol。

计算结果保留 3 位有效数字。

在重复条件下获得的两次独立测定结果的绝对差值不得超过算术平均值的 10%。

复 习 题

1. 在用莫尔法测定氯化物中氯的含量时，如果氯化物溶液的酸性或碱性较强，则分别会使测定结果偏高还是偏低？为什么？

2. 佛尔哈德法测定的原理是什么？有何优点？

3. 在下列情况下，分析结果是偏高、偏低或无影响？

（1）pH4 的条件下用莫尔法测 Cl^-。

（2）用佛尔哈德法测 Cl^- 含量，即没有将 AgCl 沉淀滤去或加热促进凝聚，又没有加有机溶剂。

（3）在（2）条件下测 I^-。

4. 称取分析纯 KCl 1.9221g，加水溶解后，在 250mL 容量瓶中定容，移取 20.00mL，用 $AgNO_3$ 溶液滴定，用去 18.30mL，求 $AgNO_3$ 溶液的物质的量浓度。

5. 称取不纯 KCl 样品（其中没有干扰莫尔法的离子存在）0.1864g，溶于大约 25mL 水中，用 0.1028mol/L $AgNO_3$ 溶液滴定，用去 21.30mL，求样品的纯度。

6. 称取分析纯 $AgNO_3$ 4.326g，加水溶解后，在 250mL 容量瓶中定容，移取 20.00mL，用 NH_4CNS 溶液滴定，用去 18.48mL，求 NH_4CNS 溶液的物质的量浓度。

7. 称取不纯水溶性氯化物 0.1350g（其中没有干扰佛尔哈德法的离子存在），加入 0.1121mol/L $AgNO_3$ 30.00mL，然后用 0.1231mol/L NH_4CNS 溶液滴定过量 $AgNO_3$，用去 10.50mL，计算氯化物样品的氯的质量分数。

8. 为测某银合金中的银含量，称取 0.3026g 该试样溶于 HNO_3 中，然后以铁铵矾为指示剂，用 0.1232mol/L NH_4CNS 标准溶液滴定，终点时共用去 9.85mL。试计算该合金中银的质量分数（假设合金中其他组分不干扰测定）。

模块十 食品仪器分析检验技术
——紫外-可见分光光度法

> **学习目标**
> 1. 重点掌握分光光度计的使用方法，亚硝酸盐测定的比色法，二氧化硫测定的盐酸副玫瑰苯胺法、铅测定的光度法及砷斑法的基本原理和操作技术。
> 2. 掌握分光光度计的维护方法。
> 3. 了解紫外-可见分光光度法的基本原理，分光光度计的构造及作用原理。

第一节 知识讲解

一、紫外-可见分光光度法概述

1. 紫外-可见分光光度法的定义

分光光度法也称吸光光度法，是利用光的物理性质、光的物理量（波长及能量）与物质的结构和物质的量之间的关系进行分析的一种方法。按所用光的波谱区域不同，又可细分为紫外分光光度法和可见分光光度法，合称为紫外-可见分光光度法。

紫外-可见分光光度法就是指利用物质对 200～800nm 光谱区域内的光具有选择性吸收的现象，对物质进行定性和定量分析的方法。

2. 分光光度法的基本原理

光是一种电磁波，光的波长与光的能量之间具有以下关系：

$$E = \frac{hc}{\lambda}$$

式中 E——光的能量，J；

h——普朗克常数，6.63×10^{-34} J·s；

c——光速，3×10^{10} cm/s；

λ——光的波长，cm。

白光（太阳光）是由各种单色光组成的复合光，将光按波长大小次序排列就可以得到光的电磁波谱，不同波段的光具有不同的能量。光的波长越短（频率越高），其能量越大。紫外光波长较短（200～380nm），能量较高（16.2～8.3eV）；红外光波长较长（780～1000000nm），能量较低（4.1～1.0×10^{-2} eV）；而可见光处于紫外光与红外光之间（380～780nm，8.3～4.1eV）。

当光照射到物体表面时会发生光的吸收、反射、折射、衍射等现象。若光以垂直于物体表面的角度入射，对透明的物体主要产生光的吸收作用。对可见光而言，黑色的物体对光全吸收，无色的物体对光全不吸收，物体的颜色与被吸收光的颜色呈互补关系。

物体对光的吸收，实质上是物质中的分子对光的吸收。一定结构的分子只吸收一定能量的光，也就是说一定结构的分子只吸一定波长的光。物质对光吸收的量与物质的量之间的关系，是物质定量测定的依据。分光光度法就是基于物质对光的选择性吸收，其理论依据就是光的吸收定律。

3. 光的吸收定律

一束平行的单色光（单波长的光，由具有相同能量的光子组成的光）在通过一个有色溶液后，透射光的强度比原入射光的强度减弱了，这种现象称为有色溶液对光的吸收作用，如图 10-1 所示。

图 10-1　单色光射入溶液的示意图

溶液的浓度愈大，光透过的液层厚度越大，则光被吸收得愈多，透射光强度的减弱也愈显著。此外，不同的溶液对光的吸收程度也不同，即单色光在通过有色溶液时，透射光的强度不仅与溶液的浓度有关，还与溶液的厚度及溶液本身对光的吸收性能有关。此关系即为朗伯-比尔定律，也叫光吸收定律，其数学表达式为：

$$A = \lg \frac{I_0}{I_t} = Kcb \tag{10-1}$$

式中　A——吸光度，描述溶液对光的吸收程度；

I_0——入射光强度；

I_t——透射光强度；

b——液层的厚度，亦称光程，实际测量中为吸收池厚度，cm；

c——溶液的浓度，mol/L 或 g/L 或 g/100mL；

K——比例系数，表示物质对光的吸收能力，是吸光物质的特征参数，与有色物质的性质、入射光的波长、温度等有关，其值随 c 的单位的不同而不同。

K 有如下的名称与单位：①当 c 单位为 mol/L 时，$K \Rightarrow \varepsilon$，$A = \varepsilon cb$。$\varepsilon$ 为摩尔吸收系数，单位为 L/(mol·cm)。ε 表示吸光物质浓度为 1mol/L，液层厚度为 1cm 时溶液的吸光度。ε 值越大吸光能力越强，显色反应的灵敏度越高；ε 也是选择显色反应的重要依据。据 $A = \varepsilon bc$，对于一次分析而言，b 为常量，ε 为标准工作曲线的斜率，其大小直接反映出方法的灵敏度。一般情况下：$\varepsilon < 10^4$ 时，灵敏度低；ε 在 $10^4 \sim 10^5$ 时，灵敏度中等，$\varepsilon > 10^5$ 时，灵敏度高。②当 c 单位为 g/L 时，$K \Rightarrow a$，$A = abc$。a 为吸收系数，单位为 L/(g·cm)。

a、ε 为吸光物质的特征参数。同一待测组分，若显色反应形成的吸光物质不同，a、ε 具有不同的值。同理，a 的大小也反映出方法的灵敏度。

由公式可知，对一定强度的入射光，ε 和 b 一定时，物质的吸光度与溶液的浓度 c 成正比，为单值函数。这就是人们通过测定吸光度来确定溶液浓度的根据。因此对吸光物质的浓度的测试可直接归结为对吸光度 A 的测试。在测量中，有时也用透光率 T 表示有色物质对光的吸收程度。透光率的负对数与溶液的浓度成正比，T 描述入射光透过溶液的程度，$T = I_t/I_0$，与式（10-1）比较可知：$-\lg T = Kcb = A$；吸光度 A 与透光度 T 的关系：$A = -\lg T$。

4. 分光光度计简介

用于测量和记录待测物质分子对紫外光、可见光的吸光度及紫外-可见吸收光谱，并进

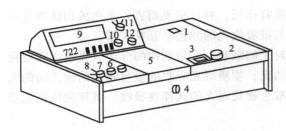

图 10-2　722 型分光光度计的外观
1—电源开关；2—波长旋钮；3—波长读数窗；
4—试样架拉杆；5—样品空盖；6—100％T 钮；
7—0％T 旋钮；8—灵敏度调节钮；
9—数字显示器；10—吸光度调零旋钮；
11—选择开关；12—浓度旋钮

行定性定量以及结构分析的仪器，称为紫外-可见吸收光谱仪或紫外-可见分光光度计（简称分光光度计）。722 型分光光度计的外观如图 10-2 所示。

5. 用分光光度法进行定量测定的方法

利用分光光度计测定有色溶液的吸光度，然后用标准曲线法进行定量，是吸光光度法中最常用的一种定量方法，简称标准曲线法。

先用纯试剂配制一系列浓度逐级递增、颜色逐渐加深的标准溶液，用分光光度计在一定波长下分别测出标准溶液的吸光度，将测得的吸光度与相应的浓度关系在坐标纸上作图，以吸光度为纵坐标，标准溶液浓度为横坐标，得到一条通过原点的直线，即标准曲线或称工作曲线。在同样的条件下配制样品溶液，测定样品溶液的吸光度，根据样品溶液的吸收值在标准曲线上读出其相应的浓度值。

新一代微电脑的智能化分光光度计具有浓度直读功能及数据处理能力，能自动地将检测样品与标准进行比较，并直接给出样品的浓度。

6. 用 Excel 制作标准曲线

首先，将数据整理好输入 Excel，并选取完成的数据区，并点击图表向导。点击图表向导后会运行图表向导，先在图表类型中选"XY 散点图"，并选图表类型的"散点图"（第一个没有连线的），点击"下一步"，出现界面。如是输入是横向列表的就不用更改，如果是纵向列表就改选"列"。如果发现图不理想，就要仔细察看是否数据区选择有问题，如果有误，可以点击"系列"来更改。如果是 X 值错了，就点击它文本框右边的小图标，出现界面后，在表上选取正确的数据区域。然后点击"下一步"，出现图表选项界面，相应调整选项，以满足自己想要的效果。点击"下一步"，一张带标准值的完整散点图就已经完成。完成了散点图后需要根据数据进行回归分析，计算回归方程，绘制出标准曲线。其实这很简单，先点击图上的标准值点，然后按右键，点击"添加趋势线"。由于是线性关系，所以在类型中选"线性"，点击"确定"，标准曲线就回归并画好了。计算回归后的方程：点击趋势线（也就是人们所说的标准曲线）然后按右键，选"趋势线格式"，在显示公式和显示 R 平方值（直线相关系数）前点一下，勾上，再点确定。这样公式和相关系数都出来了。

用 Excel 电子表格中的 TREND 函数，将标准品的吸收值与对应浓度进行直线拟合，然后由被测物的吸收值返回线性回归拟合线，查询被测物的浓度，方法简便，可消除视觉差，提高实验的准确性。方法：打开 Excel 电子表格，在 A_1：A_i 区域由低向高依次输入标准品的浓度值；在 B_1：B_i 区域输入经比色（或比浊）后得到的标准品相应 A 值，存盘以备查询结果。点击工具栏中的函数钮（f_x），选取"统计"项中的 TREND 函数，点击"确定"，即出现 TREND 函数输入框。在"known-$y's$"框中输入"A_1：A_i"，在"known-$x's$"中输入"B_1：B_i"；在"new-$x's$"中输入被测物的 A 值，其相应的浓度值立即出现在"计算结果"处。随着计算机的普及，Excel 电子表格亦被广泛应用于实验室，因此，用 Excel 电子表格制作标准曲线及查询测定结果准确、实用。

7. 灵敏度及准确度

吸光光度法灵敏度高，是适合于微量组分测定的仪器分析法，检测限大多可达 $10^{-4} \sim 10^{-3}$ g/L 或 μg/mL 数量级。准确度能满足微量组分测定的要求，一般相对误差在 2%～5%。

8. 影响因素

实验中要保证方法的准确度和灵敏度往往需要考虑许多影响因素。①在入射光波长选择时通常是选择吸光物质的最大吸收波长。②为使仪器测量的误差小于 5%，要控制溶液的透光率 T 为 20%～65%（吸收值 A 为 0.70～0.20）。控制吸光度范围的方法有改变比色皿厚度、改变称样量的多少，或是将溶液稀释一定的倍数来改变试液的浓度等。③显色反应要求反应产生的吸光物质的摩尔吸收系数越大方法越灵敏，一般要求在 $10^4 \sim 10^5$ 之间，此时产物稳定，选择性好，显色剂仅能与一个或几个组分发生显色反应，且显色剂在测定波长处无明显吸收，显色条件便于控制。溶液中两种有色物质时要求两种有色物最大吸收波长之差（对比度）小于 60nm。并且显色剂用量适当过量，反应完全，通过实验确定。溶液的酸度也会对显色有影响，其酸度条件也需通过实验确定，通过一定的缓冲液控制 pH 值的范围。温度对测定也有影响，一般在常温下进行。显色反应的时间对测定也有影响，显色反应的速度有快有慢，吸光物质的稳定性不同，有的稳定有的不稳定。同样都是瞬时完成的不同反应，可能吸光物质有的稳定，有的不稳定，因此在测定时要把握好反应时间。

9. 目视比色法

目视比色法是一种用眼睛辨别颜色深浅，以确定待测组分含量的方法。常用的目视比色法是标准系列法。即在一套材质相同、形状相同的等体积的平底玻璃管（比色管）中分别加入一系列不同量的标准溶液和待测液，在实验条件相同的情况下，再加入等量的显色剂和其他试剂，稀释至一定刻度（比色管容量有 10mL、25mL、50mL、100mL 等几种），并按同样的方法配置待测溶液，待显色反应达平衡后，从管口垂直向下观察，比较待测液与标准溶液颜色的深浅。若待测液与某一标准溶液颜色深度一致，则说明两者浓度相等，若待测液颜色介于两标准溶液之间，则取其算术平均值作为待测液浓度。

方法特点如下。

① 利用自然光，无须特殊仪器，设备简单，操作简便。

② 比较的是吸收光的互补色光。

③ 目测，方法简便，比色管内液层厚使观察颜色的灵敏度较高，因而它广泛应用于准确度要求不高的常规分析中。

④ 目视比色法的主要缺点是准确度低（一般为半定量）。

⑤ 不可分辨多组分析，如果待测液中存在第二种有色物质，甚至会无法进行测定。

光度法与目视法比较其优点：准确度高、选择性好、速度快、能用于多组分析。

二、食用护色剂（亚硝酸盐与硝酸盐）的测定

护色剂又称呈色剂或着色剂，是一些能够使制品，如肉和肉制品呈现良好色泽而适当加入的化学物质。最常使用的是硝酸盐和亚硝酸盐。硝酸盐在亚硝基化菌的作用下还原成亚硝酸盐，并在肌肉中乳酸的作用下生成亚硝酸。亚硝酸不稳定，分解产生亚硝基（—NO），并与肌红蛋白反应生成亮红色的鲜艳的亚硝基肌红蛋白，使肉制品呈现良好的色泽。

亚硝酸盐除了发色外，还是很好的防腐剂，尤其是对肉毒梭状芽孢杆菌在 pH=6 时有显著的抑制作用。但是硝酸盐毒性较强，作为食品添加剂使用时，食品中掺入过多会产生毒

害作用。过量的亚硝酸盐进入血液后可使血红蛋白（二价铁）变成高铁血红蛋白（三价铁），而使其失去输氧能力，导致组织缺氧。潜伏期仅为0.5～1h，症状为头晕、恶心、呕吐、全身无力、皮肤发紫，严重者会因呼吸衰竭而死。尤其是亚硝酸盐可与胺类物质生成强致癌物亚硝胺。权衡利弊，各国都在保证安全和产品质量的前提下严格控制其使用。中国目前批准使用的护色剂有硝酸钠（钾）和亚硝酸钠（钾），常用于香肠、火腿、午餐肉罐头等。以亚硝酸钠计ADI（每日允许摄入量）值为0～0.2mg/kg，亚硝酸钠最大使用量为0.15g/kg。残留量以亚硝酸钠计，肉类罐头不得超过0.05g/kg，肉制品不得超过0.03g/kg。以硝酸钠计，其ADI值为0～5mg/kg，最大使用量为0.5g/kg，其残留量控制同亚硝酸钠。

硝酸盐和亚硝酸盐测定的方法很多，公认的测定方法为格里斯试剂比色法测亚硝酸盐含量、镉柱法测硝酸盐含量等。

1. 亚硝酸盐的测定——盐酸萘乙二胺法（格里斯试剂比色法）

测定原理：样品经沉淀蛋白质、除去脂肪后，在弱酸条件下亚硝酸盐与对氨基苯磺酸重氮化，再与盐酸萘乙二胺偶合形成紫红色染料，在538nm处有最大的吸光度，通过测定其吸光度并与标准比较定量。

2. 硝酸盐的测定——镉柱法

（1）测定原理　样品经沉淀蛋白质、除去脂肪后，通过镉柱，使其中的硝酸根离子还原成亚硝酸根离子。在弱酸性条件下，亚硝酸根离子与对氨基苯磺酸重氮化后，再与盐酸萘乙二胺偶合形成红色染料。通过比色测得亚硝酸盐总量，由总量减去亚硝酸盐含量即得硝酸盐含量。

（2）仪器　镉柱，见图10-3。

（3）注意事项　镉是有害的元素之一，在制作海绵状镉或处理镉柱时，其废弃液中含有大量的镉，不要将这些有害的镉放入下水道污染水源和农田，要经过处理之后再排放。另外，不要用手直接接触镉，同时不要沾到皮肤上，一旦接触，立即用水冲洗。

三、食用漂白剂的测定

1. 漂白剂概况

漂白剂是破坏或抑制食品的发色因子，是使食品褪色或使之免于褐变的食品添加剂。食品中常用的漂白剂大都属于亚硫酸及其盐类，通过其产生的二氧化硫的还原性使食品褪色而呈现强烈的漂白作用。亚硫酸能消耗组织中的氧，抑制好气性微生物的活力，并能抑制某些微生物活动所必需的酶的活性，具有一般酸性防腐剂的特性。因亚硫酸是强还原剂，故有显著的抗氧化性。它能消耗果蔬组织中的氧，抑制氧化酶的活性。对于防止果蔬中维生素C的氧化破坏很有效，广泛应用于食品的漂白与保藏。在某些食品如果干、果脯、蔗糖、果蔬罐头等加工过程中，常采用熏硫法或亚硫酸溶液浸渍法进行漂白，以防褐变。食品加工过程中使用适量的亚硫酸盐类，在食品的进一步加工过程中加热后大部分变成二氧化硫挥发散失，对人体可以认为安全无害；但用量过多可破坏食品中的营养成分，而且还有一定的腐蚀性。少量摄取时，可经体

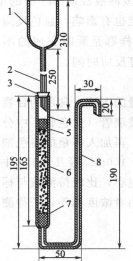

图10-3　镉柱装置图
（单位：mm）

1—贮液漏斗，内径35mm，外径37mm；2—进液毛细管，内径0.4m，外经6mm；3—橡皮塞；4—镉柱玻璃管，内径12mm，外径16mm；5，7—玻璃棉；6—海绵状镉；8—出液毛细管，内径2mm，外径8mm

内代谢成硫酸盐,从尿液排出体外;一天摄取 4~6g 可损害肠胃,造成激烈腹泻。

2. 漂白剂的限量标准

根据食品添加剂的使用标准,要求在一般食品生产加工过程中,漂白剂的使用除对食品的色泽有一定作用外,不应对食品的品质、营养价值及保存期产生不良影响。二氧化硫和亚硫酸盐本身无营养价值,也不是食品的必需成分,因此对其使用量有严格的限制。如我国食品卫生标准规定,亚硫酸钠、低亚硫酸钠、焦亚硫酸钠或亚硫酸氢钠可以用于蜜饯类、饼干、罐头、葡萄糖、食糖、冰糖、饴糖、糖果等食品的漂白,最大使用量分别为 0.6g/kg、0.4g/kg、0.45g/kg。硫黄可用以熏蒸蜜饯类、干果、干菜及粉条。二氧化硫可通入葡萄酒中,最大通入量不超过 0.25g/kg。二氧化硫残留量以 SO_2 计,在发酵酒中不得超过 0.05g/kg,竹笋、蘑菇中不得超过 25mg/kg,饼干、食糖、罐头中不得超过 50mg/kg,赤砂糖及其他食品中不得超过 100mg/kg。

3. 漂白剂的测定方法

测定二氧化硫和亚硫酸盐的方法有盐酸副玫瑰苯胺光度法、蒸馏法、中和滴定法、高效液相色谱法和极谱法等。最重要的是盐酸副玫瑰苯胺光度法和蒸馏法。

(1) 盐酸副玫瑰苯胺光度法

① 测定原理 亚硫酸盐与四氯汞钠反应生成稳定的配合物,再与甲醛及盐酸副玫瑰苯胺作用生成紫红色配合物,在 550nm 处有最大吸收值,通过测定吸光度并与标准系列比较定量。

② 适用范围 本法适用于所有食品中亚硝酸残留量的测定,最低检出浓度为 1mg/kg。

(2) 蒸馏法

① 测定原理 在密闭容器中对样品进行酸化并加热蒸馏以释放出其中的二氧化硫,释放物用乙酸铅溶液吸收。吸收后用浓盐酸酸化,再以碘标准溶液滴定,根据所消耗的碘标准溶液量计算出样品中二氧化硫的含量。

② 适用范围 本法适用于色酒、葡萄糖糖浆及果脯,检出浓度为 1mg/kg。

第二节 实验实训

一、火腿肠中亚硝酸盐的测定——盐酸萘乙胺比色法(参照 GB/T 5009.33—2003)

1. 原理

样品经沉淀蛋白质、除去脂肪后,在弱酸条件下亚硝酸盐与对氨基苯磺酸重氮化,再与 N-1-萘基乙二胺偶合形成紫红色染料,在 538nm 处有最大吸收值,通过测定其吸光度并与标准比较定量。

2. 试剂与仪器

(1) 试剂

① 亚铁氰化钾溶液:称取 106.0g 亚铁氰化钾 $[K_4Fe(CN)_6 \cdot H_2O]$,用水溶解,并稀释至 1000mL。

② 乙酸锌溶液:称取 220.0g 乙酸锌 $[Zn(CH_3COO)_2 \cdot 2H_2O]$,加 30mL 冰乙酸溶于水,并稀释至 1000mL。

③ 饱和硼砂溶液：称取 5.0g 硼酸钠（$Na_2B_4O_7 \cdot 10H_2O$），溶于 100mL 热水中，冷却后备用。

④ 对氨基苯磺酸溶液（4g/L）：称取 0.4g 对氨基苯磺酸，溶于 100mL 20％盐酸中，置棕色瓶中混匀，避光保存。

⑤ 盐酸萘乙二胺溶液（2g/L）：称取 0.2g 盐酸萘乙二胺，溶于 100mL 水中，混匀后，置于棕色瓶中，避光保存。

⑥ 亚硝酸钠标准溶液：准确称取 0.1000g 于硅胶干燥器中干燥 24h 的亚硝酸钠，加水溶解移入 500mL 容量瓶中，加水稀释至刻度，混匀。此溶液每毫升相当于 200μg 亚硝酸钠。

⑦ 亚硝酸钠标准使用液：临用前，吸取亚硝酸钠标准溶液 5.00mL，置于 200mL 容量瓶中，加水稀释至刻度，此溶液每毫升相当于 5.0μg 亚硝酸钠。

（2）仪器　小型绞肉机、分光光度计。

3. 分析步骤

（1）样品处理　取火腿肠可食部分经绞碎混匀后，称取 5.0g 样品，置于 50mL 烧杯中，加 12.5mL 饱和硼砂溶液，搅拌均匀。以 70℃ 左右的水约 300mL 将试样全部洗入 500mL 容量瓶中，于沸水浴中加热 15min，取出后冷却至室温。然后一面转动，一面加入 5mL 亚铁氰化钾溶液，摇匀。再加入 5mL 乙酸锌溶液以沉淀蛋白质。加水至刻度，摇匀，放置 30min。除去上层脂肪，清液用滤纸过滤，弃去初滤液 30mL，剩余滤液备用。

（2）测定　吸 40mL 上述滤液于 50mL 带塞比色管中，另吸取 0.00mL、0.20mL、0.40mL、0.60mL、0.80mL、1.00mL、1.50mL、2.00mL、2.50mL 亚硝酸钠标准使用液（相当于 0μg、1μg、2μg、3μg、4μg、5μg、7.5μg、10μg、12.5μg 亚硝酸钠），分别置于 50mL 带塞比色管中，于标准管与试样管中分别加入 2mL 4g/L 对氨基苯磺酸溶液，混匀，静置 3～5min 后各加入 1mL 2g/L 盐酸萘乙二胺溶液。加水至刻度，混匀，静置 15min。用 2cm 比色皿，以零管调节零点，于波长 538nm 处测吸光度，绘制标准曲线比较。同时做试剂空白试验。

（3）数据记录并绘制标准吸收曲线

$NaNO_2$ 标准溶液体积/mL	0.00	0.20	0.40	0.60	0.80	1.00	1.50	2.00
$NaNO_2$ 的含量/（μg/50mL）	0.0	1	2	3	4	5	7.5	10
吸光度								

测定记录

测定次数	样品质量/g	样品总体积/mL	测定用样液体积/mL	吸光度
1				
2				

（4）计算

$$X = \frac{A \times 1000}{m \times \frac{V_2}{V_1} \times 1000}$$

式中　X——样品中亚硝酸盐的含量，mg/kg；

　　　m——样品质量，g；

　　　A——测定用样液中亚硝酸盐的质量，μg；

V_1——样液总体积，mL；
V_2——测定用样液体积，mL。
计算结果保留两位有效数字。
精密度：在重复性条件下获得两次独立测定结果的绝对差值不得超过算术平均值的 10%。

4. 判断

依据和参照食品添加剂标准 GB 2760—1996、GB 2762—2005，食品中亚硝酸盐的限量卫生标准为（以亚硝酸钠计）：西式蒸煮、烟熏火腿及罐头小于或等于 70mg/kg，其他肉类罐头小于或等于 50mg/kg，肉制品、火腿肠小于或等于 30mg/kg，香肠（腊肠）、香肚、酱腌菜小于或等于 20mg/kg。

5. 说明

① 本方法最低检出限为 1mg/kg。
② 本实验用水为重蒸馏水，以减少误差。
③ N-1-萘基乙二胺有致癌作用，使用时应注意安全。

二、白砂糖中亚硫酸盐的测定——盐酸副玫瑰苯胺光度法（参照 GB/T 5009.34—2003）

（一）原理

利用亚硫酸根被四氯汞钠吸收，生成稳定的配合物，再与甲醛和盐酸副玫瑰苯胺作用，生成紫红色配合物，该配合物在 550nm 处有最大吸收，通过测定其吸光度以确定二氧化硫的含量。

（二）仪器及试剂

1. 仪器

分光光度计。

2. 试剂

(1) 四氯汞钠吸收液：称取 13.6g 氯化高汞及 6.0g 氯化钠，溶于水中并稀释至 1000mL，放置过夜，过滤后备用。

(2) 12g/L 氨基磺酸铵溶液：称取 1.2g 氨基磺酸铵，置于 50mL 烧杯中，用水转入 100mL 容量瓶中，定容。

(3) 2g/L 甲醛溶液：吸取 0.55mL 无聚合沉淀的 36% 甲醛，加水定容至 100mL，混匀。

(4) 淀粉指示液：称取 1g 可溶性淀粉，用少许水调成糊状，缓缓倾入 100mL 沸水中，随加随搅拌，煮沸，放冷备用。该指示液临用时现配。

(5) 亚铁氰化钾溶液：称取 10.6g 亚铁氰化钾 [$K_4Fe(CN)_6 \cdot 3H_2O$]，加水溶解并稀释至 100mL。

(6) 乙酸锌溶液：称取 22g 乙酸锌 [$Zn(CH_3COO)_2 \cdot 2H_2O$] 溶于少量水中，加入 3mL 冰乙酸，加水稀释至 100mL。

(7) 盐酸副玫瑰苯胺溶液：①称取 0.1g 盐酸副玫瑰苯胺（$C_{19}H_{18}N_2Cl \cdot 4H_2O$]于研钵中，加少量水研磨使之溶解并稀释至 100mL。取出 20mL，置于 100mL 容量瓶中，加盐酸（1+1），充分摇匀后使溶液由红变黄，如不变黄再滴加少量盐酸至出现黄色，再加水稀释至刻度，混匀备用（如无盐酸副玫瑰苯胺可用盐酸品红代替）。②精制方法，称取20g盐酸副玫瑰苯胺于400mL水中，用50mL盐酸（1+5）酸化，徐徐搅拌，加4～5g活性炭，加热煮沸2min。将混合物倒入大漏斗中，过滤（用保温漏斗趁热过滤）。滤液放置过夜，出现结晶，然后再用布氏漏斗抽滤，将结晶再悬浮于1000mL乙醚-乙醇（10：1）的混合液中，振摇3～5min。以布氏漏斗抽滤，再用乙醚反复洗涤至醚层不带色为止，于硫酸干燥器中干燥，研细后于棕色瓶中保存。

（8）0.100mol/L碘溶液：称取12.7g碘用水定容至100mL，混匀。

（9）0.100mol/L硫代硫酸钠标准溶液。

（10）二氧化硫标准溶液：①配制，称取0.5g亚硫酸氢钠，溶于200mL四氯汞钠吸收液中，放置过夜，上清液用定量滤纸过滤备用。②标定，吸取10.0mL亚硫酸氢钠-四氯汞钠溶液于250mL碘量瓶中，加100mL水，准确加入20.00mL 0.1mol/L碘溶液，5mL冰乙酸，摇匀，放置于暗处。2min后迅速以0.100mol/L硫代硫酸钠标准溶液滴定至淡黄色，加0.5mL淀粉指示液，继续滴定至无色。另取100mL水，准确加入20.0mL 0.1mol/L碘溶液、5mL冰乙酸，按同一方法做试剂空白试验。按下式计算二氧化硫标准溶液的浓度：

$$X = \frac{(V_2 - V_1)\,c \times 32.03}{10}$$

式中　X——二氧化硫标准溶液的浓度，mg/mL；

　　　V_1——测定亚硫酸氢钠-四氯汞钠溶液消耗硫代硫酸钠标准溶液的体积，mL；

　　　V_2——试剂空白消耗硫代硫酸钠标准溶液的体积，mL；

　　　c——硫代硫酸钠标准溶液的浓度，mol/L；

　　32.03——1mL硫代硫酸钠（0.1000mol/L）标准溶液相当的二氧化硫的质量（mg），mg/mmol；

　　　10——亚硫酸氢钠-四氯汞钠溶液用量，mL。

（11）二氧化硫使用液：临用前将二氧化硫标准溶液以四氯汞钠吸收液稀释成每毫升相当于2μg二氧化硫。

（12）氢氧化钠溶液（20g/L）。

（13）硫酸（1+71）。

（三）分析步骤

1. 样品处理

白砂糖为水溶性固体，可称取约10.00g均匀样品，以少量水溶解，置于100mL容量瓶中，加入4mL氢氧化钠溶液（20g/L），5min后加入4mL硫酸（1+71），然后加入20mL四氯汞钠吸收液，以水稀释至刻度。

2. 测定

吸取0.5～5.0mL上述样品处理液于25mL带塞比色管中，另吸取0mL、0.20mL、0.40mL、0.60mL、0.80mL、1.00mL、1.50mL、2.00mL二氧化硫标准使用液（相当于0μg、0.4μg、0.8μg、1.2μg、1.6μg、2.0μg、3.0μg、4.0μg二氧化硫）分别置于25mL带塞比色管中。于样品及标准管中各加入四氯汞钠吸收液至10mL，然后再加入1mL 12g/L氨基磺酸铵溶液、1mL 2g/L甲醛溶液、1mL盐酸副玫瑰苯胺溶液摇匀，放置20min。用1cm比色皿，以零管调节零点，于波长550nm处测吸光度，绘制标准曲线比较。

3. 数据记录

将试验数据填入下表，并以各标准液中二氧化硫的含量为横坐标，测得的各标准液的吸光度为纵坐标，绘制标准曲线。根据样品液的吸光度，从标准曲线上查出样品液中二氧化硫的质量。

标准使用液用量/mL	0.00	0.20	0.40	0.60	0.80	1.00	1.50	2.00
SO_2 含量/(μg/25mL)	0.00	0.40	0.80	1.20	1.60	2.00	3.00	4.00
吸光度								

测定次数	样品体积/mL	测定用样品体积/mL	吸光度
1			
2			

4. 计算

按下面公式计算砂糖中二氧化硫的含量：

$$X = \frac{A \times 1000}{m \dfrac{V}{100} \times 1000 \times 1000}$$

式中　X——样品中二氧化硫的含量，g/kg；

　　　A——测定用样液中二氧化硫的含量，μg；

　　　m——样品质量，g；

　　　V——测定用样液的体积，mL；

　　　100——试样液总体积，mL。

在重复性条件下，获得的两次独立测定结果的绝对差值不得超过算术平均值的10%。

（四）判断

对计算结果与相关标准比较得出判断，我国国家标准 GB 13104—2005 中规定，食品中二氧化硫的限量标准为（以 SO_2 计）：赤砂糖≤70mg/kg；原糖≤20mg/kg；白砂糖≤30mg/kg；绵白糖≤15mg/kg。

（五）说明

① 本法适于食品中亚硝酸残留量的测定，最低检出浓度为1mg/kg。

② 亚硫酸和食品中的醛（乙醛等）、酮（酮戊二酸、丙酮酸）和糖（葡萄糖、果糖、甘露糖）相结合，以结合形式的亚硫酸存在于食品中。加碱是将食品中的二氧化硫释放出来，加硫酸是为了中和碱，这是因为总的显色反应是在微酸性条件下进行的。

③ 样品加入四氯汞钠吸收后，溶液的二氧化硫含量在24h内稳定。

④ 盐酸副玫瑰苯胺中盐酸的用量影响显色，加入盐酸量多时色浅，量少时色深。

⑤ 颜色较深的样品需用活性炭脱色。

⑥ 二氧化硫标准使用液的浓度随放置时间的延长而逐渐降低，必须临用前用新标定的二氧化硫标准溶液稀释。

⑦ 亚硝酸对本法有干扰，故加入氨基磺酸铵，使亚硝酸分解。

$$HNO_2 + NH_2SO_2ONH_4 \longrightarrow NH_4HSO_4 + N_2 \uparrow + H_2O$$

⑧ 显色时间和温度影响显色，所以应严格控制显色时间和温度。显色时间在10～30min内稳定。温度10～25℃显色稳定，15～16℃时延长25min，高于30℃测定值偏低。

⑨ 盐酸副玫瑰苯胺加入盐酸调成黄色放置过夜后使用以空白管不显色为宜，否则应重新调节。

三、方便面中铅含量的测定——二硫腙比色法（参照 GB/T 5009.12—2003）

铅是微量元素中具有潜在毒性的元素之一，正常情况下人体需要量极少或不需要，或只能耐受极小范围的变动。如血铅在 0.099mg/L 时相对安全，当大于这个量时会发生铅中毒，铅中毒的危害主要表现在对神经系统、血液系统、心血管系统、骨骼系统等终生性的伤害，严重的可以引起死亡，因此，无论是人体必需的微量元素还是有害元素，在食品卫生要求中都有一定的限量规定，从食品分析的角度统称为限量元素。我国食品卫生标准中对这类元素的含量有严格的规定，冷饮食品、奶粉、甜炼乳、井盐和矿盐、味精和酱类等，含铅量不得超过 1mg/Kg；蒸馏酒与配制酒、食醋和酱油不得超过 1mg/L（均以 Pb 计）。食品中的铅污染来自直接或间接的污染：一是含铅农药的使用、陶瓷食具釉料中含铅颜料的加入等；二是膨化食品、薯条、松花蛋和爆米花等在加工过程中使用铅量高的镀锡管道、器械或容器及食品添加剂；另外来自环境污染等。当人们经常食用含铅食品时，铅在人体内积累，可引起慢性铅中毒。

铅的测定方法很多，比较普遍的有石墨炉原子吸收光谱法、火焰原子吸收光谱法、二硫腙比色法等。

二硫腙分光光度法为国家标准 GB/T 5009.12—2003 中的第四法，本方法检出限为 0.25mg/kg。

（一）原理

样品经消化后，在 pH8.5～9.0 时，铅离子与二硫腙生成红色配合物，可以被三氯甲烷等有机溶液萃取。红色的深浅与铅离子的含量成正比，可加入盐酸羟胺、氰化钾、柠檬酸铵等以防止铁离子、铜离子、锌离子等的干扰，再进行分光光度比色与并标准系列比较定量。

（二）试剂与仪器

1. 仪器

分光光度计。所用玻璃仪器均用 10%～20% 硝酸浸泡 24h 以上，用自来水反复冲洗，最后用去离子水冲洗干净。

2. 试剂

（1）氨水（1+1）。

（2）盐酸（1+1）：量取 100mL 盐酸，加水稀释至 200mL。

（3）酚红指示液（1g/L）：称取 0.10g 酚红，用少量多次乙醇溶解后，移入 100mL 容量瓶中并定容至刻度。

（4）盐酸羟胺溶液（200g/L）称取 20.0g 盐酸羟胺，加水溶解至约 50mL，加 2 滴酚红指示液，加氨水（1+1）调 pH 至 8.5～9.0，（由黄变红，再多加 2 滴），用二硫腙-三氯甲烷溶液提取至三氯甲烷层呈绿色不变为止，再用三氯甲烷洗 2 次，弃取三氯甲烷层，水层加盐酸（1+1）呈酸性，加水至 100mL。

（5）柠檬酸铵溶液（200g/L）：称取 50g 柠檬酸铵，溶于 100mL 水中，加 2 滴酚红指示液，加 1+1 的氨水，调 pH 至 8.5～9.0，用二硫腙-三氯甲烷溶液提取数次，每次 10～20mL，至三氯甲烷层绿色不变为止，弃去三氯甲烷层，再用三氯甲烷洗 2 次，每次 5mL，弃去三氯甲烷层，加水稀释至250mL。

（6）氰化钾溶液（200g/L）：称取10.0g氰化钾，用水溶解后稀释到100mL。

（7）三氯甲烷（不应含氧化物）：①检查方法：量取10mL三氯甲烷，加25mL新煮沸过的水，振摇3min，静置分层后取10mL水液，加数滴碘化钾（150g/L）溶液及淀粉指示液，振摇后应不显蓝色。②处理方法：于三氯甲烷中加入1/20～1/10体积的硫代硫酸钠（200g/L）溶液洗涤后，再用水洗，加入少量无水氯化钙脱水后进行蒸馏，弃去最初及最后的1/10馏出液，收集中间馏出液备用。

（8）淀粉指示液：称取0.5g可溶性淀粉，加5mL水搅匀后，慢慢倒入100mL沸水中，边倒边搅，煮沸，放冷备用。临用时配制。

（9）硝酸（1+99）：量取1mL硝酸，加入90mL水中。

（10）二硫腙-三氯甲烷溶液（0.5g/L）：保存于冰箱中，必要时，用下述方法纯化：称取0.5g研细的二硫腙，溶于50mL三氯甲烷中，如不全溶，可用滤纸过滤于250mL分液漏斗中，用1+99氨水提取3次，每次100mL，将提取液用棉花过滤至500mL分液漏斗中，用盐酸（1+1）调至酸性。将沉淀出的二硫腙用三氯甲烷提取2～3次，每次20mL，合并三氯甲烷层，用等量水洗涤2次，弃去洗涤液，在550℃水浴上蒸去三氯甲烷。精制的二硫腙置硫酸干燥器中，干燥备用。或将沉淀出的二硫腙用200mL、200mL、100mL三氯甲烷提取3次，合并三氯甲烷层得二硫腙-三氯甲烷溶液。

（11）二硫腙使用液：吸取1.0mL二硫腙溶液。加三氯甲烷至10mL混匀。用1cm比色皿，以三氯甲烷调节零点，于波长510nm处测吸光度（A），用下式算出配制100mL二硫腙使用液（70%透光率）需二硫腙溶液的体积（V）：

$$V=\frac{10\times(2-\lg 70)}{A}=\frac{1.55}{A}$$

（12）硝酸-硫酸混合液（4+1）。

（13）铅标准溶液：精密称取0.1598g硝酸铅，加10mL硝酸（1+1），全部溶解后，移入100mL容量瓶中，加水稀释至刻度。此溶液每毫升相当于1mg铅。

（14）铅标准使用液：吸取1.0mL铅标准溶液，置于100mL容量瓶中，加水稀释至刻度。此溶液每毫升相当于10.0μg铅。

（三）分析步骤

1. 样品处理

（1）硝酸-硫酸消化法　称取研碎磨碎过20目筛的方便面样品5.0g，将试样置于250～500mL定氮瓶中，先加少许水湿润，加数粒玻璃珠。加10～15mL硝酸，放置片刻，小火缓缓加热，待作用缓和后放冷。沿瓶壁加入5mL或10mL硫酸，再加热，至瓶中液体开始变成棕色时，不断沿瓶壁滴加硝酸至有机质分解完全。加大火力，到产生白烟，待白烟冒净后，瓶内液体再产生白烟为消化完全，该溶液应澄明无色或微带黄色，放冷。在消化过程中应注意控制热源强度，防止爆炸和爆沸。加20mL水煮沸，除去残余的硝酸至产生白烟为止。如此处理2次，放冷。将冷后的溶液移入50mL或100mL容量瓶中。用水洗涤定氮瓶，洗液并入容量瓶中，放冷，加水至刻度，混匀。定容后的溶液每10mL相当于1g样品，相当于加入硫酸量1mL。取与消化样品相同量的硝酸和硫酸，按同一方法做试剂空白试验。

（2）灰化法　称取研碎的方便面样品5.0g，置于石英或瓷坩埚中，加热至炭化。然后移入高温炉中500℃灰化3h放冷，取出坩埚，加1mL硝酸（1+1），润湿灰分，用小火蒸干，在500℃灼烧1h，放冷，取出坩埚。加1mL（1+1）硝酸，加热，使灰分溶解，移入50mL容量瓶中，用水洗涤坩埚，洗液并入容量瓶中，加水至刻度混匀备用。同时做空白试验。

2. 测定

（1）吸取10.0mL消化后的定容溶液和同体积的试剂空白溶液，分别置于125mL分液漏斗中，各加水至20mL。

（2）准确吸取铅标准使用液（每毫升相当于10.0μg铅）0.00mL、0.10mL、0.30mL、0.50mL、0.70mL、0.90mL（相当于0μg、1.0μg、3.0μg、5.0μg、7.0μg、9.0μg铅），分别置于125mL分液漏斗中，各加硝酸溶液（1+99）至20mL。

（3）在样品消化液、试剂空白液和铅标准液中各加2mL柠檬酸铵（200g/L）溶液、1mL盐酸羟胺（200g/L）溶液和2滴酚红指示液，用（1+1）氨水调至红色，再各加2mL氰化钾（100g/L）溶液，混匀。各加5.0mL二硫腙使用液，剧烈振摇1min，静置分层后，三氯甲烷层经脱脂棉滤入1cm的比色皿中，以零管调节零点，于波长510nm处测吸光度。各点减去零管吸收值后，以铅的质量分数为横坐标，测得的标准溶液的吸光度为纵坐标，绘制标准曲线，试样与曲线比较，或计算回归方程。

项目	标准溶液						样品溶液	空白溶液
样品质量/g								
配制样品的体积/mL							50	50	50
吸取样品溶液的体积/mL							10	10	10
吸取铅标准使用液的体积/mL	0.0	0.1	0.3	0.5	0.7	0.9		
各显色溶液中铅的质量/μg	0.0	1.0	3.0	5.0	7.0	9.0		
测得显色液的吸光度A								

3. 结果计算

样品中铅的含量按下式计算：

$$X = \frac{(A - A_0) \times 1000}{m \times \frac{V_2}{V_1} \times 1000}$$

式中　X——样品中铅的含量，mg/kg；

　　　A——测定用样品消化液中铅的含量，μg；

　　　A_0——试剂空白液中铅的含量，μg；

　　　V_1——样品溶液的总体积，mL；

　　　V_2——测定用样品溶液的体积，mL；

　　　m——样品的质量，g。

计算结果保留两位有效数字。

在重复性条件下，获得的两次独立测定结果的绝对差值不得超过算术平均值的10%。

4. 判断

结果与相关标准比较得出该单项结论，我国国家标准GB 17400—2003中规定方便面中的铅小于或等于0.5mg/kg。

（四）说明

① 二硫腙可与许多金属离子起反应形成配合物，这些配合物能溶于三氯甲烷或四氯化

碳而呈色，故选择性不高。但可以通过控制适当的pH值和使用适当的掩蔽剂来提高二硫腙对重金属的选择性，使显色反应具有特异性，从而可用二硫腙分光光度比色法对食品中的多种微量矿物质元素进行测定。二硫腙学名为二苯基硫卡巴腙，又名二苯磺腙、打萨宗等。它是一种蓝黑色结晶粉末，难溶于水（能溶于碱性水溶液），可溶于三氯甲烷、四氯化碳，并呈绿色。二硫腙常用代号H_2Dz或Dz表示。市售的二硫腙常含有因氧化生成的二苯硫卡巴二腙，此化合物不与金属元素起反应，也不溶于酸性或碱性水溶液，但能溶于三氯甲烷或四氯化碳而呈黄色或棕色，因而干扰测定，故对市售二硫腙要进行提纯处理。提纯方法如下：称取1g二硫腙，用200mL四氯化碳（或三氯甲烷）溶解后，移入500mL分液漏斗中。加入1:100的氨水溶液200mL，振摇数次，此时二硫腙进入氨水溶液中，而氧化物残留在有机相（CCl_4或$CHCl_3$）内。对有机溶剂层要用1:100的氨水溶液提取数次，直至氨液不变橙色为止。合并氨水层，加1:1盐酸中和并使其呈酸性，此时二硫腙沉淀析出，加入四氯化碳（或三氯甲烷）20mL。抽提3次，收集抽提液于另一分液漏斗中，用水洗涤数次，然后将抽提液移入三角烧瓶中，先回收四氯化碳，再在水浴上蒸去剩余的四氯化碳，置干燥器中干燥备用。

② 纯Dz（或其溶液）应在低温下（4~5℃）避光保存以免被氧化。

③ 用二硫腙法测定铅，溶液的pH对其影响较大，应控制pH在8.5~9.0范围内。

④ 二硫腙可与多种金属离子作用生成配合物。在pH8.5~9.0时，加入氰化钾（有剧毒）可以掩蔽Cu^{2+}、Hg^{2+}、Zn^{2+}等离子的干扰；加入盐酸羟胺可排除Fe^{3+}的干扰；加入柠檬酸铵可防止与其他离子生成氢氧化物沉淀使铅被吸附而受损失。

⑤ 所用试剂应尽可能进行提纯处理。柠檬酸铵、二硫腙必须提纯，其余试剂可根据试剂等级或通过空白试验再决定是否需要提纯。

⑥ 本实验所用玻璃仪器均应使用10%~20%硝酸处理，再用无铅水冲洗。最后用去离子水冲洗干净。

⑦ 氰化钾是剧毒药品，操作时不能用嘴吸，使用后要洗手。废液不要与酸接触，以防产生氰化氢气体而中毒。可以向废液中加入氢氧化钠和硫酸亚铁，以降低毒性。

四、酱油中砷的测定——砷斑法（参照GB/T 5009.11—2003）

砷常用于制造农药和药物，水产品和其他食品由于受水质或其他原因的污染而含有一定量的砷。砷的化合物具有强烈的毒性，我国食品卫生标准规定，粮食中含砷量（mg/kg）不应超过0.7，食用植物油不应超过0.1，酱、味精、井盐与矿盐和冷饮品均不应超过0.5，酱油和醋不应超过0.5mg/L（均以As计）。

砷的测定方法有银盐法和砷斑法。砷斑法比较简便，但目测时有主观误差；银盐法克服了砷斑法的目测误差，但稍复杂。

砷斑法为GB/T 5009.11—2003中的第三法，最低检出浓度为0.25mg/kg。

1. 原理

样品经消化后，以碘化钾、氯化亚锡将高价砷还原为三价砷，然后与锌粒和酸产生的新生态氢生成砷化氢，再与溴化汞试纸生成黄色至橙色的色斑以比较定量。

2. 仪器

(1) 砷斑法测定器 如图10-4所示，由100mL锥形瓶、橡皮塞（中间有一孔）、玻璃测砷管及玻璃帽组成。

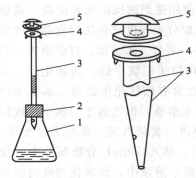

图10-4 砷斑法测定器
1—100mL三角瓶；2—橡皮塞；
3—测砷管；4—管口；5—玻璃帽

(2) 玻璃测砷管 全长18cm，上粗下细，自管口向下至14cm一段的内径为65mm，自此以下逐渐狭细，末端内径约为1～3mm，近末端1cm处有一孔，直径2mm，狭细部分紧密插入橡皮塞中，使下部伸出至小孔恰在橡皮塞下面。上部较粗部分装放乙酸铅棉花，长5～6cm，上端至管口处至少3cm，测砷管顶端为圆形扁平的管口，上面磨平，下面两侧各有一钩，为固定玻璃帽用。

(3) 玻璃帽 下面磨平，上面有弯月形凹槽，中央有圆孔，直径6.5mm。使用时将玻璃帽盖在测砷管的管口，使圆孔互相吻合，中间夹一溴化汞试纸，光面向下，用橡皮圈或其他适宜的方法将玻璃帽与测砷管固定。

3. 试剂

(1) 硝酸。

(2) 硫酸。

(3) 盐酸。

(4) 硝酸-高氯酸混合液（4+1）：量取80mL硝酸，加20mL高氯酸，混匀。

(5) 氧化镁。

(6) 硝酸镁溶液（150g/L）：称取15g硝酸镁 $[Mg(NO_3)_2 \cdot 6H_2O]$ 溶于水中，并稀释至100mL。

(7) 碘化钾溶液（150g/L）：贮存于棕色瓶中。

(8) 酸性氯化亚锡溶液：称取40g氯化亚锡（$SnCl_2 \cdot 2H_2O$），加盐酸溶解，加水至100mL，另在溶液中加几颗锡粒。

(9) 盐酸（1+1）：量取50mL盐酸，加水稀释至100mL。

(10) 乙酸铅溶液：100g/L。

(11) 乙酸铅棉花：用乙酸铅溶液（100g/L）浸透脱脂棉后，压除多余溶液，并使疏松，在100℃以下干燥后，贮存于玻璃瓶中。

(12) 无砷锌粒。

(13) 氢氧化钠溶液：200g/L。

(14) 硫酸（6+94）：量取6mL硫酸加入80mL水中，冷后再加水稀释至100mL。

(15) 砷标准溶液：精确称取0.1320g经硫酸干燥器干燥过的或在100℃干燥2h的三氧化二砷，加5mL氢氧化钠溶液（200g/L），溶解后加25mL硫酸（6+94），移入1000mL容量瓶中，用新煮沸冷却的水稀释至刻度，贮存于棕色瓶中。此溶液每毫升相当于0.10mg砷。

(16) 砷标准使用液：吸取1.0mL砷标准溶液，置于100mL容量瓶中，加1mL硫酸（6+94），加水稀释至刻度，此溶液每毫升相当于1.0μg砷。

(17) 溴化汞-乙醇溶液（50g/L）：称取25g溴化汞，用少量乙醇溶解后，定容至500mL。

(18) 溴化汞试纸，将滤纸剪成直径为2cm的圆片，浸泡于溴化汞乙醇溶液（50g/L）中1h以上。保存于冰箱中，临使用前取出，置暗处阴干备用。

4. 分析步骤

(1) 样品处理 吸取酱油液体样品10.0mL，置于250～500mL定氮瓶中，加数粒玻璃珠、5~15mL 硝酸-高氯酸混合液。放置片刻，小火缓缓加热，待作用缓和，放冷。沿瓶壁加入 5mL 或 10mL 硫酸，再加热，至瓶中液体开始变成棕色时，不断沿瓶壁滴加硝酸-高氯酸混合液至有机质分解完全。加大火力至产生白烟，待瓶口白烟冒净后，瓶内液体再产生白烟为消化完全，该溶液应澄明无色或微带黄色，放冷。在操作过程中应注意防止爆沸或爆炸。

加 20mL 水煮沸，除去残余的硝酸至产生白烟为止，如此处理两次，放冷。将冷后的溶液移入 50mL 或 100mL 容量瓶中，用水洗涤定氮瓶，洗液并入容量瓶中，放冷，加水至刻度，混匀。定容后的溶液每 10mL 相当于 2g 或 2mL 样品，相当加入硫酸量 1mL。取与消化样品相同量的硝酸-高氯酸混合液和硫酸，按同一方法做试剂空白试验。

（2）测定 准确吸取样品消化溶液及同体积的试剂空白液 20mL，分别置于两套测砷瓶中，于各瓶中加 5mL 碘化钾溶液（150g/L）、5 滴酸性氯化亚锡溶液及 5mL 盐酸 [试样如用硝酸-高氯酸-硫酸或硝酸-硫酸消化液，则要减去试样中硫酸的体积（mL）；如用灰化法消化液，则要减去试样中盐酸的体积（mL）]，再加适量水至 35mL。吸取 0mL、0.5mL、1.0mL、2.0mL 砷标准使用液（相当于 0μg、0.5μg、1.0μg、2.0μg 砷），分别置于测砷瓶中，各加 5mL 碘化钾溶液（150g/L）、5 滴酸性氯化亚锡溶液及 5mL 盐酸，各加水至 35mL。于盛试样消化液、试剂空白液及砷标准溶液的测砷瓶中各加 3g 锌粒，立即塞上预先装有乙酸铅棉花及溴化汞试纸的测砷管，于 25℃ 放置 1h，取出试样及试剂空白的溴化汞试纸与标准砷斑比较。

（3）计算

$$X=\frac{(A-A_0)\times 1000}{m\dfrac{V_2}{V_1}\times 1000}$$

式中 X——样品中砷的含量，mg/L；
A_1——测定用样品消化液中砷的质量，μg；
A_0——试剂空白液中砷的质量，μg；
m——样品的体积，mL；
V_1——样品消化液的总体积，mL；
V_2——测定用样品消化液的体积，mL。

结果的表述：报告算术平均值的两位有效数字。

在重复性条件下获得两次独立测定结果的绝对差值不得超过算术平均值的 20%。

（4）判断 结果与相关标准比较得出该单项结论，我国国家标准 GB 2717—2003 中规定酱油总砷（以 As 计）不超过 0.5mg/L。

5. 说明

① 吸取样品溶液的量可视样品中含砷量而定，最后总体积达 35mL 或 45mL 即可。

② 试剂空白只允许呈现极浅的淡黄色（一般不应显色）砷斑。如空白显色深，应找出原因。

③ 对试剂要求纯度高，必须是无砷锌粒，一级盐酸。

④ 装入乙酸铅棉花时，不要太紧和太松，紧与松要适应。

⑤ 加入锌粒时，要每加一次锌粒，立即盖上一支预先准备好的乙酸铅棉花、溴化汞试纸的玻璃管。

⑥ 如样品中含有锑，也能够生成与砷斑类似的锑斑，锑能溶解在 80% 乙醇中，而砷斑

不溶解。

⑦ 如果样品颜色太深影响测定时就用活性炭脱色。

⑧ H_2S 对本法有干扰，遇溴化汞试纸亦会产生色斑。乙酸铅棉花应松紧合适，能顺利透过气体又能除尽 H_2S。

⑨ 锑、磷等都能使溴化汞试纸显色，鉴别方法是采用氨熏蒸黄色斑，如果先变黑再褪去为砷，不变时为磷，变黑时为锑。

⑩ 同一批测定用的溴化汞试纸的纸质必须一致，否则因疏密不同而影响色斑深度。制作时应避免手接触到纸，晾干后贮于棕色试剂瓶内。

复 习 题

1. 分光光度计是由哪些部件组成的？各部件的作用如何？
2. 哪些因素可影响光度分析的准确度？如何克服？
3. 标准曲线如何绘制？绘制时应当注意哪些问题？
4. 使用分光光度计时应注意哪些问题？
5. 简要说明食品中亚硝酸盐的测定原理和方法。
6. 简述食品中亚硫酸盐及二氧化硫的测定方法及原理，说明测定中各试剂的作用。
7. 测定食品中的砷含量存在哪些干扰及影响因素，应如何消除？
8. 在二硫腙法测定食品中铅含量的操作过程中最关键的操作环节是哪一步？为提高测定的准确度必须采取哪些措施？

紫外-可见分光光度计的构造、使用及维护

一、紫外-可见分光光度计的类型

紫外-可见分光光度计按使用波长范围可分为可见分光光度计和紫外-可见分光光度计两类（统称为分光光度计）。前者的使用波长范围是 400～780nm；后者的使用波长范围为 200～1000nm。可见，分光光度计只能用于测量有色溶液的吸光度，而紫外-可见分光光度计可测量在紫外、可见及近红外光区有吸收的物质的吸光度。

紫外-可见分光光度计按光路可分为单光束式及双光束式两类。

紫外-可见分光光度计按测量时提供的波长数又可分为单波长分光光度计和双波长分光光度计两类。

二、紫外-可见分光光度计的构造

目前，紫外-可见分光光度计的型号较多，但它们的基本结构都相似，都由光源、单色器、样品吸收池、检测器和信号显示系统五大部件组成。

由光源发出的光，经单色器获得一定波长的单色光，照射通过样品溶液，被吸收后，经检测器将光强度变化转变为电信号变化，并经信号指示系统调制放大后，显示或打印出吸光度 A（或透射比 τ），完成测定。

（1）光源　光源是提供入射光的装置。可见光区常用的光源为钨灯，可用的波长范围为

350～1000nm；紫外光区常用的光源为氢灯或氘灯（其中氘灯的辐射强度大，稳定性好，寿命长，因此近年生产的仪器多使用氘灯，它们发射的连续波长范围为180～360nm）。

（2）单色器 单色器是将光源辐射的复合光分成单色光的光学装置。单色器一般由狭缝、色散元件及透镜系统组成，其中色散元件是单色器的关键部件。最常用的色散元件是棱镜和光栅（现在的商品仪器几乎都使用光栅）。

（3）比色皿 比色皿也叫吸收池，是用于盛装被测量溶液的装置。一般可见光区使用玻璃吸收池，紫外光区使用石英吸收池。紫外-可见分光光度计常用的吸收池规格有0.5cm、1.0cm、2.0cm、3.0cm、5.0cm等，使用时需根据实际需要选择。

（4）检测器 检测器是将光信号转变为电信号的装置。常用的检测器有硒光电池、光电管、光电倍增管和光电二极管阵列检测器。硒光电池结构简单，价格便宜，但长时间曝光易"疲劳"，灵敏度也不高；光电管的灵敏度比硒光电池高；光电倍增管不仅灵敏度比普通光电管灵敏，而且响应速度快，是目前中挡、高挡分光光度计中最常用的一种检测器；光电二极管阵列检测器是紫外-可见光度检测器的一个重要进展，它具有极快的扫描速度，可得到三维光谱图。

（5）信号显示器 信号显示器是将检测器输出的信号放大并显示出来的装置。常用的装置有电表指示、图表指示及数字显示等。现在很多紫外-可见分光光度计都装有微处理机，一方面将信号记录和处理，另一方面可对分光光度计进行操作控制。

三、分光光度计的使用

① 首先安装调试好仪器，根据测试的要求，选择合适的光源灯，氘灯的适用波长为200～320nm，钨灯适用波长为320～1000nm。

② 接通电源，开启电源开关，预热20min左右。

③ 把光门杆推到底，使光电管不见光，用波长选择钮选定测试波长。

④ 用光电管选择杆选择测试波长所对应的光电管，625nm以下选用蓝敏管，625nm以上选用红敏管。

⑤ 选择合适的比色皿，在紫外波段用1cm石英比色皿，在可见和近红外波段使用0.5cm、1cm、2cm、3cm玻璃比色皿。一般在350nm以下就可选用石英比色皿。

⑥ 将测试液和空白液（或蒸馏水）倒入比色皿中，放入比色皿架上，然后再放入试样室，盖好暗盒盖。

⑦ 校正仪器，把空白液置于光路之中，使透光率达100%，吸光度为零。

⑧ 将拉杆轻轻拉出一格，使第二个比色皿内的待测溶液进入光路，读出吸光度，其余的待测溶液依次类推。

⑨ 测试完毕，取出比色皿，洗净后倒置于滤纸上晾干，各旋钮置于原来的位置，电源开关置于"关"，拔下电源插头。

四、分光光度计的工作原理

分光光度计是利用分光能力较强的单色光器对入射光进行分光，得到波长范围很小的（5nm左右）的单色光。单色光器用棱镜或光栅作为分光器，白光经分光后，再经出光狭缝而分出波长范围很窄的一束单色光。选择不同波长的单色光，连续测定有色溶液在各种不同波长下的吸收情况，可以得到被测溶液的吸收曲线。光源发出白光，经过光狭缝射到反射

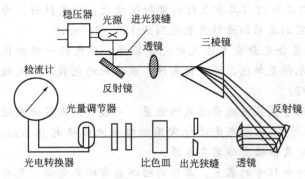

图 10-5　分光光度计的光学系统示意图

镜,反射到聚光透镜后,成为平行光射入棱镜。经棱镜折射色散后,出现各种波长的单色光排列成的光谱,射在镀铝的反射镜上,反射到聚光透镜上,旋转反射镜的角度可以选择所需波长的单色光。从聚光透镜射出的是平行的单色光,经出光狭缝射到盛有有色溶液的比色皿中。经有色溶液吸收后,透射光经光量调节器,射到光电池或光电管上,产生光电流。光电流在一个高电阻上产生电压降,此电压降经直流放大器放大后,用精密电位计测量,直接指示出溶液的吸光度或透光率,如图10-5所示。

五、分光光度计的维护

分光光度计是精密的光学仪器,正确安装、使用和保养对保持仪器良好的性能和保证测试的准确度有重要作用。

1. 仪器的工作环境

① 仪器应安置在无污染、干燥的房间内,使用温度为 5~35℃,相对湿度不超过 85%,防潮硅胶应定期更换或再生。避免在有硫化氢等腐蚀性气体的场所使用。

② 仪器应放置在坚固平稳的工作台上,且避免强烈或持续的震动,且应避免直射日光的照射。

③ 房间内气流稳定,电扇不宜直接向仪器吹风,以防止光源灯因发光不稳定而影响仪器的正常使用。

④ 尽量远离高强度的磁场、电场及发生高频波的电气设备。

⑤ 供给仪器的电源电压为 AC（220±22）V,频率为（50±1）Hz,并必须装有良好的接地线。推荐使用功率为 1000W 以上的电子交流稳压器或交流恒压稳压器,以加强仪器的抗干扰性能。

⑥ 仪器经过搬动时,请及时检查并纠正波长精度,确保仪器的正常使用。

⑦ 仪器的内光路系统一般不会发生故障,请勿随便拆动。

2. 日常维护和保养

(1) 光源　光源的寿命是有限的。为了延长光源的使用寿命,在不使用仪器时不要开光源灯,应尽量减少开关次数;在短时间的工作间隔内可以不关灯;刚关闭的光源灯不能立即重新开启。仪器连续使用时间不应超过 3h。若需长时间使用,最好间歇 30min。光源灯、光电管通常会在使用一定时间后衰老和损坏,如果光源灯亮度明显减弱或不稳定,必须按规定换新灯。更换后要调节好灯丝的位置,不要用手直接接触窗口或灯泡,避免油污黏附。若不小心接触过,要用无水乙醇擦拭。

(2) 单色器　单色器是仪器的核心部分,装在密封盒内,不能拆开。选择波长时应平衡地转动,不可用力过猛。为防止色散元件受潮生霉,必须定期更换单色器盒内的干燥剂（硅胶）。若发现干燥剂变色,应立即更换。

(3) 比色皿　必须正确使用比色皿,应特别注意保护吸收池的两个光学面。为此,必须做到以下几点：①测量时，比色皿内盛的液体量不要太满，以防止溶液溢出而侵入仪器内部，若发现吸收池架内有溶液遗留，应立即取出清洗，并用纸吸干；②拿取比色皿时，只能用手指接触两侧的毛玻璃，不可接触光学面；③不能将光学面与硬物或脏物接触，只能用擦镜纸或丝绸擦拭，④凡含有腐蚀玻璃的物质（如 F、$SnCl_2$、H_3PO_4 等）的溶液，不得长时间盛放在吸收池中，⑤比色皿使用完毕，立即用水冲洗干净，有色物污染可以用 3mol/L HCl 和等体积乙醇的混合液浸泡洗涤，生物样品、胶体或其他在吸收池光学面上形成薄膜的物质要用适当的溶剂洗涤，冲洗干净后并擦净，以防止其表面光洁度受损，影响正常使用；⑥不得在火焰或电炉上进行加热或烘烤吸收池。

（4）停止工作后应注意的问题　当仪器停止工作时，必须切断电源，应按开关机顺序关闭主机和稳流稳压电源开关。为了避免仪器积灰和污染，在停止工作时，应盖上防尘罩。仪器若暂时不用，要定期通电，每次不少于 20~30min，以保持整机呈干燥状态，并且维持电子元器件的性能。

六、分光光度计的故障及其排除

① 仪器在接通电源后，如指示灯及光源灯都不亮，电流表也无偏转，这可能是：a. 电源插头内的导线脱落；b. 电源开关接触不良，需更换同样规格开关；c. 熔体熔断，需更换新的熔体。

② 电表指针不动或指示不稳定，可能是波段开关接触不好。如果在所有的位置都不动，需检查表头线圈是否断路；如果电表指针左右摇晃不定，光门开启时比关闭时晃动更厉害，可能是仪器的光源灯处有较严重的气浪波动，可将仪器移置于室内空气流通又无流速较大的风吹到的地方；也可能是仪器内的光电管暗盒受潮，应更换干燥处理过的硅胶，并用电吹风从硅胶筒送入适量的干燥热风。

模块十一 食品仪器分析检验技术
——色谱分析法

> **学习目标**
> 1. 重点掌握色谱分析法的基本原理及其在食品分析中的应用。
> 2. 掌握色谱分析法的分类。
> 3. 了解色谱仪的构造、作用原理、使用及维护。

第一节 知识讲解

一、色谱分析法的基本原理及分类

1. 色谱分析法的基本原理

色谱法又名层析法，色谱分离是利用混合物中各组分物理化学性质的差异，使各组分以不同程度分布在两相（固定相和流动相）中，当流动相流过固定相时，由于各组分在两相间的分配情况不同，经过多次差别分配而达到分离的目的。

2. 色谱分析法的分类

（1）按固定相和流动相所处的状态分类

流动相	总称	固定相	色谱名称
气体	气相色谱（GC）	固体	气-固色谱（GSC）
		液体	气-液色谱（GLC）
液体	液相色谱（LC）	固体	液-固色谱（LSC）
		液体	液-液色谱（LLC）

（2）按固定相的性质和操作方式分类

项目	柱		纸	薄层板
	填充柱	开口管柱		
固定相性质	在玻璃或不锈钢柱管内填充固体吸附剂或涂渍在惰性载体上的固定液	在弹性石英玻璃或玻璃毛细管内壁附有吸附剂薄层或涂渍固定液等	具有多孔和强渗透能力的滤纸或纤维素薄膜	在玻璃板上涂有硅胶G薄层
操作方式	液体或气体流动相从柱头向柱尾连续不断冲洗		液体流动相从滤纸一端向另一端扩散	液体流动相从薄层板一端向另一端扩散
名称	柱色谱		纸色谱	薄层色谱

（3）按色谱分离原理分类

项　目	吸附色谱	分配色谱	离子交换色谱	凝胶色谱
分离原理	利用吸附剂对不同组分吸附性能的差别	利用固定液对不同组分分配性能的差别	利用离子交换剂对不同离子亲和能力的差别	利用凝胶对不同组分分子阻滞作用的差别
平衡常数	吸附系数 K_A	分配系数 K_P	选择性系数 K_S	渗透系数 K_{PF}
流动相为液体	液-固吸附色谱	液-液分配色谱	液相离子交换色谱	液相凝胶色谱
流动相为气体	气-固吸附色谱	气-液分配色谱		

目前，应用最广泛的是气相色谱法和高效液相色谱法。

二、气相色谱法

气相色谱法（gas chromatography，GC）是一种以气体为流动相的色谱分析技术。目前在普通食品、保健食品、食品添加剂的分析测试项目中，气相色谱法测试项目占到总检测项目的 28%，涉及项目主要有农药残留、溶剂残留、防腐剂等。气相色谱法已成为食品分析检验中必不可少的检测方法之一。

1. 气相色谱法的特点

（1）高效能、高选择性　可用于分离性质相似的多组分混合物、同系物、同分异构体等，还可制备高纯物质，纯度可达 99.99%。

（2）灵敏度高　可检出 $10^{-13} \sim 10^{-11} g$ 的物质。

（3）分析速度快　分析过程只需几分钟到几十分钟。

（4）应用范围广　在仪器允许的气化条件下，凡是能够气化且稳定、不具腐蚀性的液体或气体，都可用气相色谱法分析。有的化合物沸点过高难以气化或因热不稳定而分解，则可通过化学衍生化的方法，使其转变成易气化或热稳定的物质后再进行分析。

2. 气相色谱法的分类

气相色谱法根据所采用的固定相不同，可分为气-固色谱和气-液色谱；按色谱分离的原理可分为吸附色谱和分配色谱；根据所用的色谱柱内径不同又可分为填充柱色谱和毛细管柱色谱。

3. 气相色谱法的基本原理

（1）气相色谱的工作流程　载气（常用 N_2 和 H_2）由高压钢瓶供给，经减压阀减压后，进入净化干燥管以除去载气中的水分，调节和控制载气的压力和流量后，进入色谱柱；待基线稳定后，即可进样；样品经气化室气化后被载气带入色谱柱，在柱内被分离。分离后的组分依次从色谱柱中流出，进入检测器；检测器将各组分的浓度或质量的变化转变成电信号（电压或电流），经放大器放大后，由记录仪或微处理机记录电信号-时间曲线，即浓度（或质量）-时间曲线，即所谓的色谱图；根据色谱图，可对样品中的待测组分进行定性和定量分析。

（2）气-固色谱的工作原理　气-固色谱的固定相是固体吸附剂，试样气体由载气携带进入色谱柱，与吸附剂接触时，很快被吸附剂吸附。随着载气的不断通入，被吸附的组分又从固定相中洗脱下来，这种现象称为脱附；脱附下来的组分随着载气向前移动又再次被固定相吸附。这样，随着载气的流动，组分在固定相上吸附-脱附的过程反复进行。显然，由于组分性质的差异，固定相对它们的吸附能力有所不同。易被吸附的组分，脱附较难，在柱内移动的速度慢，停留时间长；反之，不易被吸附的组分在柱内移动速度快，停留时间短。所以，经过一定的时间间隔（一定柱长）后，性质不同的组分便彼此分离。

(3) 气-液色谱的工作原理　气-液色谱的固定相是涂在载体表面的固定液,试样气体由载气携带进入色谱柱,与固定液接触时,气相中的各组分就溶解到固定液中。随着载气的不断通入,被溶解的组分又从固定液中挥发出来,挥发出的组分随着载气的向前移动又再次被固定液溶解。随着载气的流动,溶解-挥发的过程反复进行。显然,由于组分性质差异,固定液对它们的溶解能力将有所不同,易被溶解的组分,挥发较难,在柱内移动的速度慢,停留时间长;反之,不易被溶解的组分,挥发快,随载气移动的速度快,因而在柱内停留的时间短。经一定的时间间隔(一定柱长)后,性质不同的组分便彼此分离。

4. 气相色谱仪简介

气相色谱仪的型号种类繁多,但它们的基本结构是一致的,都由气路系统、进样系统、分离系统、检测系统、数据处理系统和温度控制系统六大部分组成。常见的气相色谱仪有单柱单气路和双柱双气路两种类型。新型的双柱双气路气相色谱仪的两个色谱柱可以装性质不同的固定相,供选择进样,具有两台气相色谱仪的功能。

三、高效液相色谱法

高效液相色谱法(high performanc liquid chromatography,HPLC)是20世纪70年代初期继气相色谱之后发展起来的一种以液体为流动相的新型色谱技术,随着不断改进与发展,目前已成为应用极为广泛的化学分离分析的重要手段。

高效液相色谱法是以经典液相色谱为基础,以高压下的液体为流动相的色谱过程。经典液相色谱法由于使用粗颗粒的固定相(硅胶、氧化铝等),传质扩散慢,因而分离能力差,分析速度慢,它只能进行简单混合物的分离。高效液相色谱法从20世纪80年代起才开始应用于食品分析领域,主要用于分析保健食品的功效成分、营养强化剂、维生素、蛋白质等。

1. 高效液相色谱法的特点

高效液相色谱法与经典液相色谱法比较,具有下列主要特点。

(1) 高效　由于使用了细颗粒、高效率的固定相和均匀填充技术,高效液相色谱法分离效率极高。

(2) 高速　由于使用高压泵输送流动相,采用梯度洗脱装置,用检测器在柱后直接检测洗脱组分等,HPLC完成一次分离分析一般只需几分钟到几十分钟,比经典液相色谱快得多。

(3) 高灵敏度　紫外、荧光、电化学、质谱等高灵敏度检测器的使用使HPLC的最小检测量可达$10^{-11} \sim 10^{-9}$ g。

(4) 高度自动化　计算机的应用使HPLC不仅能自动处理数据、绘图和打印分析结果,而且还可以自动控制色谱条件,使色谱系统自始至终都在最佳状态下工作,成为全自动化的仪器。

(5) 应用范围广(与气相色谱法相比)　HPLC可用于高沸点、分子量大、热稳定性差的有机化合物及各种离子的分离分析,如氨基酸、蛋白质、生物碱、核酸、甾体、维生素、抗生素等。

(6) 流动相的选择范围广　它可用多种溶剂作流动相,通过改变流动相组成来改善分离效果,因此对于性质和结构类似的物质分离的可能性比气相色谱法更大。

（7）馏分容易收集，更有利于制备。

2. 高效液相色谱法的类型

根据固定相和分离机理的不同，高效液相色谱法可有如下几种类型。

（1）液-固吸附色谱　基于各组分在固体吸附剂表面上具有不同吸附能力而进行分离。

（2）液-液分配色谱　组分在两相间经过反复多次分配，各组分间产生差速迁移，从而实现分离。

（3）化学键合相色谱　通过共价键将有机固定液结合到硅胶载体表面得到各种性能的固定相。

（4）离子交换色谱　离子交换树脂上可电离的离子与流动相中带相同电荷的组分离子进行可逆交换，由于亲和力的不同而彼此分离。

（5）离子色谱　用离子交换树脂作为固定相，电解质溶液为流动相，用电导检测器检测。

（6）凝胶色谱　用多孔性凝胶作为固定相，基于试样中各组分分子的大小和形状不同来实现分离。

3. 高效液相色谱法的基本原理

高效液相色谱和气相色谱一样，液相色谱分离系统也由两相组成，即固定相和流动相。液相色谱的固定相可以是吸附剂、化学键合固定相（或在惰性载体表面涂上一层液膜）、离子交换树脂或多孔性凝胶；流动相是各种溶剂。

高效液相色谱中被分离混合物由流动相液体推动进入色谱柱，根据各组分在固定相及流动相中的吸附能力、分配系数、离子交换作用或分子尺寸大小的差异进行分离。

高效液相色谱法的工作过程如下：首先用高压泵将贮液器中的流动相溶剂经过进样器送入色谱柱，然后从控制器的出口流出。当注入欲分离的样品时，流经进样器贮液器的流动相将样品同时带入色谱柱进行分离，然后依先后顺序进入检测器，记录仪将检测器送出的信号记录下来，由此得到液相色谱图。

4. 高效液相色谱仪简介

最早的液相色谱仪由粗糙的高压泵、低效的柱、固定波长的检测器及绘图仪组成，绘出的峰要通过手工测量计算峰面积。当前发展起来的高效液相色谱仪的高压泵精度很高，并可编程进行梯度洗脱；柱填料从单一品种发展至几百种类型；检测器从单波长检测到可变波长检测，以及可获得三维色谱图的二极管阵列检测器，直至发展为可确证物质结构的质谱检测器；数据处理不再用绘图仪，逐渐取而代之的是最简单的积分仪、计算机、工作站及网络处理系统。

目前常见的 HPLC 仪生产厂家国外有 Waters 公司、Agilent 公司（原 HP 公司）、岛津公司等，国内有大连依利特公司、上海分析仪器厂、北京分析仪器厂等。

四、食品添加剂的测定

1. 食品添加剂的定义

食品添加剂就是为改善食品的品质和色、香、味，以及为防腐和加工工艺的需要而加入食品中的化学合成或天然物质。

2. 食品添加剂的作用

① 用于提高食品的品质和感官质量，如甜味剂、增香剂、增稠剂、膨松剂、漂白剂、

品质改良剂等。

② 有利于食品的保藏，如防腐剂、抗氧化剂等。

③ 有利于食品的加工，如消泡剂、澄清剂、助滤剂、凝固剂等。

④ 用于提高食品的营养价值和保健功能，如营养强化剂等。

3. 食品添加剂的分类

食品添加剂按其来源不同可分为天然的和化学合成的两大类。天然食品添加剂是指以动植物或微生物的代谢产物为原料加工提纯而获得的天然物质；化学合成的食品添加剂是采用化学手段，通过化学反应合成的食品添加剂。

按照使用目的和用途，食品添加剂可分为：为提高和增强食品营养价值的添加剂，如营养强化剂；为保持食品新鲜度的添加剂，如防腐剂、抗氧化剂、保鲜剂；为改进食品感官质量的添加剂，如着色剂、漂白剂、发色剂、增味剂、增稠剂、乳化剂、膨松剂、抗结块剂和品质改良剂；为方便加工操作的添加剂，如消泡剂、凝固剂、润湿剂、助滤剂、吸附剂、脱模剂及食用酶制剂。我国一般采取按用途分类的方法。

（1）防腐剂　　防腐剂是在食品保存过程中具有抑制或杀灭微生物作用的一类物质的总称。在食品工业生产中，为延长食品的货架寿命，防止食品的腐败变质，常使用一些防腐剂，作为食品保藏的辅助手段。目前，我国允许使用的防腐剂有苯甲酸及其钠盐、山梨酸及其钾盐、对羟基苯甲酸乙酯及丙酯等。其中最常用的是前两种。

（2）着色剂　　食品着色剂也称食用色素，是使食品着色和改善食品色泽的物质，通常包括食用合成色素和食用天然色素两大类。

食用合成色素主要指采用人工化学合成方法所制得的有机色素，目前世界各国允许使用的合成色素几乎全是水溶性色素。此外，在许可使用的食用合成色素中，还包括它们各自的色淀。色淀是由水溶性色素沉淀在许可使用的不溶性基质（通常为氧化铝）上所制备的特殊着色剂。我国许可使用的食品合成色素有苋菜红、胭脂红、赤藓红、新红、诱惑红、柠檬黄、日落黄、亮蓝、靛蓝和它们各自的铝色淀，以及酸性红、β-胡萝卜素、叶绿素铜钠和二氧化钛共 22 种。

食用天然色素是来自天然物，且大多是可食资源，利用一定的加工方法所获得的有机着色剂。我国批准使用的食用天然色素有 66 种。它们主要是由植物组织中提取，也包括来自动物和微生物的一些色素，品种甚多。但它们的色素含量和稳定性等一般不如人工合成品。不过人们对其安全感比合成色素高，尤其是对来自水果、蔬菜等食物的天然色素，则更是如此，故此类天然色素近来发展很快，各国许可使用的品种和用量均在不断增加。

此外，最近还有人将人工化学合成的，在化学结构上与自然界发现的色素完全相同的有机色素如 β-胡萝卜素等归为第三类食用色素，即天然等同的色素。

（3）发色剂　　在食品加工过程中，添加适量的化学物质，使之与食品中某些成分作用，使制品呈现良好的色泽，这类物质称为发色剂或呈色剂。能促使发色的物质称为发色助剂。在肉类腌制中最常用的发色剂是硝酸盐和亚硝酸盐，发色助剂为 L-抗坏血酸（即维生素C）、L-抗坏血酸钠及烟酰胺（即维生素 PP）等。

（4）漂白剂　　漂白剂能破坏、抑制食品的发色因素，使其褪色或使食品免于褐变。漂白剂可分氧化漂白剂及还原漂白剂两类。氧化漂白是通过其本身强烈的氧化作用使着色物质被氧化破坏，从而达到漂白的目的；食品中主要使用还原漂白剂，大都属于亚硫酸及其盐类，它们通过产生的二氧化硫的还原作用而使果蔬褪色（对花色苷作用明显，对类胡萝卜素次之，而叶绿素则几乎不褪色），还有抑菌及抗氧化等作用，广泛应用于食品的漂白与保藏等。还原漂白剂只有存在于食品中时方能发挥作用，因这类物质有一定毒性，应控制其使用量并严格控制其残留量。常用的品种有焦亚硫酸钾、亚硫酸氢钠、焦亚硫酸钠等。

（5）乳化剂　能促使互不相溶的液体（如油与水）形成稳定乳浊液的添加剂。属于表面活性剂，由亲水部分和疏水（亲油）部分组成。由于具有亲水和亲油的两亲特性，能降低油与水的表面张力，能使油与水"互溶"，具有乳化、润湿、渗透、发泡、消泡、分散、增溶、润滑等作用。食品乳化剂广泛用于面包、糕点、饼干、人造奶油、冰淇淋、饮料、乳制品、巧克力等食品。乳化剂能促进油水相溶，渗入淀粉结构的内部，促进内部交联，防止淀粉老化，起到提高食品质量、延长食品保质期、改善食品风味、增加经济效益等作用。我国现在允许使用的食品乳化剂是单硬脂酸甘油酯、蔗糖脂肪酸酯、山梨糖醇酐脂肪酸酯、大豆磷脂等。

（6）甜味剂　甜味剂是指赋予食品甜味的食品添加剂。目前，世界各地已批准使用的甜味剂有 20 多种。甜味剂有多种不同的分类方法，按其来源可分为天然甜味剂和人工合成甜味剂；按其营养价值可分为营养型甜味剂和非营养型甜味剂；按其化学结构和性质可分为糖类甜味剂和非糖类甜味剂等。

营养型甜味剂与蔗糖甜度相等，但其热值相当于蔗糖热值的 2% 以上，主要包括各种糖类和糖醇类（如山梨醇、乳糖醇等）。非营养型甜味剂也与蔗糖甜度相等，但其热值低于蔗糖热值的 2%，如糖精钠等。

4. 测定食品添加剂的意义

天然食品添加剂一般对人体无害，但目前使用的添加剂中，绝大多数是化学合成添加剂。化学合成添加剂有的本身具有毒性，有的可在食品中发生变态反应转化成有毒物质，有的则在添加剂本身的生产过程中混杂有害物质，这些都会影响食品的品质和安全。为了保证食品的卫生质量，保障人民身体健康，世界各国都制定了有关食品添加剂的质量标准和使用卫生标准（使用范围和最大使用量），用以监督食品添加剂的生产和使用。

5. 食品添加剂的测定方法

食品添加剂的种类繁多，功能各异，化学性质各不相同，测定方法也有较大差别。鉴于目前我国食品工业中使用食品添加剂的情况，常需检测的项目有防腐剂、甜味剂、发色剂、漂白剂、着色剂、抗氧化剂等。常用的检测方法有比色法、紫外分光光度计、色谱法等。

五、食品中农药及兽药残留量测定

1. 农药残留和兽药残留的定义

在食品、农产品或饮料的生产、贮存、运输、分配及加工过程中，用于防止、破坏、引诱、排拒、控制任何昆虫、病菌及有毒的动植物，或控制动物外寄生虫的所有物质统称为农药，但不包括肥料、动植物营养素、食品添加剂及兽药等。施用农药后，在粮油、蔬菜、水果及禽畜产品上或多或少存在的农药及其衍生物以及具有毒理学意义的杂质等，称为农药残留。

兽药指用于预防、治疗和诊断家畜、家禽、鱼类、蜜蜂、蚕以及其他人工饲养的动物疾病，有目的地调节其生理机能的物质。兽药用于畜禽疾病治疗或作为饲料添加剂喂养动物后，在动物组织及蛋、奶等产品中形成残留，称为兽药残留。

2. 农药的分类

目前农药大都为化学性农药。化学性农药根据防治对象的不同，可分为杀虫剂、杀菌剂、除草剂、熏蒸剂、植物生长调节剂等。根据化学组成的不同，农药可分为有机氯类、有机磷类、氨基甲酸酯类、沙蚕毒素类、有机汞类、有机砷类等。

3. 兽药的分类

兽药种类繁多，按其用途分类主要包括抗微生物药（包括抗生素和抗菌药类）、激素及生长促进剂、抗寄生虫药和杀虫剂。

4. 测定农残和兽残的意义

① 监督和检验食品中农药及兽药残留量是否符合卫生标准，以保证食品安全。
② 通过总膳食研究，了解人群膳食农药及兽药的摄入水平。
③ 为国际公平贸易提供科学依据。

5. 农药残留和兽药残留的测定方法

食品中农药残留和兽药残留的测定是在复杂的基质中对目标化合物进行鉴别和定量，由于食品中农药残留和兽药残留的限量标准一般在 mg/kg 到 μg/kg 之间，因此要求分析方法灵敏度高、特异性强。对于未知农药和兽药使用史的食物样品，通常采用多组分残留分析步骤。由于各类食物样品组成成分复杂，而且不同农药品种的理化性质存在差异，因而没有一种多组分残留分析方法能够覆盖所有的农药品种。

目前的农药残留和兽药残留分析多采用色谱分析法。色谱技术可以将待测物与干扰物质分离后进行测定，分析的选择性得以提高和保证。色谱检测的灵敏度高，检出限低，能够满足低含量水平的农药残留及兽药残留分析。在色谱技术中，气相色谱法和高效液相色谱法应用最为广泛。对于气相色谱，高灵敏度、高选择性的检测器众多，可依据待测物的性质加以选择。对于高效液相色谱，其检测对象的范围更宽，对待测物的限制和要求小。薄层色谱法也用于农药残留和兽药残留的分析检测，但由于其只能半定量、重现性差以及技术上的诸多缺陷，应用已经不多了。

六、食品中毒素的测定

1. 食品中的毒素概述

食品中的毒素主要是指某些动植物中所含有的有毒天然成分以及食品霉变时微生物（主要是霉菌）所产生的次级代谢物。

食品中的毒素有些是天然存在的，如苦杏仁中存在氰化物等；有些动植物食品是由于贮存不当，而形成的某些有毒物质，如马铃薯发芽后生成的龙葵素，食品霉变所产生的霉菌毒素；有些毒素是在食品加工过程如烟熏、煎炸、烘烤、高温杀菌等中形成的，如苯并[a]芘、杂环胺、亚硝基胺等。

动物性食品有毒者多为海产品，主要包括鱼类的内源性毒素和贝类毒素两类；植物性食品中的毒素种类较多，主要有生物碱、毒苷、毒肽、蛋白酶抑制剂、凝聚素等；霉菌及霉菌毒素污染食品，可引起食品变质，与食品密切相关的霉菌大部分属于曲霉菌属、青霉菌属和链霉菌属，目前已知的霉菌毒素约有 200 余种，常见的毒性较大的毒素有黄曲霉毒素、赭曲霉毒素、伏马菌素、展青菌素等。

各种毒素可引起急性中毒，但更多是长期低剂量摄入引起的慢性中毒，主要表现为肝脏、肾脏、神经系统、生殖系统、消化系统损害或细胞毒性、免疫抑制等，具有致癌、致畸、致突变的作用。

2. 食品中毒素的测定——以黄曲霉毒素为例

黄曲霉毒素是由黄曲霉、寄生曲霉等产生的代谢产物，是一种肝脏毒素。当粮食未能及时晒干或贮藏不当时，往往容易被黄曲霉或寄生曲霉污染而产生此类毒素，粮油及其制品、各类坚果尤其是花生、玉米污染最严重，动物可因食用黄曲霉毒素污染的饲料而在内脏、血液、奶和奶制品等中检出毒素。黄曲霉毒素属于剧毒物，毒性比氰化钾还强，它是目前发现的最强的化学致癌物之一，被世界卫生组织（WHO）的癌症研究机构划定为Ⅰ类致癌物，其中黄曲霉毒素 B_1 毒性最大、分布最广。因此，食品中黄曲霉毒素 B_1 的检测是非常重要的。1975 年，WHO 制定食品中黄曲霉毒素的最高允许浓度为 $15\mu g/kg$，我国黄曲霉毒素 B_1 的容许限量为：玉米、花生仁、花生油不超过 $20\mu g/kg$，大米、其他食用油不超过 $10\mu g/kg$，其他粮食、豆类、发酵食品不超过 $5\mu g/kg$，牛乳、乳制品不超过 $0.5\mu g/kg$。

我国的标准分析测定方法（GB/T 5009.22—2003、GB/T 5009.23—2003）为薄层色谱法、酶联免疫吸附法和微柱筛选法。

第二节　实验实训

一、饮料中甜味剂的测定——高效液相色谱法、薄层色谱法（参照 GB/T 5009.28—2003）

糖精钠的甜度为蔗糖的 300～700 倍，是食品工业应用较为广泛的人工甜味剂，其致癌作用一直存在争议，尚未有确切结论，但考虑到人体的安全性，欧美国家糖精的使用量不断减少，我国政府也采取压减糖精政策，并规定不允许在婴儿食品、病人食品和大量食用的主食中使用。我国规定糖精钠可用于酱菜类、调味酱汁、浓缩果汁、蜜饯类、配制酒、冷饮类、糕点、饼干和面包。

（一）高效液相色谱法

1. 原理

样品加温除去二氧化碳和乙醇，调 pH 至近中性，过滤后进高效液相色谱仪，经反相色谱分离后，根据保留时间和峰面积进行定性和定量。

2. 试剂

① 甲醇：经 $0.5\mu m$ 滤膜过滤。

② 氨水（1+1）：氨水加等体积水混合。

③ 乙酸铵溶液（0.02mol/L）：称取 1.54g 乙酸铵，加水至 1000mL 溶解，经 $0.45\mu m$ 滤膜过滤。

④ 糖精钠标准贮备溶液：准确称取 0.0851g 经 120℃ 烘干 4h 后的糖精钠（$C_6H_4CONNaSO_2 \cdot 2H_2O$），加水溶解定容至 100.0mL。糖精钠含量 1.0mg/mL，作为贮备溶液。

⑤ 糖精钠标准使用溶液：吸取糖精钠标准贮备液 10.0mL 放入 100mL 容量瓶中，加水

至刻度，经 $0.45\mu m$ 滤膜过滤，该溶液每毫升相当于 $0.10mg$ 的糖精钠。

3. 仪器

高效液相色谱仪、紫外检测器。

4. 分析步骤

（1）样品处理

① 汽水 取 $5.00\sim10.00mL$ 样品，放入小烧杯中，微温搅拌除去二氧化碳，用氨水（1+1）调 pH 约 7，加水定容至适当的体积，经 $0.45\mu m$ 滤膜过滤。

② 果汁类 取 $5.00\sim10.00mL$ 样品，用氨水（1+1）调 pH 约 7，加水定容至适当的体积，离心沉淀，上清液经 $0.45\mu m$ 滤膜过滤。

（2）高效液相色谱参考条件 ①色谱柱：YWG-C18，$4.6mm\times250mm$ $10\mu m$ 不锈钢柱。②流动相：甲醇：乙酸铵溶液（$0.02mol/L$）（5+95）。③流速：$1mL/min$。④检测器：紫外检测器，波长 230nm，灵敏度 0.2AUFS。

（3）测定 取样品处理液和标准使用液各 $10\mu L$（或相同体积）注入高效液相色谱仪进行分离，以其标准溶液峰的保留时间为依据进行定性，以其峰面积求出样液中被测物质的含量，供计算。

5. 结果计算

$$X=\frac{A\times100}{m\frac{V_2}{V_1}\times1000}$$

式中 X——样品中糖精钠含量，g/kg；

A——进样体积中糖精钠的质量，mg；

V_2——进样体积，mL；

V_1——样品稀释液的总体积，mL；

m_2——样品质量，g。

计算结果保留三位有效数字。

在重复性条件下获得的两次独立测定结果的绝对差值不得超过算术平均值的 10%。

（二）薄层色谱法

1. 原理

在酸性条件下，食品中的糖精钠用乙醚提取、浓缩、薄层色谱分离、显色后与标准比较，进行定性和半定量测定。

2. 试剂

① 乙醚：不含过氧化物。

② 无水硫酸钠。

③ 无水乙醇及乙醇（95%）。

④ 聚酰胺粉：200 目。

⑤ 盐酸（1+1）：取 100mL 盐酸，加水稀释至 200mL。

⑥ 展开剂：正丁醇：氨水：无水乙醇（7:1:2）；异丙醇：氨水：无水乙醇（7:1:2）。

⑦ 显色剂：溴甲酚紫溶液（$0.4g/L$）：称取 $0.04g$ 溴甲酚紫，用乙醇（50%）溶解，加氢氧化钠溶液（$4g/L$）$1.1mL$ 调节 pH 为 8，定容至 100mL。

⑧ 硫酸铜溶液（100g/L）：称取 10g 硫酸铜（$CuSO_4 \cdot 5H_2O$），用水溶解并稀释至 100mL。

⑨ 氢氧化钠溶液（40g/L）。

⑩ 糖精钠标准溶液：准确称取 0.0851g 经 120℃干燥 4h 后的糖精钠，加乙醇溶解，移入 100mL 容量瓶中，加乙醇（95%）稀释至刻度，此溶液每毫升相当于 1mg 糖精钠（$C_6H_4CONNaSO_2 \cdot 2H_2O$）。

3. 仪器

玻璃纸（生物制品透析袋纸或不含增白剂的市售玻璃纸）、玻璃喷雾器、微量注射器、紫外光灯（波长 253.7nm）、薄层板（10cm×20cm 或 20cm×20cm）、展开槽。

4. 分析步骤

（1）样品提取

① 饮料、冰棍 取 10.0mL 均匀试样（如样品中含有二氧化碳，先加热除去；如样品中含有酒精，加 4% 氢氧化钠溶液使其呈碱性，在沸水浴中加热除去），置于 100mL 分液漏斗中，加 2mL 盐酸（1+1），用 30mL、20mL、20mL 乙醚提取 3 次，合并乙醚提取液，用 5mL 盐酸酸化的水洗涤一次，弃去水层，乙醚层通过无水硫酸钠脱水后，挥发乙醚，加 2.0mL 乙醇溶解残留物，密塞保存，备用。

② 果汁 称取 20.0g 或吸取 20.0mL 均匀试样，置于 100mL 容量瓶中，加水至约 60mL，加 20mL 硫酸铜溶液（100g/L），混匀，再加 4.4mL 氢氧化钠溶液（40g/L），加水至刻度，混匀，静置 30min，过滤，取 50mL 滤液置于 150mL 分液漏斗中，加 2mL 盐酸（1+1），用 30mL、20mL、20mL 乙醚提取 3 次，合并乙醚提取液，用 5mL 盐酸酸化的水洗涤一次，弃去水层。乙醚层通过无水硫酸钠脱水后，挥发乙醚，加 2.0mL 乙醇溶解残留物，密塞保存，备用。

（2）薄层板的制备 称取 1.6g 聚酰胺粉，加 0.4g 可溶性淀粉，加约 7.0mL 水，研磨 3~5min，立即涂成 0.25~0.30mm 厚的 10cm×20cm 的薄层板，室温干燥后，在 80℃下干燥 1h，置于干燥器中保存。

（3）点样 在薄层板下端 2cm 处，用微量注射器点 10μL 和 20μL 的样液点两个，同时点 3.0μL、5.0μL、7.0μL、10.0μL 糖精钠标准溶液，各点间距 1.5cm。

（4）展开与显色 将点好的薄层板放入盛有展开剂的展开槽中，展开剂液层约 0.5cm，并预先已达到饱和状态。展开至 10cm，取出薄层板，挥干，喷显色剂，斑点显黄色，根据样品点和标准点的比移值进行定性，根据斑点颜色深浅进行半定量测定。

5. 计算

$$X = \frac{A \times 1000}{m \times \frac{V_2}{V_1} \times 1000}$$

式中 X——样品中糖精钠的含量，g/kg 或 g/L；

A——测定用样液中糖精钠的质量，mg；

m——样品质量（体积），g（mL）；

V_1——样品提取液残留物加入乙醇的体积，mL；

V_2——点板液体积，mL。

二、饮料中苯甲酸、山梨酸的测定——高效液相色谱法（参照 GB/T 5009.29—2003）

1. 原理

样品加温除去二氧化碳和乙醇，调 pH 至近中性，过滤后进高效液相色谱仪，经反相色谱分离后，根据保留时间和峰面积进行定性和定量。取样量为 10g，进样量为 10L 时最低检出量为 1.5ng。

2. 试剂

（1）甲醇：经滤膜（0.5μm）过滤。

（2）氨水（1+1）：氨水加等体积水混合。

（3）乙酸铵溶液（0.02mol/L）：称取 1.54g 乙酸铵，加水至 1000mL 溶解，经滤膜（0.45μm）过滤。

（4）苯甲酸标准溶液：称取 100mg 苯甲酸（预先经 105℃烘干），加入 0.1mol/L 氢氧化钠溶液 100mL，溶解后用水稀释至 1000mL。经滤膜（0.45μm）过滤。该溶液每毫升相当于 0.10mg 的苯甲酸。

3. 仪器

高效液相色谱仪，紫外检测器。

4. 分析步骤

（1）样品处理

① 汽水　取 5.00～10.00mL 样品，放入小烧杯中，微温搅拌除去二氧化碳，用氨水（1+1）调 pH 约 7。加水定容至适当的体积，经滤膜（0.45μm）过滤。

② 果汁类　取 5.00～10.00mL 样品，用氨水（1+1）调 pH 约 7，加水定容至适当的体积，离心沉淀，上清液经滤膜（0.45μm）过滤。

（2）高效液相色谱参考条件

① 色谱柱：YWG-C18，4.6mm×250mm 10μm 不锈钢柱。

② 流动相：甲醇：乙酸铵溶液（0.02mol/L）（5+95）。

③ 流速：1mL/min。

④ 检测器：紫外检测器，波长 230nm，灵敏度 0.2AUFS。

（3）测定　取样品处理液和标准使用液各 10μL（或相同体积），注入高效液相色谱仪进行分离，以其标准溶液峰的保留时间为依据进行定性，以其峰面积求出样液中被测物质的含量，供计算。

（4）计算

$$X_1 = \frac{m_1 V_1}{m_2 V_2}$$

式中　X_1——样品中苯甲酸含量，g/kg；

m_1——进样体积中苯甲酸的质量，mg；

V_2——进样体积，μL；

V_1——样品稀释液总体积，mL；

m_2——样品质量，g。

结果保留三位小数。

三、食品中有机磷农药残留量的测定——气相色谱法（参照 GB/T 5009.20—2003）

1. 原理

含有机磷的样品，在富氢焰上燃烧，以 HPO 碎片的形式，放射出波长 526nm 的特征光。这种特征光通过滤光片选择后，被检测器接收和记录下来。样品的峰高与标准品的峰高比较，计算样品中有机磷的含量。

2. 仪器

气相色谱仪（带火焰光度检测器），电动振荡器。

3. 试剂

① 二氯甲烷。

② 5%硫酸钠溶液。

③ 无水硫酸钠。

④ 丙酮。

⑤ 中性氧化铝：色谱用。经 300℃活化 4h 备用。

⑥ 活性炭：称取 20g 活性炭用 3mol/L HCl 浸泡过夜，抽滤后，用水洗至无氯离子，在 120℃烘干备用。

⑦ 农药标准溶液：精密称取适量有机磷农药标准品，用苯或三氯甲烷配成贮备液，置于冰箱内保存。

⑧ 农药标准使用液：临用时用二氯甲烷将农药标准液稀释，使其浓度为敌敌畏、乐果、马拉硫磷、对硫磷和甲拌磷每 1mL 相当于 1μg，稻瘟净、倍硫磷、杀螟硫磷和虫螨磷每 1mL 相当于 2μg。

4. 分析步骤

(1) 提取与净化　取 10g 样品于具塞锥形瓶中，加入 0.5g 中性氧化铝、0.2g 活性炭及 20mL 二氯甲烷，在电动振荡器上振荡 0.5h。过滤，滤液直接进样。如农药残留量过低，则加 30mL 二氯甲烷，振荡过滤后，取 15mL 浓缩至 2mL 进样。

(2) 色谱条件　玻璃柱（色谱柱）。

(3) 测定　根据仪器灵敏度，配制不同浓度的标准溶液。将各浓度的标准溶液 2~5μL 分别注入气相色谱仪中，得到不同浓度有机磷的峰高绘制有机磷的标准工作曲线。取 2~5μL 样品溶液注入色谱仪中，得到的峰高从标准曲线中查出相应的含量。

5. 计算

$$X = \frac{AV_1 n}{V_2 m}$$

式中　X——样品有机磷农药的含量，μg/kg；

A——进样体积中测得的有机磷农药的含量，ng；

V_1——样品浓缩的体积，mL；

V_2——进样体积，μL；

m——样品质量，g；

n——浓缩倍数。

复 习 题

1. 试述色谱法的作用原理?
2. 试对色谱法进行分类?
3. 试述气相色谱法的工作流程及分离原理?
4. 试述高效液相色谱法的工作流程?
5. 试述气相色谱仪及高效液相色谱仪的组成及各部件的功能?
6. 什么是食品添加剂,常见的种类有哪些?
7. 什么是农药残留及兽药残留,食品分析中常用的测定技术有哪些?
8. 什么是毒素,食品分析中常测的毒素指标有哪些?

气相色谱仪及高效液相色谱仪的构造、作用原理、使用及维护

一、气相色谱仪

(一) 气相色谱仪的构造

一般气相色谱仪的构造如图 11-1 所示,它的基本结构包括 5 个部分:载气系统、进样系统、分离系统、检测系统、记录系统(记录仪或数据处理装置)。

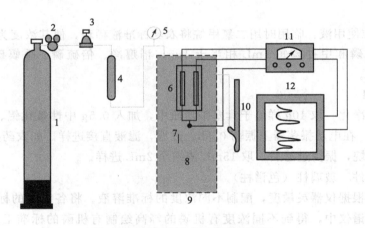

图 11-1 气相色谱仪的构造示意图

1—高压气瓶(载气瓶);2—减压阀;3—气流调节阀;4—净化干燥管;5—压力表;
6—热导池;7—进样口;8—色谱柱;9—恒温箱(虚线内);10—皂膜流量计;
11—测量电桥;12—记录仪

1. 载气系统

载气系统包括气源、气体净化、气体流量控制和测量装置。气体从载气瓶经减压阀、流量控制器和压力调节阀,然后通过色谱柱,由检测器排出,形成气路系统。整个系统应保持密封,不能有气体泄漏。

气体色谱法中的流动相是气体,通常称为载气。常用的载气有氢气和氮气。载气的选用和纯化主要取决于选用的检测器、色谱柱以及分析要求。

2. 进样系统

进样系统的作用是引入试样，并使试样瞬间气化。进样系统包括进样器、气化室和控温装置。

进样量的大小和进样时间的长短直接影响色谱柱的分离和测定结果。常用微量注射器取样后刺破密封硅橡胶垫推入气化室，样品进入气化室后在一瞬间就被气化，然后随载气进入色谱柱。根据分析样品的不同，气化室温度可以在50～400℃范围内任意设定，通常气化室的温度要比使用的最高柱温高10～50℃，以保证样品全部气化。

3. 分离系统

分离系统是用于使试样在色谱柱内运行的同时得到分离，它主要由色谱柱、柱箱和控温装置组成。色谱柱是气相色谱仪的心脏部分。

色谱柱主要有两类：填充柱和毛细管柱。填充柱由柱管和固定相组成，柱管材料为不锈钢或玻璃，内径为2～4mm，长为1～3m，柱内装有固定相。毛细管柱又叫空心柱，是将固定液均匀地涂在内径0.1～0.5mm的毛细管内壁而成，毛细管的材料可以是不锈钢、玻璃或石英。这种色谱柱具有渗透性好、传质阻力小、分离效率高、分析速度快、样品用量小等优点；但缺点是样品负荷量小。

4. 检测系统

检测系统用于对柱后已被分离的组分进行检测，将各组分的浓度或质量信号转变成相应的电信号，它主要由检测器和控温装置组成。

① 热导检测器（thermal coductivity detector，TCD）是应用比较多的检测器，主要由热导池池体和热敏元件组成。被测物质与载气的热导系数相差愈大，灵敏度也就愈高。载气流量和热丝温度对灵敏度也有较大的影响。热导检测器结构简单、稳定性好，对有机物和无机气体都能进行分析。其缺点是灵敏度低。

② 氢火焰离子化检测器（flame ionization detector，FID）简称氢焰检测器，它的主要部件是一个用不锈钢制成的离子室。离子室由收集极、极化极（发射极）、气体入口及火焰喷嘴组成。在离子室下部，氢气与载气混合后通过喷嘴，再与空气混合点火燃烧，形成氢火焰；无样品时两极间离子很少，当有机物进入火焰时，发生离子化反应，生成许多离子；在火焰上方收集极和极化极所形成的静电场作用下，离子流向收集极形成离子流；离子流经放大、记录即得色谱峰。氢火焰离子化检测器是一种质量型检测器，对绝大多数有机物都有响应，其灵敏度比热容导检测器高几个数量级，易进行痕量有机物分析。其缺点是不能检测惰性气体、空气、水、CO、CO_2、NO、SO_2 及 H_2S 等。

③ 电子捕获检测器（electron capture detector，ECD）一种选择性很强的检测器，它只对含有电负性元素的组分产生响应，因此，这种检测器适于分析含有卤素、硫、磷、氮、氧等元素的物质。在电子捕获检测器内一端有一个多放射源作为负极，另一端有一正极，两极间加适当电压；当载气（N_2）进入检测器时，受多射线的辐照发生电离，生成的正离子和电子分别向负极和正极移动，形成恒定的基流；含有电负性元素的样品AB进入检测器后，就会捕获电子而生成稳定的负离子，生成的负离子又与载气正离子复合，结果导致基流下降，因此，样品经过检测器会产生一系列的倒峰。电子捕获检测器的灵敏度高，选择性好；但线性范围较窄。

5. 记录系统

记录系统是一种能自动记录由检测器输出的电信号的装置，通常由放大器、记录仪、数据处理装置或工作站组成。

（二）气相色谱仪的作用原理

载气（常用 N_2 和 H_2）由高压钢瓶供给，经减压阀减压后，进入净化干燥管以除去载气中的水分，调节和控制载气的压力和流量后，进入色谱柱。待基线稳定后，即可进样。样品经气化室气化后被载气带入色谱柱，在柱内被分离。分离后的组分依次从色谱柱中流出，进入检测器，检测器将各组分的浓度或质量的变化转变成电信号（电压或电流）。经放大器放大后，由记录仪或微处理机记录电信号-时间曲线，即浓度（或质量）-时间曲线，即色谱图，根据色谱图，可对样品中待测组分进行定性和定量分析。

由此可知，色谱柱和检测器是气相色谱仪的两个关键部件。

（三）气相色谱仪的使用（以 GC122 型气相色谱仪为例）

① 打开载气开关，选择好载气压力。
② 打开电源总开关，在温度控制面板上设定各处恒温温度。
③ 打开电脑，进入色谱工作站。
④ 打开空气、氢气开关，选择好压力。打开 FID 电源开关，点火。
⑤ 点击查看基线，待基线平稳后，进样。点击采集数据，待所有峰出完后，点击停止采集。
⑥ 点击预览，调整好各种数据，再点击打印。
⑦ 实验完毕，先关闭氢气、空气，再关闭 FID 电源，将恒温箱温度调整到 20℃ 运行，待温度降下后，关闭主机电源，关闭载气，关闭计算机。
⑧ 清洗微量注射器。

（四）气相色谱仪的维护

气相色谱仪放置的环境温度宜在 10～35℃，相对湿度小于 85%，室内无腐蚀性气体和强磁场，有排气装置、氢气报警器和去湿设备，最好有单独的稳压电源开关。

气相色谱仪的维护重点是对进样器及检测器的维护。

1. 进样器的维护

液体样品可以采用微量注射器直接进样，常用的微量注射器有 1μL、5μL、10μL、50μL、100μL 等规格。实际工作中可根据需要选择合适规格的微量注射器。为保证好的分离结果，使分析结果有较好的重现性，在直接进样时要注意以下几点。

① 用注射器取样时，应先用丙酮或乙醚抽洗 5～6 次后，再用被测试液抽洗 5～6 次，然后缓缓抽取一定量试液（稍多于需要量），此时若有空气带入注射器内，应先排除气泡后，再排去过量的试液，并用滤纸或擦镜纸吸去针杆处所沾的试液（千万勿吸去针头内的试液）。

② 取样后就立即进样，进样时要求注射器垂直于进样口，左手扶着针头防弯曲，右手拿注射器，迅速刺穿硅橡胶垫，平稳、敏捷地推进针筒（针头尖尽可能刺深一些，且深度一定，针头不能碰着气化室内壁），用右手食指平稳、轻巧、迅速地将样品注入，完成后立即拔出。

③ 进样时要求操作稳当、连贯、迅速。进针位置及速度、针尖停留和拔出速度都会影响进样的重现性。一般进样相对误差为 2%～5%。

④ 微量注射器使用后应立即清洗处理（一般常用下述溶液依次清洗：5% NaOH 水溶液、蒸馏水、丙酮、三氯甲烷，最后用真空泵抽干），以免芯子被样品中高沸点物质玷污而阻塞；切忌用强碱性溶液洗涤，以免玻璃受腐蚀失重和不锈钢零件受腐蚀而漏水漏气；对于注射器针尖为固定式者，不宜吸取有较粗悬浮物质的溶液；一旦针尖堵塞，可用 φ0.1mm 的

不锈钢丝串通；高沸点样品在注射器内部分冷凝时，不得强行多次来回抽动拉杆，以免发生卡住或磨损而造成损坏；如发现注射器内有不锈钢氧化物（发黑现象）影响正常使用时，可在不锈钢芯子上蘸少量肥皂水塞入注射器内，来回抽拉几次就可去掉，然后洗清即可；注射器的针尖不宜在高温下工作，更不能用火直接烧，以免针尖退火而失去穿戳能力。

2. 检测器的维护

① 使用高纯度的载气和尾吹气　使用过程中必须保持整个系统的洁净，要求系统气密性好，主体纯度高（载气及尾吹气的纯度大于99.999%）。

② 使用耐高温隔垫和洁净的样品　使用流失小的耐高温的隔垫，气化室洁净，柱流失少；使用洁净的样品；检测器温度必须高于柱温10℃以上。

③ 检测器的污染及其净化　若直流和恒频率方式ECD基流下降或恒电流方式基流增大，噪声增高，信噪比下降，或者基线漂移变大，线性范围变小，甚至出负峰，则表明ECD可能污染，必须要进行净化。目前常用的净化方法是将载气或尾吹气换成H_2，调流速至30～40mL/min。气化室和柱温为室温，将检测器升至300～350℃，保持18～24h，使污染物在高温下与氢作用而除去。这种方法称为"氢烘烤"。氢烘烤毕，将系统调回至原状态，稳定数小时即可。

二、高效液相色谱仪

（一）高效液相色谱仪的构造

高效液相色谱仪一般由5个部分组成：高压输液系统、进样系统、分离系统、检测系统、数据处理系统，其构造如图11-2所示。

1. 高压输液系统

包括贮液装置、高压输液泵、过滤器、脱气装置等。

高压输液泵是高效液相色谱仪最重要的部件之一。泵的性能好坏直接影响到整个系统的质量和分析结果的可靠性。输液泵应具备如下性能：①流量稳定；②流量范围宽，分析型应在0.1～10mL/min范围内连续可调，制备型应能达到100mL/min；③输出压力高，一般应能

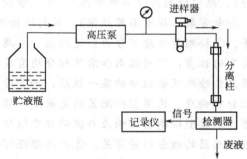

图11-2　高效液相色谱仪的构造示意图

达到$1.47×10^4$～$2.94×10^4$kPa（150～300kgf/cm²）；④液缸容积小；⑤密封性能好，耐腐蚀。泵的种类很多，按输液性质可分为恒压泵和恒流泵。恒流泵按结构又可分为螺旋注射泵、柱塞往复泵和隔膜往复泵。恒压泵受柱阻影响，流量不稳定，螺旋泵缸体太大，这两种泵已被淘汰。目前应用最多的是柱塞往复泵。

2. 进样器

进样器一般要求密封性好，死体积小，重复性好，保证中心进样，进样时色谱系统的压力、流量波动小，便于实现自动化。液相色谱进样方式可分为隔膜进样、停流进样、阀进样、自动进样。早期使用隔膜和停流进样器，装在色谱柱入口处，现在大都使用进样阀或自动进样器。高压进样阀是目前广泛采用的一种方式，阀的种类很多，有六通阀、四通阀、双路阀等，以六通进样阀最为常用。六通阀的关键部件是由圆形密封垫（转子）和固定底座（定子）组成，由于阀接头和连接管死体积的存在，柱效率低于隔膜进样，但耐高压、进样

量准确、重复性好、操作方便。自动进样器适用于大量样品的常规分析，具有进样准确，重复性高的特点。

3. 分离系统

色谱分离系统包括色谱柱、固定相和流动相。

色谱柱是高效液相色谱仪的核心部分，柱应具备耐高压、耐腐蚀、抗氧化、密封不漏液和柱内死体积小、柱效高、柱容量大、分析速度快、选择性好、柱寿命长的要求。色谱柱由柱管、压帽、卡套（密封环）、筛板（滤片）、接头、螺丝等组成。柱管通常采用优质不锈钢管制成，一般长10～50cm，内径2～5mm，柱内装有固定相。通常色谱柱寿命在正确使用时可达2年以上。

色谱柱按用途可分为分析型和制备型两大类，又可细分为：①常规分析柱（常量柱），内径2～5mm（常用4.6mm、3.9mm），柱长10～30cm；②窄径柱（细管径柱、半微柱），内径1～2mm，柱长10～20cm；③毛细管柱（微柱），内径0.2～0.5mm；④半制备柱，内径大于5mm；⑤实验室制备柱，内径20～40mm，柱长10～30cm；⑥生产制备柱，内径可达几十厘米。

4. 检测系统

检测器也是液相色谱仪的关键部件之一。其作用是将色谱柱流出物中样品组成和含量的变化转化为可供检测的信号。检测器的要求是灵敏度高、噪声低（即对温度、流量等外界变化不敏感）、线性范围宽、重复性好和适用范围广。

（1）检测器的分类　①按原理可分为：光学检测器（如紫外、荧光、示差折光、蒸发光散射）、热学检测器（如吸附热）、电化学检测器（如极谱、库仑、安培）、电学检测器（电导、介电常数、压电石英频率）、放射性检测器（闪烁计数、电子捕获、氦离子化）以及质谱等。②按测量性质可分为：通用型、专属型（选择性）。通用型检测器测量的是一般物质均具有的性质，它对溶剂和溶质组分均有反应，如示差折光、蒸发光散射检测器；专属型检测器只能检测某些组分的某一性质，如紫外、荧光检测器，它们只对有紫外吸收或荧光发射的组分有响应。通用型检测器的灵敏度一般比专属型的低。③按检测方式分为：浓度型和质量型。浓度型检测器的响应与流动相中组分的浓度有关；质量型检测器的响应与单位时间内通过检测器的组分的量有关。④检测器还可分为破坏样品和不破坏样品两种。

（2）常用检测器　高效液相色谱的检测器很多，最常用的有紫外检测器、示差折光检测器和荧光检测器等。

① 紫外检测器　紫外检测器是液相色谱中应用最广泛的检测器，适用于有紫外吸收物质的检测，在进行高效液相色谱分析的样品中，约有80%的样品可以使用这种检测器。紫外检测器的工作原理如下：由光源产生波长连续可调的紫外光或可见光，经过透镜和遮光板变成两束平行光，无样品通过时，参比池和样品池通过的光强度相等，光电管输出相同，无信号产生；有样品通过时，由于样品对光的吸收，参比池和样品池通过的光强度不相等，有信号产生。根据朗伯-比尔定律，样品浓度越大，产生的信号越大。这种检测器灵敏度高，检测下限约为$\pm 10 g/mL$，而且线性范围广，对温度和流速不敏感，适于进行梯度洗脱。

② 示差折光检测器　示差折光检测器是根据不同物质具有不同折射率来进行组分检测的，凡是具有与流动相折射率不同的组分，均可以使用这种检测器，如果流动相选择适当，可以检测所有的样品组分。

③ 荧光检测器　物质的分子或原子经光照射后，有些电子被激发至较高的能级，这些

电子从高能级跃至低能级时，物质会发出比入射光波长较长的光，这种光称为荧光。在其他条件一定的情况下，荧光强度与物质的浓度成正比。许多有机化合物具有天然荧光活性，另外，有些化合物可以通过加入荧光化试剂，使其转化为具有荧光活性的衍生物。在紫外光激发下，荧光活性物质产生荧光，由光电倍增管转变为电信号。荧光检测器是一种选择性检测器，它适合于稠环芳烃、氨基酸、胺类、维生素、蛋白质等荧光物质的测定。这种检测器灵敏度非常高，比紫外检测器高2～3个数量级，适合于痕量分析，而且适于梯度洗脱。其缺点是适用范围有一定的局限性。

5. 数据处理系统

早期的液相色谱仪是用记录仪记录检测信号，再手工测量计算。其后发展到使用积分仪计算并打印出峰高、峰面积和保留时间等参数。20世纪80年代后，计算机技术的广泛应用使液相色谱操作更加快速、简便、准确、精密和自动化，现在已可在互联网上远程处理数据。

（二）高效液相色谱仪的使用（以LC200型为例）

① 打开高压输液泵电源，用所选的流动相以1mL/min的流速平衡。
② 打开紫外-可见光检测器电源，设定所选用的波长和程序，预热。
③ 打开智能型接口的电源。
④ 打开计算机，进入TC4色谱工作站，并设定分析方法。
⑤ 在泵、检测器、接口都准备好的情况下，撤检测器自动调零，进样，仪器自动采集数据，自动计算，打印出结果报告。
⑥ 清洗色谱柱与进样器。
⑦ 依次关闭检测器、接口、计算机和泵。
⑧ 盖上仪器罩，填写仪器使用记录。

（三）高效液相色谱仪的维护

1. 贮液器的维护

① 过滤器使用3～6个月后或出现阻塞现象时要及时更换新的，以保证仪器正常运行和溶剂的质量。
② 定期用酸、水和溶剂清洗，以保持贮液器的清洁。

2. 高压输液泵的维护

① 防止任何固体微粒进入泵体，因为尘埃或其他任何杂质微粒都会磨损柱塞、密封环、缸体和单向阀，因此应预先除去流动相中的任何固体微粒。流动相最好在玻璃容器内蒸馏，而常用的方法是过滤，可采用微孔滤膜（0.2μm或0.45μm）等滤器。泵的入口都应连接砂滤棒（或片）。输液泵的滤器应经常清洗或更换。

② 流动相不应含有任何腐蚀性物质，含有缓冲液的流动相不应保留在泵内，尤其是在停泵过夜或更长时间的情况下。如果将含缓冲液的流动相留在泵内，由于蒸发或泄漏，甚至只是由于溶液的静置，就可能析出盐的微细晶体，这些晶体将和上述固体微粒一样损坏密封环和柱塞等。因此，必须泵入纯水将泵充分清洗后，再换成适合于色谱柱保存和有利于泵维护的溶剂（对于反相键合硅胶固定相，可以是甲醇或乙腈）。

③ 泵工作时要留心防止溶剂瓶内的流动相被用完，否则空泵运转也会磨损柱塞、缸体或密封环，最终产生漏液。

④ 输液泵的工作压力决不要超过规定的最高压力，否则会使高压密封环变形，产生

漏液。

⑤ 流动相应该先脱气，以免在泵内产生气泡，影响流量的稳定性，如果有大量气泡，泵就无法正常工作。

⑥ 定期更换垫圈。

⑦ 需要时加润滑油。

3. 进样阀的维护

① 样品溶液进样前必须用 0.45μm 滤膜过滤，以减少微粒对进样阀的磨损。

② 转动阀芯时不能太慢，更不能停留在中间位置，否则流动相受阻，可使泵内压力剧增，甚至超过泵的最大压力；再转到进样位时，过高的压力将使柱头损坏。

③ 为防止缓冲盐和样品残留在进样阀中，每次分析结束后应冲洗进样阀。通常可用水冲洗，或先用能溶解样品的溶剂冲洗，再用水冲洗。

4. 色谱柱的维护

① 避免压力和温度的急剧变化及任何机械振动。温度的突然变化或者使色谱柱受到外力撞击都会影响柱内的填充状况，后者甚至可造成填料发生断裂；柱压的突然升高或降低也会冲动柱内填料，因此在调节流速时应该缓慢进行，在使用阀进样时阀的转动也不能过缓。

② 一般情况下，色谱柱不能反冲，只有生产者指明该柱可以反冲时，才可以反冲除去留在柱头的杂质，否则反冲会迅速降低柱效。

③ 选择条件适宜的流动相（尤其是pH），以避免固定相被破坏。有时可以在进样器前面连接一预柱，分析柱是键合硅胶时，预柱为硅胶，可使流动相在进入分析柱之前预先被硅胶"饱和"，避免分析柱中的硅胶基质被溶解。

④ 避免将基质复杂的样品尤其是生物样品直接注入柱内，需要对样品进行预处理或者在进样器和色谱柱之间连接一保护柱。保护柱一般是填有相似固定相的短柱（5~30mm），可以起到保护、延长柱寿命的作用。采用保护柱会损失一定的柱效，但这是值得的。

⑤ 保存色谱柱时应将柱内充满乙腈或甲醇，柱接头要拧紧，防止溶剂挥发干燥。绝对禁止将缓冲溶液留在柱内静置过夜或更长时间。

⑥ 装在液相色谱仪上柱子如不经常使用，应每隔4~5天开机冲洗一次，每次至少15min。

⑦ 每次工作结束后，应用洗脱能力强的洗脱液冲洗色谱柱。如ODS柱宜用甲醇冲洗至基线平衡；当采用盐缓冲溶液作流动相时，使用完后应用无盐流动相冲洗；含卤族元素（氟、氯、溴）的化合物可能会腐蚀不锈钢管道，故不宜长期与之接触。

模块十二 食品仪器分析检验技术
——原子吸收光谱法

> **学习目标**
> 1. 重点掌握原子吸收光谱法的分类、分析过程和在食品领域中的应用，原子吸收光谱仪的使用。
> 2. 掌握原子吸收光谱法的原理和特点，原子吸收光谱仪的维护。
> 3. 了解原子吸收光谱仪的结构和作用原理，食品中微量元素的来源和作用。

第一节 知识讲解

一、原子吸收光谱法概述

（一）原子吸收光谱法的原理

原子吸收光谱法是根据基态原子对特征波长光的吸收，测定试样中待测元素含量的分析方法，简称原子吸收分析法。

原子是由带正电荷的原子核和带负电荷的外层电子组成的。在一般情况下，原子处于能量最低的状态（最稳定态），称为基态。当原子受到外界能量的激发时，其最外层电子可能吸收不同能量的光量子发生跃迁而成为激发态。原子吸收光谱法就是利用气态原子吸收一定波长的光辐射，使原子外层电子从基态跃迁到激发态的现象而建立的。由于每种原子的结构和外层电子的排布不同，特定的能量对不同元素原子只能激发到其特定的能级，所以不同原子发生跃迁时需要吸收不同特定能量的光量子，即吸收光的波长不同。例如，基态锌原子吸收波长为 213.9nm 的光量子而被激发，但钙原子吸收波长为 422.7nm 的光量子才能发生能级跃迁。外层电子吸收特定能量的光量子后，将从基态跃迁到特定激发态，并产生发射谱线，该谱线称为共振吸收线。

处于激发态的电子具有较高的能量，很不稳定，一般在极短的时间（$10^{-8} \sim 10^{-7}$ s）内便跃回基态（或较低的激发态），同时以电磁波的形式释放能量，产生发射谱线，该谱线称为共振发射线。由于各元素的原子结构不同，不同元素原子的电子发生跃迁时所吸收和发射的能量不同，因此所产生的共振谱线（共振吸收和共振发射谱线）能反映特定元素的特征，一组特定波长的谱线构成了每种元素原子的光谱，它是该原子的特征指纹图谱，就像人们每个人都有不同的指纹一样，这就是原子吸收光谱定性分析的理论基础。

原子吸收光谱进行定量分析时，待测元素的基态原子浓度与吸光度之间的定量关系符合朗伯-比尔定律。

当入射光强度为 I_0，频率为 ν 的一束平行光垂直通过厚度为 L 及浓度为 c 的均匀原子蒸气时，若透射光强度为 I，在频率 ν 下吸收系数为 K，则它们之间有如下关系：

$$I = I_0 e^{-KcL}$$

根据吸光度法的定义，将透光度 I/I_0 的倒数取对数，称为吸光度 A。则上式简化为：

$$A = \lg \frac{I_0}{I} = 0.43443 K_0 bc$$

当原子蒸气的厚度一定时，$0.43443 K_0 b$ 为常数，记为 K，则上式为 $A = Kc$。

即吸光度 A 与浓度 c 呈线性关系。在确定条件下，蒸气相中的原子浓度与样品中被测元素的实际含量成正比。在实际分析中，只需测量样品溶液的吸光度与相应标准溶液的吸光度，即可计算出样品中待测元素的浓度。

综上所述，原子吸收光谱法是基于原子对特征光吸收的一种相对测量方法。待测样品经高温原子化处理后形成基态的原子蒸气，特定光源辐射出的光线经过样品原子蒸气时，与待测元素一致的特征谱线被元素的基态原子所吸收，在一定条件下，入射光被吸收而减弱的程度与样品中待测元素的含量成正比，由此可得到样品中待测元素的含量，这就是原子吸收分光光度法定量测定的基本原理。

（二）原子吸收光谱法的特点

1. 优点

（1）灵敏度高　采用火焰原子吸收光谱法时其灵敏度一般为 $\mu g/mL \sim ng/mL$；采用石墨炉原子吸收光谱法时其绝对灵敏度可达 $10^{-10} \sim 10^{-14} g$。

（2）选择性强　在原子吸收光谱分析中，每种元素的特征谱线都不一样，并且在分析中采用了可在低电流气压下产生待测元素特征谱线的锐线光源，它所产生的谱线干扰远远小于原子发射光谱，从而使原子吸收光谱分析具有很强的选择性。

（3）分析范围广　原子吸收光谱法可分析 70 多种元素，可进行常量分析，亦可进行微量甚至痕量分析，需样量少，在食品、生物学、医学、环保、地质、冶金以及农业等领域得到极其广泛的应用。

（4）精密度高，分析速度快　一般火焰原子吸收光谱分析的精密度在 $1\% \sim 3\%$，石墨炉法的精密度一般小于 15%。如果将处理试样的时间除外，火焰原子吸收光谱法的测定时间仅为数十秒，石墨炉法的测定时间也仅为数分钟。

（5）准确度高，操作方便　一般测定低含量的试样时，相对标准偏差约为 $1\% \sim 2\%$。

2. 缺点

由于分析不同的元素必须使用不同的元素灯，因此进行多元素同时测定尚有困难，且有一些元素测定的灵敏度还不令人满意。

（三）原子吸收光谱法的分类

原子吸收光谱是原子光谱（包括原子发射光谱、原子吸收光谱、原子荧光光谱、X 射线光谱和 X 射线荧光光谱等）中的一种类型。在原子吸收光谱分析中，通常根据采用的原子化系统的差异将其分为火焰原子吸收光谱法、石墨炉原子吸收光谱法、氢化物原子吸收光谱法、冷原子原子吸收光谱法等类型，其中火焰原子吸收光谱法和石墨炉原子吸收光谱法是应用最广的原子吸收光谱法。

（四）原子吸收光谱法的分析过程

在原子吸收光谱分析中，样品采用不同的原子化系统时，所采用的分析过程略有差异。

火焰原子吸收光谱法的分析过程一般为：

样品消化→定容至一定浓度→火焰原子化→分析测定→数据处理。

石墨炉原子吸收光谱法的分析过程一般为：

样品灰化或消化→溶解或定容至一定浓度→石墨炉原子化→分析测定→数据处理。

（五）原子吸收光谱法的分析技术

1. 样品的制备与预处理

样品经过制备和预处理后才能进行原子吸收光谱的测定。通常样品制备和预处理是在进行原子吸收测定之前，将样品处理成溶液状态，也就是对试样进行分解，使微量元素处于溶解状态。要使样品中的微量元素处于游离状态，常用的方法有干法灰化法、湿法消化法以及微波消解法。

（1）干法灰化法　干法灰化法可分为马弗炉高温灰化法和等离子体低温灰化法两种。

① 高温灰化法　高温灰化是将样品在高温下灼烧，使样品中含有的有机物质分解挥发，仅留下矿物质成分。干法灰化法的优点是适合于大批样品分析，且酸空白低；缺点是样品消化时间长、难以彻底，且回收率比较低（如铅、镉、锌等）。

② 低温灰化法　低温灰化是利用高频电场的作用产生激发态等离子体来消化样品中的有机体。具体方法是：将干燥后经准确称量的样品放在石英烧杯中，引入氧化室，用氧等离子体低温灰化，使样品呈白色粉末状，即为灰化终点。等离子氧低温灰化与高温灰化法相比其优点在于可抑制无机成分的挥发，成分回收率比高温灰化法高；但由于等离子条件依赖于复杂的参数，因此测定重现率很低，且灰化速度慢，目前在原子吸收光谱分析中应用较少。

（2）湿法消化法　湿法消化是用酸煮来破坏有机物。湿法消化法常用的酸是硝酸、高氯酸，两种酸用量比一般为10∶1。在使用硝酸-高氯酸消化时一定要先将硝酸加入样品放置几小时或过夜，使之与样品充分混合，在电热板上硝化以后再加入高氯酸，以防止在硝酸分解完全后局部温度升高而导致高氯酸和有机物作用产生爆炸危险。

常用方法为：准确称取1.0000g样品于三角瓶或凯氏烧瓶中，用少量超纯水润湿后加20mL硝酸，混匀，盖上表面皿放置过夜，置于可调电炉上低温消煮至近干，若样品未溶解完全，则继续加硝酸消煮直至溶液近干为止，再加入2mL高氯酸，加热，待冒白烟且溶液未干前停止加热，将溶液无损失地转移到100mL容量瓶中，用超纯水定容至刻度，混匀待测，并做空白试验。

与干法灰化相比，湿法消化不容易损失金属元素，所需时间也较短；缺点是酸的用量大，造成较高的试剂空白。另外，也可用双氧水辅助混酸消化。双氧水在酸性介质中能在低温下分解，产生高能态的活性氧，硝酸分解产生的二氧化氮有催化氧化的能力，两者配合使用可增强混酸的氧化能力，提高反应速率，从而使样品完全分解。

（3）微波消解法　微波消解法是通过样品与酸的混合物对微波能的吸收而达到快速加热消解样品的目的。

其方法为：准确称取1.0000g试样于聚四氟乙烯罐中，加入5.0mL硝酸和1.5mL 30%双氧水，拧紧聚四氟乙烯罐盖，室温下浸泡10min后放入微波炉中。置微波炉350W功率挡加热1min，450W功率挡加热5min，550W功率挡加热5min，650W功率挡加热3min。冷却后开盖，将罐内溶液无损失转移至烧杯中，在电热板上于100℃左右赶酸至近干，将样品转移至100mL容量瓶中，加超纯水定容，摇匀。同时做试剂空白实验。

微波加热具有加热速度快、效率高的优点，尤其在密闭容器中，可以在数分钟之内达到很高的温度和压力，使样品快速溶解。此外，密闭容器微波消解能避免样品中存在的或在样品消解形成的挥发性分子组分中痕量元素的损失，还能减少酸的使用量，从而显著降低空白值，保证测量结果的准确性。近10年来此技术在原子吸收光谱分析的样品前处理方面取得了广泛应用，并具有广阔的发展前景。但密封微波消解的条件探索和仪器的最佳设计等需要实践来确定。

总之，进行分析测定时，必须根据待测样品和所要测定元素的物理、化学性质来选择合适的预处理方法。另外，无论何种样品，采用何种预处理方法，最好都要做空白管和回收率实验，以便在数据分析时作对照参考。

2. 测定条件的选择

采用原子吸收分光光度法测定微量元素含量时，仪器分析条件的选择对测定结果的准确度非常重要。一般火焰原子吸收分析和石墨炉原子吸收分析最佳测定条件的选择是有差异的。

（1）火焰原子吸收分析最佳测定条件的选择

① 灵敏吸收线的选择　原子吸收分析通常用于低含量元素的测定。当测定元素浓度较高时，为了避免过度稀释和减少污染等，可选用适宜的次灵敏度线进行测定。其方法是：首先扫描空心阴极灯的发射光谱，了解几条可供选择的谱线，然后喷入适当浓度的标准溶液，观察这些谱线的吸收情况，选用不受干扰而且吸光度适度的谱线为分析线。其中吸光度最大的吸收线是最适宜用于测定微量元素的分析线。

② 灯电流的选择　灯电流对灵敏度、稳定度和灯寿命有很大的影响。在实际工作中应根据具体情况进行选择。通常在进行微量元素分析时，应在保证读数稳定的前提下选用较小的灯电流；对于较高含量元素分析时，在保证有足够灵敏度的前提下，应尽量选用较大的灯电流，以保证稳定度和精密度。其次，从灯的使用寿命来考虑，对于高熔点、低溅射的元素，如铁、钴、镍等，灯电流允许大一些；对于低熔点、高溅射的元素，如锌、铅等，灯电流可以小一些；对于低熔点、低溅射的元素，如锡等，灯电流可稍大些。

③ 光谱通带的选择　光谱通带直接影响测定的灵敏度和标准曲线的线性范围。它应当既能使吸收线通过单色器出口狭缝，又要把邻近的其他谱线分开，因此，在选择时应当在保证只有分析线通过出口狭缝到达检测器的前提下，尽可能选用较宽的光谱通带，以获得高的信噪比和稳定度。合适的狭缝宽度可用实验方法确定：将试样溶液喷入火焰中，调节狭缝宽度，测定不同狭缝宽度的吸光度。当有其他谱线或非吸收光进入光谱带内，吸光度将立即减小。不引起吸光度减小的最大狭缝宽度，即为选取的合适狭缝宽度。

④ 燃助比的选择　燃助比决定着火焰的类型和状态，对测定的灵敏度、精密度等影响很大。在实际工作中，一般通过实验来选择最佳的燃助比，固定助燃气流量，改变燃气流量，绘制吸光度-燃助比曲线，选择吸光度大且稳定的燃气流量，选出最佳燃助比。

⑤ 燃烧器高度的选择　自由原子在火焰的不同部位分布是不均匀的，只有使入射光束通过自由原子密度最高的区域才能获得最高的灵敏度。为了获得较高的灵敏度并尽量避免干扰，需要对观测高度进行选择。选择观测高度，要兼顾待测自由原子密度高和干扰成分浓度低两个方面，通常将观测高度分为3个区域：①过氧化焰区，离燃烧器口6~12mm，火焰稳定，干扰少，对紫外吸收较弱，灵敏度稍低，吸收线在紫外区的元素适于这一高度；②中

间焰区，离燃烧器口 4～6mm，稳定较差，温度稍低，干扰较多，但灵敏度高，适于铅、锡、铬和硒等元素的测定；③还原焰区，离燃烧器口 4mm 以下，稳定性差，干扰多，对紫外吸收强，灵敏度较高，适于长波段元素的测定。

总之，火焰原子吸收分析条件的选择，要通过实验的方法，经过多次测定、摸索，才能找到最佳的测定条件。

（2）石墨炉原子吸收分析最佳测定条件的选择　在石墨炉原子吸收法中，灯电流、灵敏吸收线和光谱通带等条件的选择基本和火焰法一致，在此方法中应重点掌握石墨炉原子化条件的选择。

① 干燥温度和时间的选择　干燥阶段的目的是蒸发样品溶剂，以蒸尽溶剂而又不发生溅射为原则，一般选择略高于溶剂沸点的温度。

② 灰化温度和时间的选择　在灰化阶段，一方面要保证有足够的温度和时间使灰化完全，使背景吸收降到最低；另一方面又要选择尽可能低的灰化温度和最短的灰化时间，以保证待测元素不受损失。

③ 原子化温度和时间的选择　原子化温度是由元素及其化合物自身的性质决定的，实际工作中在保证最大原子化效率并使吸收信号回到基线的前提下，尽可能选用最低的原子化温度和最短的原子化时间。

④ 热清洗和空烧　一般采用高于原子化的温度，时间为 3～5s。

⑤ 惰性气体流量的选择　目前常用的惰性气体为氩气，外部气体流量一般为 1～5L/min，内部一般为 30～60mL/min。为了提高灵敏度，可以采取在原子化阶段"停气"的技术。

3. 分析方法

采用原子吸收分光光度法测定微量元素时，主要使用的定量分析方法包括标准曲线法、标准加入法和浓度直读法。

（1）标准曲线法　根据不同试样，预先配制相同基体不同浓度的待测元素的系列标准溶液，在选定的实验条件下分别测其吸收系数，以扣除空白值之后的吸收系数为纵坐标，以标准溶液浓度为横坐标绘制标准曲线。在同样操作条件下测定试样溶液的吸收系数，从标准曲线查得试样溶液的浓度。使用该方法时应注意：配制的标准溶液浓度应在吸收系数与浓度成线性的范围内；整个分析过程中的所有操作条件（光源、喷雾、火焰、燃助比、单色器和检测器等）应保持不变。另外，采用标准曲线法时必须保证标准样品与试样的物理性质相同，保证不存在干扰物，对于组成尚不清楚的样品不能用标准曲线法。

（2）标准加入法　先取 4 份相同体积的试样溶液，从第二份起按比例加入不同量待测元素的标准溶液，稀释至一定体积，分别测定加入标准溶液后样品的吸收系数。以吸收系数对加入的待测元素的浓度作图，得到一条不通过原点的直线，外延此直线与横坐标的交点即为试样溶液中待测元素的浓度。使用该方法时应注意：适用于试样组成复杂且测定有明显干扰，但在标准曲线呈线性关系的浓度范围内的样品；该法只能消除基体效应的影响，而不能消除背景吸收的影响，故应扣除背景值；为得到较为准确的外推结果，应最少用 4 个点来作外推曲线。

（3）浓度直读法　当被测试样的浓度刚好在标准曲线范围内，则可用标准溶液进行仪表读数校正后，使被测元素的浓度直接从仪表上读出。使用该方法时应注意：必须保证整个测定范围内吸收系数与浓度有良好的线性关系；必须用标准溶液经常反复校正；标准溶液与被测试样的测定操作条件必须完全相同，仪器工作条件稳定不变。

二、食品中微量元素的测定

1. 食品中的微量元素及其功能

微量元素与人体健康的关系日益受到重视。根据人体对各类矿物质元素的需求不同可分为常量元素和微量元素（某些是痕量元素）。常量元素通常包括 Ca、P、K、Na、Cl、Mg、和 S 等；微量元素通常包括 Fe、Cu、Zn、Mn、Se 等。这些矿物质元素在人体内的含量很低，只有万分之几，有的甚至仅有十亿分之几，但它们却在人体内发挥着不同的重要生理功能，有些元素参与体内的生物化学反应，有些元素形成体内的组织；有些元素是能量转移的载体，有些元素构成维生素、激素、氨基酸等化合物的功能单位。在某种情况下，一种微量元素可以产生多种特殊的生理作用。但也有某些微量元素对人体是有害的，如铅、砷、汞、镉、锗、锡、锑等，这些有害元素一般在食品或原辅材料中含量是微量的，甚至是痕量的，由于它们具有不被生物分解的特性，被人体吸收后得到蓄积，当在组织中达到一定含量即可引起中毒。同时也要认识到，即使某些被认为是有益的并在人体内发挥着重要生理功能的微量元素，它们的需求量也是有一定限制的，盲目地在食品中添加或补充这些微量元素也会引起食物中毒。

2. 食品中微量元素的来源

人体内的微量元素除少量从呼吸道或皮肤进入体内外，大多直接来源于食品。食品中的微量元素含量受到多种因素的影响。

（1）来源于食品原料　食品所用的植物原料或动物原料在自然条件下容易受到大环境的污染，包括大气、水、土壤的地质背景等。植物原料在栽培过程中如土质不同，则各种微量元素在其体内的含量亦不同，如栽培环境中的大气、水、土壤污染严重或农药使用不当，则容易造成环境污染。污染到水体的重金属被鱼、虾、贝等水产品所富集，流到土壤中的重金属被农作物所富集，再由家禽、家畜进一步富集，这样通过食物链将重金属的浓度逐渐提高，最后通过食品进入人体造成危害。

（2）来源于食品的加工、保藏、运输和消费过程　若食品加工工艺不当或在保藏、运输和消费过程中采用了不合适的条件，则易使加工和包装器具中的金属元素污染食品。如罐头食品中镀锡马口铁有时被内容物侵蚀，产生了溶锡现象，还有的因焊锡涂布不牢而溶锡，有机锡毒性很大，如锡化氢。

3. 食品中微量元素的测定方法

人体缺乏某些微量元素或积累某些有害微量元素对健康都是不利的。这些有益或有害微量元素大都与饮食有关，与食品的生产有关，因此有必要加强对饮食或食品生产全过程进行的质量监控。

目前，对这些微量元素的监控主要是通过现代分析技术进行检测，检测的方法主要有滴定法、比色法、极谱法、离子选择电极法、荧光光度法和原子吸收光谱法等，其中原子吸收光谱法具有灵敏度高、检出限低、准确度高、选择性好、操作简便、分析速度快等优点，是目前应用最广泛的测定方法。本章在实验实训部分主要介绍几种元素原子吸收分光光度法的国家标准测定程序，以锻炼微量元素检测的实际操作能力，实现与生产实际应用无缝接轨。

第二节 实 验 实 训

一、食品中铅的测定——石墨炉、火焰原子吸收光谱法（参照 GB/T 5009.12—2003）

铅是微量元素中具有潜在毒性的元素之一，正常情况下人体需要量极少或不需要，或只能耐受极小范围的变动。如血铅在 0.099mg/L 时相对安全，当大于这个量时会发生铅中毒。铅中毒的危害主要表现在对神经系统、血液系统、心血管系统、骨骼系统等终身性的伤害，严重的可以引起死亡。因此，无论是人体必需的微量元素还是有害元素，在食品卫生要求中都有一定的限量规定，从食品分析的角度统称为限量元素。我国食品卫生标准中对这类元素的含量有严格的规定，冷饮食品、奶粉、甜炼乳、井盐和矿盐、味精和酱类等，含铅量不得超过 1mg/kg；蒸馏酒与配制酒、食醋和酱油不得超过 1mg/L（均以 Pb 计）。食品铅污染来自直接或间接的污染，一是含铅农药的使用，陶瓷食具釉料中含铅颜料的加入；二是膨化食品、薯条、松花蛋和爆米花等加工过程中使用含铅量高的镀锡管道、器械或容器及食品添加剂，另外来自环境污染等。当人们经常食用含铅食品时，铅在人体内积累，可引起慢性铅中毒。

（一）石墨炉原子吸收光谱法

1. 原理

试样经灰化或酸消解后，注入原子吸收分光光度计石墨炉中，电热原子化后吸收 283.3nm 共振线，在一定浓度范围内其吸收值与铅含量成正比，与标准系列比较定量。

2. 试剂

（1）硝酸。

（2）过硫酸铵。

（3）过氧化氢（30%）。

（4）高氯酸。

（5）硝酸（1+1）：取 50mL 硝酸慢慢加入 50mL 水中。

（6）硝酸（0.5mol/L）：取 3.2mL 硝酸加入 50mL 水中，稀释至 100mL。

（7）硝酸（1mol/L）：取 6.4mL 硝酸加入 50mL 水中，稀释至 100mL。

（8）磷酸二氢铵溶液（20g/L）：称取 2.0g 磷酸二氢铵，以水溶解并稀释至 100mL。

（9）混合酸［硝酸+高氯酸（4+1）］：取 4 份硝酸和 1 份高氯酸混合。

（10）铅标准贮备液：准确称取 1.000g 金属铅（99.99%），分次加少量硝酸（1+1），加热溶解，总量不超过 37mL，移入 1000mL 容量瓶，加水至刻度，混匀。此溶液每毫升含 1.0mg 铅。

（11）铅标准使用液：每次吸取铅标准贮备液 1.0mL 于 100mL 容量瓶中，加硝酸（0.5mol/L 或 1mol/L）至刻度。如此经多次稀释成含铅 10.0ng/mL、20.0ng/mL、40.0ng/mL、60.0ng/mL、80.0ng/mL 的标准使用液。

3. 仪器

原子吸收分光光度计（附石墨炉及铅空心阴极灯），马弗炉，干燥恒温箱，瓷坩埚，压力消解器、压力消解罐或压力溶弹，可调式电热板、可调式电炉。

所用玻璃仪器均需以硝酸（1+5）浸泡过夜，用水反复冲洗，最后用去离子水冲洗干净。

4. 分析步骤

(1) 试样预处理 在采样和制备过程中，应注意不使试样污染。

① 粮食、豆类去杂物后，磨碎，过20目筛，贮于塑料瓶中，保存备用。

② 蔬菜、水果、鱼类、肉类或蛋类等水分含量高的鲜样，用食品加工机或匀浆机打成匀浆，贮于塑料瓶中，保存备用。

(2) 试样消解 可根据实验室条件选用以下任何一种方法消解。

① 压力消解罐消解法 称取 1.00～2.00g 试样（干样、含脂肪高的试样 1.00g，鲜样 2.0g，或按压力消解罐使用说明书称取试样）于聚四氟乙烯罐内，加硝酸 2～4mL 浸泡过夜。再加过氧化氢（30%）2～3mL（总量不超过罐容积的 1/3）。盖好内盖，旋紧不锈钢外套，放入恒温干燥箱，120～140℃ 保持 3～4h，在箱内自然冷却至室温，用滴管将消化液洗入或过滤入（视消化后试样的盐分而定）10～25mL 容量瓶中，用水少量多次洗涤罐，洗液合并于容量瓶中并定容至刻度，混匀备用。同时做试剂空白。

② 干法灰化 称取 1.00～5.00g（根据铅含量而定）试样于瓷坩埚中，先小火在可调式电热板上炭化至无烟，移入马弗炉 500℃ 灰化 6～8h 时，冷却。若个别试样灰化不彻底，则加 1mL 混合酸在可调式电炉上小火加热，反复多次直到消化完全，放冷，用硝酸（0.5mol/L）将灰分溶解，用滴管将试样消化液洗入或过滤入（视消化后试样的盐分而定）10～25mL 容量瓶中，用水少量多次洗涤罐，洗液合并于容量瓶中并定容至刻度，混匀备用。同时做试剂空白。

③ 过硫酸铵灰化法 称取 1.00～5.00g 试样于瓷坩埚中，加 2～4mL 硝酸浸泡 1h 以上，先小火炭化，冷却后加 2.00～3.00g 过硫酸铵盖于上面，继续炭化至不冒烟，转入马弗炉，500℃ 恒温 2h，再升至 800℃，保持 20min，冷却，加 2～3mL 硝酸（1.0mol/L），用滴管将试样消化液洗入或过滤入（视消化后试样的盐分而定）10～25mL 容量瓶中，用水少量多次洗涤罐，洗液合并于容量瓶中并定容至刻度，混匀备用。同时做试剂空白。

④ 湿式消解法 称取试样 1.00～5.00g 于锥形瓶或高脚杯中，放数粒玻璃珠，加 10mL 混合酸，加盖浸泡过夜，加一小漏斗于电炉上消解，若变棕黑色，再加混合酸，直至冒白烟，消化液呈无色透明或略带黄色，放冷后用滴管将试样消化液洗入或过滤入（视消化后试样的盐分而定）10～25mL 容量瓶中，用水少量多次洗涤罐，洗液合并于容量瓶中并定容至刻度，混匀备用。同时做试剂空白。

(3) 测定

① 仪器条件 根据各自仪器的性能调至最佳状态。参考条件为波长 283.3nm；狭缝 0.2～1.0nm；灯电流 5～7mA；干燥温度 120℃，20s；灰化温度 450℃，持续 15～20s；原子化温度 1700～2300℃，持续 4～5s；背景校正为氘灯或塞曼效应。

② 标准曲线绘制 吸取已配制的铅标准使用液 10.0ng/mL、20.0ng/mL、40.0ng/mL、60.0ng/mL、80.0ng/mL（或 μg/L）各 10μL，注入石墨炉，测得其吸收值，并求得吸收值与浓度关系的一元线性回归方程。

③ 试样测定 分别吸取样液和试剂空白液各 10μL，注入石墨炉，测得其吸收值，代入标准系列的一元线性回归方程中求得样液中铅含量。

④ 基本改进剂的使用 对有干扰试样，则注入适量的基本改进剂磷酸二氢铵溶液（20g/L），一般为 5μL 或与试样同量，以消除干扰。绘制铅标准曲线时也要加入与试样测定时等量的基本改进剂磷酸二氢铵溶液。

5. 结果计算

试样中铅含量按下式进行计算：

$$X = \frac{(c_1 - c_0)V \times 1000}{m \times 1000}$$

式中 X——试样中铅含量，μg/kg 或 μg/L；

c_1——测定样液中铅含量，ng/mL；

c_0——空白液中铅含量，ng/mL；

V——试样消化液定量总体积，mL；

m——试样质量或体积，g 或 mL。

计算结果保留两位有效数字。

在重复性条件下获得的两次独立测定结果的绝对差值不得超过算术平均值的 20%。

（二）火焰原子吸收光谱法

1. 原理

试样经处理后，铅离子在一定 pH 条件下与二乙基二硫代氨基甲酸钠（DDTC）形成配合物，经 4-甲基戊酮-2（MIBK）萃取分离，导入原子吸收光谱仪中，火焰原子化后，吸收 283.3nm 共振线，其吸收量与铅含量成正比，与标准系列比较定量。

2. 试剂

（1）硝酸-高氯酸（4+1）：分别量取硝酸 400mL 和高氯酸 100mL，混合均匀。

（2）硫酸铵溶液（300g/L）：称取 30.0g 硫酸铵 [$(NH_4)_2SO_4$]，用水溶解并加水定容至 100mL。

（3）柠檬酸铵溶液（250g/L）：称取 25.0g 柠檬酸铵，用水溶解并加水定容至 100mL。

（4）溴百里酚蓝水溶液（1g/L）。

（5）二乙基二硫代氨基甲酸钠（DDTC）溶液（50g/L）：称取 5g 二乙基二硫代氨基甲酸钠，用水溶解并加水定容至 100mL。

（6）氨水（1:1）：分别量取氨水 100mL 加入到 100mL 水中，混合均匀。

（7）4-甲基戊酮-2（MIBK）。

（8）铅标准溶液：操作同石墨炉法中方法，配制标准使用液为 10μg/mL。

3. 仪器

原子吸收分光光度计（附火焰原子化器），马弗炉，干燥恒温箱，瓷坩埚，压力消解器、压力消解罐或压力溶弹。

4. 分析步骤

（1）试样处理

① 饮品及酒类　取均匀试样 10.0~20.0g 于烧杯中，酒类应先在水浴上蒸去酒精，于电热板上蒸发至一定体积后，加入硝酸-高氯酸（4+1）消化完全后，转移、定容于 50mL 容量瓶中。

② 包装材料浸泡可直接吸取测定。

③ 谷类　去除其中的杂物及尘土，必要时除去外壳，碾碎，过 20 目筛，混匀。称取 5.0~10.0g，置于 50mL 瓷坩埚中，小火炭化，然后移入马弗炉中，500℃以下炭化 16h 后，取出坩埚，放冷后再加少量混合酸，小火加热，不使干涸，必要时再加少许混合酸。如此反复处理，直至残渣中无炭粒。待坩埚稍冷，加 10mL 盐酸（1+1），溶解残渣并移入 50mL

容量瓶中，再反复洗涤坩埚，洗液并入容量瓶中，并稀释至刻度，混匀备用。取与试样相同量的混合酸和盐酸（1+1），按同一操作方法做试剂空白试验。

④ 蔬菜、瓜果及豆类　取可食部分洗净晾干，充分切碎混匀。称取 10.0～20.0g 置于瓷坩埚中，加 1mL 磷酸（1+10），小火炭化，以下按③自"然后移入马弗炉中……"起依法操作。

⑤ 禽、蛋、水产及乳制品　禽、蛋、水产类取可食部分充分混匀，称取 5.00～10.00g 置于瓷坩埚中，小火炭化，以下按③自"然后移入马弗炉中……"起依法操作。乳类经混匀后，量取 50mL，置于瓷坩埚中，加磷酸（1+10），在水浴上蒸干，再加小火炭化，以下按③自"然后移入马弗炉中……"起依法操作。

(2) 萃取分离

视试样情况，吸取 25.0～50.0mL 上述制备的样液及试剂空白液，分别置于 125mL 分液漏斗中，补加水至 60mL。加 2mL 柠檬酸铵溶液，溴百里酚蓝指示剂（3～5）滴，用氨水（1+1）调 pH 至溶液由黄变蓝，加硫酸铵溶液 10.0mL，DDTC 溶液 10.0mL，摇匀。放置 5min 左右，加入 10.0mLMIBK，剧烈振摇提取 1min，静置且分层后，弃去水层，将 MIBK 层放入 10mL 带塞刻度管中，备用。分别吸取铅标准使用液 0.00mL、0.25mL、0.50mL、1.00mL、1.50mL、2.00mL（相当 0.0μg、2.5μg、5.0μg、10.0μg、15.0μg、20.0μg 铅）于 125mL 分液漏斗中，以下操作与试样相同。

(3) 测定

① 饮品、酒类及包装材料浸泡液可经萃取直接进样测定。

② 萃取液进样，可适当减小乙炔气的流量。

③ 仪器参考条件：空心阴极灯电流 8mA；共振线 283.4nm；狭缝 0.5nm；空气流量 8L/min；燃烧器高度 6mm；BCD 方式。

5. 结果计算

试样中铅的含量按下式进行计算：

$$X = \frac{(c_1 - c_2)V_1 \times 1000}{m \frac{V_3}{V_2} \times 1000}$$

式中　X——试样中铅的含量，mg/kg 或 mg/L；

　　　c_1——测定用试样液中铅的含量，μg/mL；

　　　c_2——试剂空白液中铅的含量，μg/mL；

　　　m——试样质量或体积，g 或 mL；

　　　V_1——试样萃取液体积，mL；

　　　V_2——试样处理液总体积，mL；

　　　V_3——测定用试样萃取液体积，mL；

计算结果保留两位有效数字。

在重复性条件下获得的两次独立测定结果的绝对差值不得超过算术平均值的 20%。

二、食品中钙的测定——火焰原子吸收光谱法（参照 GB/T 5009.92—2003）

1. 原理

试样经湿法消化后，导入原子吸收分光光度计中，经火焰原子化后，吸收 422.7nm 的共振线，其吸收量与含量成正比，与标准系列比较定量。

2. 试剂

(1) 盐酸。

(2) 硝酸。

(3) 高氯酸。

(4) 混合酸消化液：硝酸＋高氯酸＝4＋1。

(5) 0.5mol/L 硝酸溶液：量取 32mL 硝酸，加去离子水并稀释至 1000mL。

(6) 20g/L 氧化镧溶液：称取 23.45g 氧化镧（纯度大于 99.99%），先用少量水湿润，再加 75mL 盐酸于 1000mL 容量瓶中，加去离子水稀释至刻度。

(7) 钙标准贮备溶液：准确称取 1.2486g 碳酸钙（纯度大于 99.99%），加 50mL 去离子水，加盐酸溶解，移入 1000mL 容量瓶中，加 20g/L 氧化镧溶液稀释至刻度。贮存于聚乙烯瓶内，4℃保存。此溶液每毫升相当于 500μg 钙。

(8) 钙标准使用液：钙标准使用液的配制见表 12-1。配制后贮存于聚乙烯瓶内，4℃保存。

表 12-1 钙标准使用液配制

元素	标准贮备溶液浓度/(μg/mL)	吸取贮备标准溶液量/mL	稀释体积（容量瓶）/mL	标准使用液浓度/(μg/mL)	稀释溶液
钙	500	5.0	100	25	20g/L 氧化镧溶液

3. 仪器与设备

原子吸收分光光度计附火焰原子化器。

所用玻璃仪器均以硫酸-重铬酸钾洗液浸泡数小时，再用洗衣粉充分洗刷，后用水反复冲洗，最后用去离子水反复冲洗晒干或烘干，方可使用。

4. 分析步骤

(1) 试样制备　微量元素分析的试样制备过程中应特别注意防止各种污染。所用设备如电磨、绞肉机、匀浆器、打碎机等必须是不锈钢制品，所用容器必须使用玻璃或聚乙烯制品，做钙的测定的试样不得使用石磨研碎。鲜样（如蔬菜、水果、鲜鱼、鲜肉）先用自来水冲洗干净后，再用去离子水充分洗净。干粉类试样（如面粉、奶粉等）取样后立即装容器密封保存，防止空气中的灰尘和水分污染。

(2) 试样消化　精确称取均匀干试样 0.5～1.5g（湿样 2.0～4.0g，饮料等液体试样 5.0～10.0g）于 250mL 烧杯，加混合酸消化液 20～30mL，上盖表面皿。置于电热板或沙浴上加热消化。如未消化好而酸液过少时再补加几毫升混合酸消化液，继续加热消化，直至无色透明为止。加几毫升水，加热以除去多余的硝酸。待烧杯中液体接近 2～3mL 时，取下冷却。用 20g/L 氧化镧溶液冲洗并转移于 10mL 刻度试管中，定容至刻度。

取与消化试样相同量的混合酸消化液，按上述操作做试剂空白实验测定。

(3) 测定　将钙标准使用液分别配制成不同浓度系列的标准稀释液，见表 12-2，测定操作参数见表 12-3。

其他实验条件：仪器狭缝、空气及乙炔的流量、灯头高度、元素电流等均按使用的仪器说明调至最佳状态。

表 12-2 不同浓度系列标准稀释液的配制方法

元素	使用液浓度/(μg/mL)	吸取使用液量/mL	稀释体积/mL	标准系列浓度/(μg/mL)	稀释溶液
钙	25	1	50	0.5	20g/L氧化镧溶液
		2		1	
		3		1.5	
		4		2	
		6		3	

表 12-3 测定操作参数

元素	波长/nm	光源	火焰	标准系列浓度范围/(μg/mL)	稀释溶液
钙	422.7	可见光	空气-乙炔	0.5~3.0	20g/L氧化镧溶液

将消化好的试样液、试剂空白液和钙元素的标准浓度系列分别导入火焰原子化器中进行测定。

5. 计算

$$X = \frac{(c_1 - c_0)Vf \times 100}{m \times 1000}$$

式中 X——试样中元素的含量，mg/100g；
  c_1——测定用样品液中元素的浓度，μg/mL；
  c_0——试剂空白液中元素的浓度，μg/mL；
  m——试样质量，g；
  V——试样定容体积，mL；
  f——稀释倍数。

计算结果表示到小数点后两位。

在重复性条件下获得的两次独立测定结果的绝对差值不得超过算术平均值的10%。

三、食品中铁的测定——火焰原子吸收光谱法（参照 GB/T 5009.90—2003）

1. 原理

试样经湿法消化后，导入原子吸收分光光度计中，经火焰原子化后，铁原子吸收248.3nm的共振线，其吸收量与其含量成正比，与标准系列比较定量。

2. 试剂

(1) 盐酸。

(2) 硝酸。

(3) 高氯酸。

(4) 混合酸消化液：硝酸+高氯酸=4+1。

(5) 0.5mol/L 硝酸溶液：量取32mL硝酸，加去离子水并稀释至1000mL。

(6) 铁标准溶液：准确称取金属铁（纯度大于99.99%）1.0000g，或含1.0000g纯铁相对应的氧化物。加硝酸溶解，并移入1000mL容量瓶中，加0.5mol/L硝酸溶液并稀释至刻度。贮存于聚乙烯瓶内，4℃保存。此溶液每毫升相当于1mg铁。

(7) 铁标准使用液的配制见表12-4。

表 12-4　铁标准使用液的配制

元素	标准溶液浓度/(μg/mL)	吸取标准溶液量/mL	稀释体积(容量瓶)/mL	标准使用液浓度/(μg/mL)	稀释溶液
铁	1000	10.0	100	100	0.5mol/L 硝酸溶液

铁标准使用液配置后，贮存于聚乙烯瓶内，4℃保存。

3. 仪器

原子吸收分光光度计附火焰原子化器。

所用玻璃仪器均用硫酸-重铬酸钾洗液浸泡数小时，再用洗衣粉充分洗刷，后用水反复冲洗，最后去离子水冲洗晒干或烘干，方可使用。

4. 分析步骤

（1）试样处理　微量元素分析的试样制备过程应特别注意防止各种污染。所用设备如电磨、绞肉机、匀浆器、打碎机等必须是不锈钢制品。所用容器必须使用玻璃或聚乙烯制品。鲜湿样（如蔬菜、水果、鲜鱼、鲜肉等）用自来水冲洗干净后，要用去离子水充分洗净。干粉类试样（如面粉、奶粉等）取样后立即装容器密封保存，防止空气中的灰尘和水分污染。

（2）试样消化　精确称取均匀试样干品 0.5~1.5g，湿样 2.0~4.0g，饮料等液体样品 5.0~10.0g 于 250mL 高筒烧杯中，加混合酸消化液 20~30mL，上盖表面皿。置于电热板或沙浴上加热消化。如未消化好而酸液过少时，再补加几毫升混合酸消化液，继续加热消化，直至无色透明为止，再加几毫升水，加热以除去多余的硝酸。待烧杯中的液体接近 2~3mL 时，取下冷却。用去离子水冲洗并转移至 10mL 刻度试管中，加水定容至刻度。

取与消化试样相同量的混合酸消化液，按上述操作做试剂空白测定。

（3）测定　将铁标准使用液配制不同浓度系列的标准稀释液，方法见表 12-5，测定操作参数见表 12-6。

表 12-5　不同浓度系列标准稀释液的配制方法

元素	使用液浓度/(μg/mL)	吸取使用液量/mL	稀释体积(容量瓶)/mL	稀释溶液
铁	100	0.5	100	0.5mol/L 硝酸溶液
		1		
		2		
		3		
		4		

表 12-6　测定操作参数

元素	波长/nm	光源	火焰	标准系列浓度范围/(μg/mL)	稀释溶液
铁	248.3	紫外	空气-乙炔	0.5~4.0	0.5mol/L 硝酸溶液

其他实验条件：仪器狭缝、空气及乙炔的流量、灯头高度、元素灯电流等均按使用的仪器说明调至最佳状态。

5. 计算

以各浓度系列标准溶液与对应的吸收系数绘制标准曲线。测定用试样液及试剂空白液由标准曲线查出浓度值（c 及 c_0），再按下式计算：

$$X = \frac{(c - c_0)Vf \times 100}{m \times 1000}$$

式中　X——试样中元素的含量，mg/100g；

　　　c——测定用试样液中元素的浓度（由标准曲线查出），μg/mL；

　　　c_0——试剂空白液中元素的浓度（由标准曲线查出），μg/mL；

　　　V——试样定容体积，mL；

　　　f——稀释倍数；

　　　m——试样的质量，g。

计算结果表示到小数点后两位。

在重复性条件下获得的两次独立测定结果的绝对差值不得超过算术平均值的10%。

四、食品中铜的测定——原子吸收光谱法（参照 GB/T 5009.13—2003）

1. 原理

试样经处理后，导入原子吸收分光光度计中，经石墨炉或火焰原子化器原子化后，吸收324.8nm 共振线，其吸收值与铜含量成正比，与标准系列比较定量。

2. 试剂

（1）硝酸。

（2）石油醚。

（3）硝酸（10%）：取 10mL 硝酸置于适量水中，再稀释至 100mL。

（4）硝酸（0.5%）：取 0.5mL 硝酸置于适量水中，再稀释至 100mL。

（5）硝酸（1+4）：取 20mL 硝酸加入 80mL 去离子水中，混合均匀。

（6）硝酸（4+6）：量取 40mL 硝酸加入 60mL 去离子水中，混合均匀。

（7）铜标准溶液：准确称取 1.0000g 金属铜（99.99%），分次加入少量硝酸（4+6）溶解，总量不超过 37mL，移入 1000mL 容量瓶中，用水稀释至刻度。此溶液每毫升相当于 1.0mg 铜。

（8）铜标准使用液Ⅰ：吸取 10.0mL 铜标准溶液，置于 100mL 容量瓶中，用 0.5% 硝酸溶液稀释至刻度，摇匀，如此多次稀释至每毫升相当于 1.0μg 铜。

（9）铜标准使用液Ⅱ：按（8）方式，稀释至每毫升相当于 0.10μg 铜。

3. 仪器

捣碎机、马弗炉、原子吸收分光光度计。

所用玻璃仪器均以硝酸（10%）浸泡 24h 以上，用水反复冲洗，最后用去离子水冲洗晾干后，方可使用。

4. 分析步骤

（1）试样处理

① 谷类（除去外壳）、茶叶、咖啡等　磨碎，过 20 目筛，混匀。蔬菜、水果等试样取可食部分，切碎、捣成匀浆。称取 1.00～5.00g 试样，置于石英或瓷坩埚中，加 5mL 硝酸，放置 0.5h，小火蒸干，继续加热炭化，移入马弗炉中，(500±25)℃灰化 1h，取出放冷，再加 1mL 硝酸浸湿灰分，小火蒸干，再移入马弗炉中，500℃灰化 0.5h，冷却后取出，以 1mL 硝酸（1+4）溶解 4 次，移入 10.0mL 容量瓶中，用水稀释至刻度，备用。

取与消化试样相同量的硝酸，按同一方法做试剂空白试验。

② 水产类　取可食部分捣成匀浆。称取 1.00～5.00g，以下按（1）自"置于石英或瓷坩埚中……"起依法操作。

③ 乳、炼乳、乳粉　称取 2.00g 混匀试样，按（1）自"置于石英或瓷坩埚中……"起依法操作。

④ 油脂类　称取 2.00g 混匀试样，固体油脂先加热融成液体，置于 100mL 分液漏斗中，加 10mL 石油醚，用硝酸（10%）提取 2 次，每次 5mL，振摇 1min，合并硝酸液于 50mL 容量瓶中，加水稀释至刻度，混匀，备用。并同时做试剂空白试验。

⑤ 饮料、酒、醋、酱油等液体试样　可直接取样品测定，固形物较多时或仪器灵敏不足时，可把上述试样浓缩按（1）操作。

(2) 测定

① 吸取 0.0mL、1.0mL、2.0mL、4.0mL、6.0mL、8.0mL、10.0mL 铜标准使用液 I (1.0μg/mL)，分别置于 10mL 容量瓶中，加硝酸（0.5%）稀释至刻度，混匀。容量瓶中分别相当于 0.0μg/mL、0.10μg/mL、0.20μg/mL、0.40μg/mL、0.60μg/mL、0.80μg/mL、1.00μg/mL 铜。

② 将处理后的样液、试剂空白液和各容量瓶中铜标准液分别导入调至最佳条件的火焰原子化器进行测定。参考条件：灯电流 3～6mA，波长 324.8nm，光谱通带 0.5nm，空气流量 9L/min，乙炔流量 2L/min，灯头高度 6mm，氘灯背景校正。以铜标准溶液含量和对应吸收系数绘制标准曲线或计算直线回归方程，试样吸收值与曲线比较或代入方程求得含量。

③ 吸取 0mL、1.0mL、2.0mL、4.0mL、6.0mL、8.0mL、10.0mL 铜标准使用液 II (0.10μg/mL) 分别置于 10mL 容量瓶中，加硝酸（0.5%）稀释至刻度，摇匀。容量瓶中相当于 0μg/mL、0.01μg/mL、0.02μg/mL、0.04μg/mL、0.06μg/mL、0.08μg/mL、0.10μg/mL 铜。

④ 将处理后的样液、试剂空白液和各容量瓶中的铜标准液 10～20μL 分别导入调至最佳条件的石墨炉原子化器进行测定。参考条件：灯电流 3～6mA，波长 324.8nm，光谱通带 0.5nm，保护气体 1.5L/min（原子化阶段停气）。操作参数：干燥 90℃，20s；升到 800℃，20s；原子化 2300℃，4s。以铜标准溶液 II 系列含量和对应吸收系数绘制标准曲线或计算直线回归方程，试样吸收值与曲线比较或代入方程求得含量。

⑤ 氯化钠或其他物质干扰时，可在进样前用硝酸铵（1mg/mL）或磷酸二氢铵稀释或进样后（石墨炉）再加入与试样等量上述物质作为基体改进剂。

5. 计算

(1) 火焰法　试样中铜的含量按下式进行计算：

$$X = \frac{(A_1 - A_2)V \times 1000}{m \times 1000}$$

式中　X——试样中铜的含量，mg/kg 或 mg/L；

A_1——测定用试样中铜的含量，μg/mL；

A_2——测定空白液中铜的含量，μg/mL；

V——试样处理后的总体积，mL；

m——试样质量或体积，g 或 mL。

(2) 石墨炉法　试样中铜的含量按下式进行计算：

$$X = \frac{(A_1 - A_2)V \times 1000}{m \left(\dfrac{V_1}{V_2}\right) \times 1000}$$

式中　X——试样中铜的含量，mg/kg 或 mg/L；
　　　A_1——测定用试样消化液中铜的含量，μg；
　　　A_2——测定空白液中铜的含量，μg；
　　　m——试样质量（体积），g 或 mL；
　　　V_1——试样消化液的总体积，mL；
　　　V_2——测定用试样消化液的体积，mL。

计算结果保留两位有效数字，试样含量超过 10mg/kg 时保留三位有效数字。
在重复性条件下获得的两次测定结果的绝对值不得超过算术平均值的 10%。

复 习 题

1. 原子吸收光谱分析的基本原理是什么？
2. 在原子吸收光谱法测定各微量元素的过程中如何减少误差，以提高分析的准确度？
3. 查找出食品中锌元素测定的国家标准，并按标准测定市场上某一类食品中锌的含量，写出相应的检测报告。

原子吸收光谱仪的构造、作用原理、使用及维护

一、原子吸收光谱仪的构造与作用原理

原子吸收光谱仪又名原子吸收分光光度计，主要由光源、原子化器、单色器、检测系统和显示系统等部分组成，如图 12-1 所示。

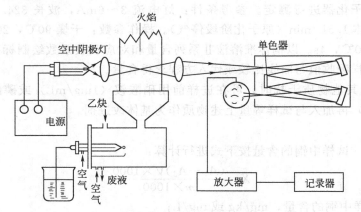

图 12-1　原子吸收光谱仪构造示意图

1. 光源

光源是用来发射待测元素的特征光谱，其种类主要包括空心阴极灯、无极放电灯、蒸气放电灯和激光光源灯等，其中应用最广泛的是空心阴极灯。

空心阴极灯又称为元素灯，根据阴极材料的不同，分为单元素灯和多元素灯。单元素灯只能用于一种元素的测定，这类灯发射线干扰少，强度高，但每测一种元素需要更换一种灯。多元素灯可连续测定几种元素，免去了换灯的麻烦，减少预热消耗的同时，可降低原子吸收分析的成本，但其光度较弱，容易产生干扰，使用前应先检查测定的波长附近有无单色

器不能分开的非待测元素的谱线。现已应用的多元素灯一灯最多可测 6～7 种元素。

2. 原子化器

原子吸收光谱分析必须将被测元素的原子转化为原子蒸气，即原子化，样品的原子化是原子吸收光谱分析的一个关键，它对原子吸收光谱法的灵敏度、准确性及干扰情况有很大的影响。用于将试样中待测元素原子化的设备装置就是原子化器，又称为原子化系统。要求原子化器尽可能有较高的原子化效率、稳定性好、重现性好、背景和噪声小。常用的原子化器有火焰原子化器和无火焰原子化器两种。

（1）火焰原子化器 火焰原子化器包括雾化器、混合器和燃烧器等部分。火焰原子化器结构示意图见表 12-2。火焰原子化包括两个步骤：先将试样溶液变成细小雾滴，即雾化阶段；然后使雾滴接受火焰供给的能量形成基态原子，即原子化阶段。火焰原子化法操作简便，重现性好，有效光程大，对大多数元素有较高灵敏度，应用广泛。但火焰原子化法的原子化效率较低，样品用量多，而且一般不能直接用于分析固体样品。

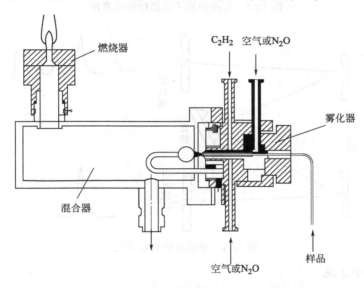

图 12-2 火焰原子化器结构示意图

（2）无火焰原子化器 无火焰原子化器又名电热原子化器，它有多种类型，如石墨炉原子化器、石墨杯原子化器、钽舟原子化器、碳棒原子化器、镍杯原子化器、高频感应炉、等离子喷焰等种类，其中应用较多的是石墨炉原子化器。石墨炉原子化器结构示意图如图 12-3 所示。在进行原子化时，试样进入石墨炉后在高温（2000～3000℃）作用下，样品被完全蒸发，形成基态原子蒸气。石墨炉原子化器的原子化频率较高，在可调的高温下可将试样原子化达 100%，灵敏度高，其绝对灵敏度可达 $10^{-11} \sim 10^{-6}$ g，试样用量少，适用于难熔元素的测定。其不足之处是试样组成不均匀，影响较大，测定精密度较火焰原子化法低，共存化合物的干扰比火焰原子化法大，背景干扰比较严重，一般都需要校正背景。

3. 单色器

原子吸收光谱仪的单色器又称分光系统，它主要由入射狭缝、出射狭缝和色散元件（通常是光栅）等组成，其结构示意图如图 12-4 所示。分光系统的作用主要是将待测元素的共振线与邻近谱线分开，阻止其他谱线进入监测器，使监测系统只接受共振吸收线。

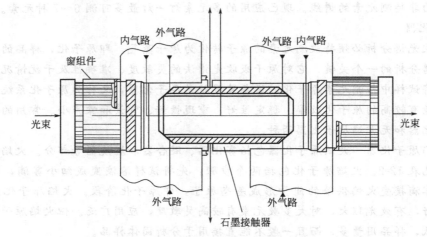

图 12-3　石墨炉原子化器结构示意图

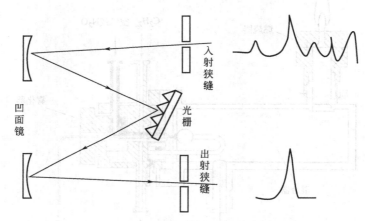

图 12-4　单色器结构示意图

4. 检测和显示系统

检测和显示系统一般由光电元件、放大器和显示装置等组成。光电元件常采用光电倍增管，它可将经过原子蒸气吸收和单色器分光后的微弱信号转换为电信号。放大器的作用是将光电倍增管输出的电压信号放大后送入显示器。放大器放大后的电信号经过对数转换器转换成吸收系数信号，再采用微安表或检流计直接指示读数，或用数字显示器显示，或用记录仪打印读数。目前大多配备了微处理机系统（工作站），具有自动调零、曲线校直、浓度直读等性能，并附有记录器、打印机、自动进样器、阴极射线管、荧光屏及计算机等装置，大大提高了仪器的自动化程度。

二、原子吸收光谱仪的使用

以 AA320 型原子吸收分光光度计为例介绍。

1. 检查仪器连接

检查仪器各部件、各气路口是否安装正确，气密性是否良好。

2. 仪器调整

根据待分析元素选择、安装空心阴极灯，选择灯电流、波长、光谱带宽。将"方式"开关置于"调整",信号开关置于"连续",进行光源对光和燃烧器对光。然后将"方式"开关置于"吸收系数"。

3. 打开气瓶点燃火焰

(1) 空气-乙炔火焰 ①检查100mm燃烧器和废液排放管是否安装妥当,然后将"空气-笑气"切换开关推至"空气"位置。②开启排风装置电源开关,排风10min后,接通空气压缩机电源,将输出压调至0.3MPa。接通仪器上气路总开关和"助燃气"开关,调节助燃气稳压阀,使压力表指示为0.2MPa。顺时针旋转辅助气钮,关闭辅助气。此时空气流量约为5.5L/min。③开启乙炔钢瓶总阀,调节乙炔钢瓶减压阀输出压为0.05MPa。打开仪器上的乙炔开关,调乙炔气钮使乙炔流量为1.5L/min。④按下点火钮,使点火喷口喷出火焰将燃烧器点燃。点燃后应重新调节乙炔流量,选择合适的分析火焰。

(2) 氧化亚氮-乙炔火焰 ①检查燃烧头废液排放管是否安装,然后将"空气-笑气"切换开关推至"空气"位置。②调节乙炔钢瓶的减压阀至输出压力约为0.07MPa。将氧化亚氮钢瓶的输出压力调至0.3MPa。接通空气压缩机电源,输出压力调至0.3MPa。接通气路电源总开关和"助燃气"开关,调节助燃气稳压阀,使压力表指示为0.2MPa。③顺时针旋转辅助气钮,关闭辅助气。此时流量计指示仅为雾化气流量,约为5.5L/min。如有必要可启动辅助气,但增大辅助气会降低灵敏度。④调节乙炔钢瓶减压阀,使乙炔表指示为0.05MPa,打开乙炔气开关,调节乙炔气流量至1.5L/min左右。立即按下点火钮,使点火喷口喷出火焰将燃烧头点燃。等待至少15s,待火焰燃烧均匀后,调节乙炔流量至3L/min左右,并把"空气-笑气"切换开关打到"笑气"位置。⑤调节乙炔流量直至火焰的反应区有1~2cm高,外焰高30~35cm。吸喷被测元素的标准液,调节乙炔气流量,根据吸收系数的变化选择合适的分析火焰。

4. 测量操作

(1) 点火5min后,吸喷去离子水(或空白液),按"调零"旋钮调零。

(2) 将"信号"开关置于"积分"位置,吸喷去离子水(或空白液),再次按"调零"钮调零。吸喷标准液(或试液),待能量表指针稳定后按"读数"键,3s后显示器显示吸收系数积分值,并保持5s。为保证读数可靠,重复以上操作3次,取平均值,记录仪同时记录积分波形。

注意,每次测量后均要吸喷去离子水(或空白液),按"调零"钮调零,然后再吸喷另一试液。

5. 测量后的操作

测量完毕吸喷去离子水5min。

6. 熄灭火焰和关机

(1) 空气-乙炔的火焰熄灭和关机 关闭乙炔钢瓶总阀使火焰熄灭,待压力表指针回到零时再旋松减压阀。关闭空气压缩机,待压力表和流量计回零时,关仪器气路电源总开关,关闭"空气-笑气"电开关,关闭"助燃气"电开关,关闭"乙炔气"电开关,关闭仪器总电源开关,最后关闭排风机开关。

(2) 氧化亚氮-乙炔火焰熄灭和关机 将"空气-笑气"开关切换到"空气"位置,把笑气-乙炔火焰转换为空气-乙炔火焰(注意不可在笑气-乙炔火焰时熄灭),关闭乙炔钢瓶总阀使火焰熄灭,待压力表指针回零时再旋松减压阀;关闭空压机并释放剩余气体,关闭气路电源总开关,关闭各气体电源开关,关闭仪器电源开关,最后关闭排风机开关。

三、原子吸收光谱仪的维护与保养

1. 开机前的检查

开机前,检查各电源插头是否接触良好,仪器各部分是否归于零位。

2. 光源的维护与保养

对新购置的空心阴极灯应先进行扫描测试和登记,以方便后期使用。空心阴极灯应在最大允许电流以下使用,使用完毕后,要使灯充分冷却,然后从灯架上取下存放。当发现空心阴极灯的石英窗口有污染时,应用脱脂棉蘸无水乙醇擦拭干净。不用时不要点灯,否则会缩短灯寿命;但长期不用的元素灯需每隔1~2个月在额定工作电流下点燃15~60min。

光源调整机构的运动部件要定期加少量润滑油,以保持运动灵活自如。

3. 原子化器的维护与保养

每次操作完毕要立即吸喷蒸馏水数分钟,以防止雾化器和燃烧头被玷污或锈蚀。仪器不宜测定高氟浓度样品,若测定则使用后应立即用蒸馏水清洗,防止腐蚀;所用吸液的聚乙烯管应保持清洁,无油污,防止弯折;发现堵塞,可用软钢丝清除。

预混室要定期用蒸馏水吸喷5~10min进行清洗。

点火后,燃烧器的缝隙上方应是燃烧均匀、呈带状的蓝色火焰。若火焰呈齿状,说明燃烧头缝隙上有污物,可用滤纸插入缝口擦拭,必要时应卸下燃烧器,用1:1乙醇丙酮清洗;如有熔珠可用金相砂纸打磨,严禁用酸浸泡。

测试有机试样后应立即对燃烧器进行清洗,一般应先吸喷容易与有机样品混合的有机溶剂约5min,再吸喷$w=1\%$的硝酸溶液5min,并将废液排放管和废液容器倒空重新装水。

4. 单色器的维护与保养

单色器要保持干燥,要定期更换单色器内的干燥剂。严禁用手触摸和擅自调节。备用光电倍增管应轻拿轻放,严禁振动。仪器中的光电倍增管严禁强光照射,检修时要关掉负高压。

5. 气路系统的维护与保养

要定期检查气路接头和缝口是否存在漏气现象,以便及时解决。使用仪器时,若出现废液管道的水封被破坏、漏气,或燃烧器明显变宽,或助燃气与燃气流量比过大,或使用笑气-乙炔火焰时,乙炔流量小于2L/min等情况易发生"回火"现象。一旦发生"回火",应镇定地迅速关闭燃气,然后关闭助燃气,切断仪器电源。若回火引燃了供气管道及附近物品时,应采用二氧化碳灭火器灭火。防止回火的点火操作顺序为先开助燃气,后开燃气;熄火顺序为先关燃气,待火熄灭后,再关助燃气。

乙炔钢瓶严禁剧烈振动和撞击。工作时应直立,温度不宜超过30~40℃。开启钢瓶时,阀门旋开不超过1.5圈,以防止乙炔逸出。乙炔钢瓶的输出压力应不低于0.05MPa,否则应及时充乙炔气。

要经常放掉空气压缩机气水分离器的积水,防止水进入助燃气流量计。

四、原子吸收光谱仪的常见故障分析及排除方法

故障现象	故障原因	排除方法
仪器总电源指示灯不亮	(1)仪器电源线断路或接触不良; (2)仪器保险丝熔断; (3)电源输入线路中有断路; (4)指示灯泡坏; (5)灯座接触不良	(1)将电源线接好,压紧插头插座,如仍接触不良则应更换新电源线; (2)更换新保险丝; (3)用万用表检查,并用观察法寻找断路处,将其焊接好; (4)更换指示灯泡; (5)改善灯座接触状态

续表

故障现象	故障原因	排除方法
指示灯、空心阴极灯均不亮，表头无指示	(1)电源插头松脱； (2)保险丝断； (3)电源线断； (4)高压部分有故障	(1)插紧电源插头； (2)更换保险丝； (3)接好电源线； (4)检查高压部分，找出故障，加以排除
空心阴极灯亮，但发光强度无法调节	(1)空心阴极灯坏； (2)灯未坏，但不能调发光强度	(1)用备用灯检查，确认灯坏，进行更换； (2)根据电源电路图进行故障检查，排除
空心阴极灯亮，但高压开启后无能量显示	(1)无高压； (2)空心阴极灯极性接反； (3)狭缝旋钮未置于"定位"位置，造成狭缝不透光或部分挡光； (4)波长不准	(1)可将增益开到最大，若无升压变压器的"吱吱"高频叫声，则表明无高压输出。可从高频高压输出端有无短路、负高压部分的低压稳压电源线路有无元件损坏、倍压整流管是否损坏、高压多谐振荡器是否工作等方面检查，找出故障加以排除； (2)将灯的极性接正确； (3)转动狭缝手轮，将其置于"定位"位置； (4)找准波长
开机点火后无吸收	(1)波长选择不正确； (2)工作电流过大； (3)燃烧头与光轴不平行； (4)标准溶液配制不合适	(1)重选测量波长，避开干扰谱线； (2)降低灯电流； (3)调整燃烧头，使之与光轴平行； (4)正确配制标准液
灵敏度低	(1)元素灯背景太大； (2)元素灯的工作电流过大，谱线变宽，灵敏度下降； (3)火焰温度不适当，燃助比不合适； (4)火焰高度不适当； (5)雾化器毛细管堵塞，这是仪器灵敏度下降的主要原因； (6)撞击球与喷嘴的相对位置未调好； (7)燃烧器与外光路不平行； (8)波长选择不合适； (9)燃气不纯； (10)空白溶液被污染，干扰增大； (11)样品与标准溶液存放时间过长变质； (12)燃气漏气或气源不足	(1)选择发射背景合适的元素灯作光源； (2)在光强度满足需要的前提下，采用低的工作电流； (3)选择合适燃助比； (4)正确选择火焰高度； (5)将燃气流量开至最大，用手指堵住喷嘴，使助燃气吹至畅通为止； (6)调节相对位置至合适，一般调到球与喷嘴相切； (7)调节燃烧头，使光轴通过火焰中心； (8)一般情况下选共振线作为分析线； (9)采取措施，纯化燃气； (10)更换空白溶液； (11)重新配制； (12)检漏，加大气源压力
重现性差，读数漂移	(1)乙炔流量不稳定； (2)燃烧器预热时间不足； (3)燃烧器缝隙或雾化器毛细管堵塞； (4)废液流动不通畅，雾化筒内积水，影响样品进入火焰，导致重现性差； (5)废液管道无水封或废液管变形； (6)燃气压力不够，不能保持火焰恒定，或管道内有残存盐类堵塞； (7)雾化器未调好； (8)火焰高度选择不当，基态原子数变化异常，使吸收不稳定	(1)在乙炔管道上加一阀门，控制开关，调节好乙炔流量； (2)增加燃烧器预热时间； (3)清除污物使之畅通； (4)立即停机检查，疏通管道； (5)将废液管道加水封或更换废液管； (6)加大燃气压力，使气源充足，或用滤纸堵住燃烧器缝隙，继续喷雾，增大雾化筒压力，迫使废液排出，并清洗管道； (7)重调雾化器； (8)选择合适的火焰高度
点火困难	(1)乙炔气压力或流量不足； (2)助燃气流量过大； (3)当仪器停用较久，空气扩散并充满管道，燃气很少	(1)增加乙炔气压力或流量； (2)调节助燃气流量至合适； (3)点火操作若干次，使乙炔气重新充满管道
燃烧器回火	(1)直接点燃 $N_2O-C_2H_2$ 火焰； (2)废液管水封安装不当	(1)对 N_2O 加热后再点火； (2)重新安装水封
分析结果偏高	(1)溶液中的固体未溶解，造成假吸收； (2)由于"背景吸收"造成假吸收； (3)空白未校正； (4)标准溶液变质； (5)谱线覆盖造成假吸收	(1)调高火焰温度，使固体颗粒蒸发离解； (2)在共振线附近用同样的条件再测定； (3)做空白校正试验； (4)重新配制标准溶液； (5)降低试样浓度，减少假吸收
分析结果偏低	(1)试样挥发不完全，细雾颗粒大，在火焰中未完全离解； (2)标准溶液配制不当； (3)被测试样浓度太高，仪器工作在非线性区域； (4)试样被污染或存在其他物理化学干扰	(1)调整撞击球和喷嘴的相对位置，提高喷雾质量； (2)重新配制标准溶液； (3)减小试样浓度，使仪器工作在线性区域； (4)消除干扰因素，更换试样

模块十三　综合实训

第一节　乳及乳制品的检验

一、知识讲解

1. 乳及乳制品概述

乳是哺乳动物为哺育幼仔而从乳腺中分泌出来的具有生理作用与胶体特性的液体，它含有幼小机体所需的全部营养成分，而且是最易消化吸收的完全食物。

乳制品是指以乳为主要原料，经加热干燥、冷冻或发酵等工艺加工制成的各种液体或固体食品。

实施食品生产许可证管理的乳制品包括：巴氏杀菌乳、灭菌乳、酸牛乳、乳粉、炼乳、奶油、干酪。

乳制品的申证单元为3个：液体乳（包括巴氏杀菌乳、灭菌乳、酸牛乳）、乳粉（包括全脂乳粉、脱脂乳粉、全脂加糖乳粉、调味乳粉）、其他乳制品（包括炼乳、奶油、干酪）。

下面以酸牛乳为例，对乳及乳制品的检验做一介绍。

2. 酸牛乳的定义

酸牛乳又称酸奶，是以牛乳或复原乳为原料，脱脂、部分脱脂或不脱脂，添加或不添加辅料，经发酵制成的产品。

3. 酸牛乳的种类

酸牛乳一般可分为两种。

（1）凝固型酸牛乳　又称为传统型酸奶，发酵在零售包装容器中进行的产品，其凝块是均一的半固体状态。

（2）搅拌型酸牛乳　发酵在发酵罐中进行，包装前经过冷却并将凝块打碎，添加果料或其他添加物，产品呈低黏度的均匀状态。

4. 酸牛乳的生产加工工艺

（1）凝固型酸牛乳生产工艺流程　原料乳验收→净乳→冷藏→标准化→均质→杀菌→冷却→接入发酵菌种→灌装→发酵→冷却→冷藏。

（2）搅拌型酸牛乳生产工艺流程　原料乳验收→净乳→冷藏→标准化→均质→杀菌→冷却→接入发酵菌种→发酵→添加辅料→冷却→灌装→冷藏。

5. 酸乳容易或者可能出现的质量安全问题

产品质地不均，有蛋白凝块或颗粒，不黏稠；产品缺乏发酵乳的芳香味；酸度过高或过低；乳清分离，上部分是乳清，下部分是凝胶体；微生物污染，有菌体生长或胀包。

6. 酸乳生产的关键控制环节

原料乳验收、标准化、发酵剂的制备、发酵、灌装、设备的清洗。

7. 酸乳生产企业必备的出厂检验设备

酸乳生产企业必备的出厂检验设备有：分析天平（0.1mg）、干燥箱、离心机（符合GB/T 5413.29）、蛋白质测定装置、恒温水浴锅、杂质过滤机、灭菌锅、生物显微镜、微生物培养箱、无菌室或超净工作台。

8. 酸乳产品的检验流程

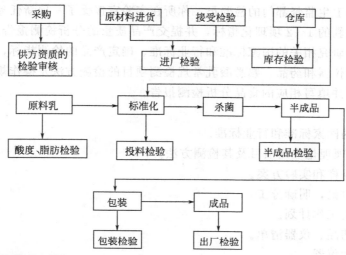

9. 酸乳产品的检验项目

酸乳涉及的国家标准为：GB 19302—2003《酸乳卫生标准》、GB 2746—1999《酸牛乳》、GB 7718—1994《食品标签通用标准》、GB 14880—1994《食品营养强化剂使用卫生标准》等。酸牛乳质量检验项目见表13-1。

表13-1 酸牛乳质量检验项目表

序号	检验项目	发证	监督	出厂	备注
1	感官	√	√	√	
2	净含量	√	√	√	
3	脂肪	√	√	√	
4	蛋白质	√	√	√	
5	非脂乳固体	√	√		
6	总固形物	√	√		不适用于纯酸乳
7	酸度	√	√	√	
8	苯甲酸	√	√		
9	山梨酸	√	√		
10	硝酸盐	√	√	*	
11	亚硝酸盐	√	√	*	
12	黄曲霉毒素 M_1	√	√		
13	大肠菌群	√	√	√	
14	酵母	√	√	*	
15	霉菌	√	√	*	
16	致病菌	√	√		
17	乳酸菌数	√	√	*	
18	铅	√			
19	无机砷	√			
20	标签	√	√		

注：1. 依据标准GB 2746、GB 7718、GB 19302等。

2. 企业的出厂检验项目中注有"*"标记的，企业应当每年检验两次。

乳制品的发证检验、监督检验、出厂检验分别按照《乳制品生产许可证审查细则》中所列出的相应检验项目进行。

二、综合实训——酸乳某理化指标的分析检测

1. 实训背景

假设你是食品卫生监督部门的检验员，你所在实验室接受了一项新任务，要求从市场抽样检测某一品牌酸乳的1~2项理化指标，并提交产品质量的分析检测报告。

因此，你需要研究相关的国家标准和行业标准、确定产品的检测指标，理解分析方法的原理、准备相关的仪器和药品、熟悉酸乳常规检测项目的检测方法及操作规程，正确使用实验仪器设备，制订并填写相应的食品分析检测报告。

2. 实训任务

① 查找相关的国家标准和行业标准。
② 确定1~2项理化检测项目及其检测方法。
③ 研究制定采样和实验方案。
④ 小组成员讨论，明确分工。
⑤ 制定详细的工作计划。
⑥ 制定所需药品、仪器清单。
⑦ 领取药品和仪器。
⑧ 采样。
⑨ 样品分析检测。
⑩ 记录检测过程及结果。
⑪ 完成检测报告。
⑫ 分析总结检测工作。
⑬ 上交综合实训报告（内含检测报告）及其他评价学习成果的相关证据（如成员分工、工作计划、早期实验方案、实验记录等）。

3. 实训要求

（1）实训任务是小组任务，每4名同学为一小组，自选小组负责人一名。

（2）严格遵守实验室规则，特别注意各种仪器、电炉等用电设施的正确使用及使用后的完善工作。

（3）离开实验室时必须关闭所有的门、窗、水、电。

4. 评价信息

评价信息列出了你可能展示成果的标准及成果形式，详见表13-2所示。"能力目标"一栏是你应该达到的标准，"可能的证据"一栏是期待你做什么和做到什么程度。

表13-2 综合实训的评价信息

项目	可能的证据
专业能力目标	
明确检测的意义	确立检测项目的依据
熟练掌握常用仪器设备的操作技术和维护保养知识	独立正确地操作仪器，读数准确
掌握各项检测指标的原理和操作技术	实验前做好准备工作，正确地展开分析检测步骤

续表

项　　目	可能的证据
掌握对检验结果进行数据处理和误差分析的方法	准确记录原始数据,按规定使用有效数字,数据处理符合规定
掌握检验报告的撰写和检测结果的文字表达	检测报告简明扼要,结论分析准确
通用能力目标	
收集和利用信息资源能力	查找并熟悉相关的国家标准或行业标准
合理统筹时间及自我管理	合理制定全组及个人的实验方案、工作计划、分工表,详细记录实验进程
团结协作,与人交往的能力	小组讨论和与指导老师的良好沟通
文字表达能力	报告设计合理、条理清楚、书写规范、表达准确

第二节　肉及肉制品的检验

一、知识讲解

1. 肉及肉制品概述

GB/T 19480—2004 中规定,肉是指畜禽屠宰后所得可食部分的统称,包括胴体(骨除外)、蹄、尾、内脏。

实施食品生产许可证管理的肉制品是指以鲜、冻畜禽肉为主要原料,经选料、修整、腌制、调味、成型、熟化(或不熟化)和包装等工艺制成的肉类加工食品。肉制品的申证单元为4个:腌腊肉制品(包括咸肉类、腊肉类、中国腊肠类和中国火腿类等);酱卤肉制品(包括白煮肉类、酱卤肉类、肉松类和肉干类等);熏烧烤肉制品(包括熏烤肉类、烧烤肉类和肉脯类等);熏煮香肠火腿制品(包括熏煮肠类和熏煮火腿类等)。

下面以中国腊肠为例,对肉及肉制品的检验要求做一详细介绍。

2. 中国腊肠的定义

中国腊肠类属香肠制品门类,此类食品是以鲜、冻肉为主要原料,配以各种辅料,经过腌制、晾晒或烘焙等方法制成的一种半成品,包括广东腊肠、四川腊肠和南京香肚等。此类肉食品食用前需加热熟化。

3. 中国腊肠的生产加工工艺

选料切丁→配料→灌制晾晒→烘烤→包装。

4. 中国腊肠容易或者可能出现的质量安全问题

(1) 产品腐败变质　由于肉类制品营养丰富,水分活度较高,易受微生物污染。由于微生物繁殖造成的肉制品腐败变质,是最严重的质量问题。细菌在繁殖过程中,会产酸、产气,有些致病性菌还会释放出毒素,包装食品会发生涨袋。食用了腐败变质的食品会引起中毒。

(2) 产品氧化酸败　肉类制品中的蛋白质和脂肪均会被氧化,产生酸败,温度越高,氧化越快。

(3) 添加剂使用不当　添加剂的使用在改善食品感官性能、降低加工成本和延长货架期等方面,起到了很大的作用。但食品添加剂使用不当会危害人体健康。

5. 中国腊肠生产的关键控制环节

（1）原辅料质量　应当选用政府定点屠宰企业生产的原料肉，原料肉应有卫生检验检疫合格证明，进口原料肉必须提供出入境检验检疫部门的合格证明材料，不得使用非经正常屠宰死亡的畜禽肉及非食用性原料。辅料应符合相应国家标准或行业标准规定。特别要注意对原辅材料含有的添加剂进行控制。严禁使用不合格原料及未经证明其安全的原料。

（2）加工过程的温度控制　在肉制品加工过程中，应严格控制原料肉、半成品和成品的温度，防止由于温度升高造成肉制品腐败及微生物污染与繁殖。

（3）添加剂的使用　严格执行 GB 2760《食品添加剂使用卫生标准》，严禁使用该标准中未明确允许使用的添加剂，不得超范围、超限量使用添加剂。

（4）产品包装和贮运

6. 腊肠生产企业必备的出厂检验设备

腊肠生产企业必备的出厂检验设备有：分析天平（0.1mg）、干燥箱、玻璃器皿、分光光度计。

7. 中国腊肠类产品的检验项目

中国腊肠类肉制品涉及的国家标准有 GB 2730—2005《腌腊肉制品卫生标准》等，行业标准有 SB/T 10003《广式腊肠》、SB/T 10278《中式腊肠》等。

中国腊肠类肉制品的质量检验项目见表 13-3。肉制品的发证检验、监督检验、出厂检验分别按表中列出的相应检验项目进行。

表 13-3　中国腊肠类肉制品的质量检验项目

序号	检验项目	发证	监督	出厂	备注
1	感官	√	√	√	
2	水分	√	√	√	
3	食盐	√	√	＊	
4	蛋白质	√	√	＊	香肚不检验此项目
5	酸价	√	√	√	
6	亚硝酸盐	√	√	＊	
7	食品添加剂（山梨酸、苯甲酸）	√	√	＊	
8	净含量	√	√	√	定量包装产品检验此项目
9	标签	√	√	√	

注：1. 依据标准 GB 10147、GB 2760、SB/T 10003、SB/T 10278 等。
2. 企业的出厂检验项目中注有"＊"标记的，企业应当每年检验两次。

二、综合实训——中国腊肉某理化指标的分析检测

略，参考"酸乳某理化指标的分析检测"。

第三节　饮料的检验

一、知识讲解

1. 饮料概述

实施食品生产许可管理的饮料产品是指乙醇含量小于 0.5% 的各种软饮料（又称非酒精

饮料）产品。根据软饮料的分类标准 GB 10789—1996，软饮料包括碳酸饮料、瓶（桶）装饮用水、茶饮料、果汁及果汁饮料、蔬菜汁及蔬菜汁饮料、含乳饮料、植物蛋白饮料、特殊用途饮料、固体饮料及其他饮料等 10 大类。

实施食品生产许可管理的饮料产品共分为 6 个申证单元，即碳酸饮料、瓶（桶）装饮用水、茶饮料、果（蔬）汁及蔬菜汁饮料、含乳饮料和植物蛋白饮料、固体饮料。

下面以果（蔬）汁饮料为例，对饮料的检验要求做一详细介绍。

2. 果（蔬）汁饮料的定义

果（蔬）汁饮料是以各种果（蔬）或其浓缩汁（浆）为原料，经预处理、榨汁、调配、杀菌、无菌灌装或热灌装等主要工序而生产的各种果（蔬）汁饮料，不包括原果汁低于 5% 的果味饮料及果醋类饮料。

3. 果（蔬）汁饮料的生产加工工艺

（1）以浓缩果（蔬）汁（浆）为原料

水＋辅料
↓
浓缩汁（浆）→稀释、调配→杀菌→无菌灌装（热灌装）→检验→成品

（2）以果（蔬）为原料

　　　　　水＋辅料
果（蔬）　　↓
↓
预处理→榨汁→稀释、调配→杀菌→无菌灌装（热灌装）→检验→成品

4. 果（蔬）汁饮料容易或者可能出现的质量安全问题

设备、环境、原辅材料、包装材料、水处理工艺、人员等环节的管理控制不到位，易造成化学和生物污染，而使产品的卫生指标等不合格；原料质量及配料控制等环节易造成原果汁含量与明示不符、食品添加剂超范围和超量使用。

5. 果（蔬）汁饮料生产的关键控制环节

原辅材料、包装材料的质量控制；生产车间，尤其是配料和灌装车间的卫生管理控制；水处理工序的管理控制；管道设备的清洗消毒；配料计量；杀菌工序的控制；瓶及盖的清洗消毒；操作人员的卫生管理。

6. 果（蔬）汁饮料生产企业必备的出厂检验设备

果（蔬）汁饮料生产企业必备的出厂检验设备有：分析天平（0.1mg）、酸碱滴定装置、酸度计、折射仪、计量容器、灭菌锅、生物显微镜、微生物培养箱、无菌室或超净工作台。

7. 果（蔬）汁饮料产品的检验项目

果（蔬）汁饮料涉及的国家标准为：GB 19297—2003《果、蔬汁饮料卫生标准》等。

果（蔬）汁饮料产品质量检验项目见表 13-4。发证检验、监督检验、出厂检验分别按照表 13-4 中所列出的相应检验项目进行。

表 13-4　果（蔬）汁饮料产品质量检验项目

序号	检验项目	发证	监督	出厂	备注
1	感官	√	√	√	
2	净含量	√	√	√	
3	总酸	√	√	√	
4	可溶性固形物	√	√	√	
5	原果汁含量	√	√	*	橙、柑、橘汁及其饮料

续表

序号	检验项目	发证	监督	出厂	备注
6	总砷	√	√	*	
7	铅	√	√	*	
8	铜	√	√	*	
9	二氧化硫残留量	√	√	*	
10	铁	√	√	*	金属罐装产品
11	锌	√	√	*	金属罐装产品
12	锡	√	√	*	金属罐装产品
13	铁、锌、锡总和	√	√	*	金属罐装产品
14	展青霉素	√	√	*	苹果汁、山楂汁
15	细菌总数	√	√	√	
16	大肠菌群	√	√	√	
17	致病菌	√	√	*	
18	霉菌	√	√	*	
19	酵母	√	√	*	
20	商业无菌	√	√	*	
21	苯甲酸	√	√	*	其他防腐剂依产品使用状况确定
22	山梨酸	√	√	*	
23	糖精钠	√	√	*	其他甜味剂依产品使用状况确定
24	甜蜜素	√	√	*	
25	着色剂	√	√	*	根据产品色泽选择确定
26	标签	√	√		

注：1. 依据标准 GB 2746、GB 7718、GB 19302 等。
2. 企业的出厂检验项目中注有"＊"标记的，企业应当每年检验两次。

二、综合实训——果（蔬）汁饮料某理化指标的分析检测

略，参考"酸乳某理化指标的分析检测"。

第四节 罐头食品的检验

一、知识讲解

1. 罐头食品概述

罐头食品是指将符合要求的原料经处理、分选、修整、烹调（或不经过烹调）、装罐、密封、杀菌、冷却或无菌包装而制成的所有食品。

根据国家标准 GB/T 10784—1998《罐头食品分类》，罐头食品按原料、加工及调味方法、产品性状的不同，可分为肉类罐头、禽类罐头、水产类罐头、水果类罐头、蔬菜类罐头、其他类罐头六大类。

根据罐头食品的加工工艺及相近原则进行划分，实施食品生产许可管理的罐头产品共分为 3 个申证单元：畜禽水产罐头、果蔬罐头和其他罐头。畜禽水产罐头包括肉类罐头、禽类罐头、水产类罐头；果蔬罐头包括水果类罐头、蔬菜类罐头；将不属于上述五类罐头的其他类罐头称为其他罐头。

2. 罐头的生产加工工艺

原辅材料处理→调配（或分选、加热、浓缩）→装罐→排气及密封→杀菌及冷却。

3. 罐头容易出现或者可能出现的质量安全问题

设备、环境、原辅材料、包装材料、水处理工艺、人员等环节的管理控制不到位，易造成化学和生物污染，而使产品的卫生指标等不合格；食品添加剂超范围和超量使用。

4. 罐头生产的关键控制环节

原材料的验收及处理、严格控制真空封口工序、严格控制杀菌工序。

5. 罐头生产企业必备的出厂检验设备

分析天平（0.1mg）及台秤、圆筛（应符合相应要求）、干燥箱、折射计（仪）（仅适用于果蔬类、其他类罐头）、酸度计（pH 计）（仅适用于果蔬类、其他类罐头）、无菌室或超净工作台、微生物培养箱、生物显微镜、灭菌锅。

6. 罐头产品的检验项目

肉类罐头涉及的国家标准为：GB 13100—2005《肉类罐头卫生标准》等。

果蔬类罐头涉及的国家标准为：GB 11671—2003《果、蔬罐头卫生标准》等。

罐头产品质量检验项目见表 13-5。发证检验、监督检验、出厂检验分别按照表 13-5 中所列出的相应检验项目进行。

表 13-5 罐头产品质量检验项目

序号	检验项目	发证	监督	出厂	备 注
1	感官	√	√	√	
2	净含量（净质量）	√	√	√	
3	固形物（含量）	√	√	√	汤类、果汁、花生米罐头不检
4	氯化钠含量	√	√	√	
5	脂肪（含量）	√	√		
6	水分	√	√		
7	蛋白质	√	√		有此项要求的
8	淀粉（含量）	√	√		
9	亚硝酸钠	√	√	*	
10	糖水浓度（可溶性固形物）	√	√	√	
11	总酸度（pH）	√	√		
12	锡	√	√	*	
13	铜	√	√	*	果蔬类罐头不检
14	总砷	√	√	*	
15	铅	√	√	*	
16	总汞	√	√	*	执行 GB 11671—2003 标准的罐头不检
17	总糖量	√	√	√	有此项要求的，如果酱罐头
18	番茄红素	√	√	*	有此项要求的，如番茄罐头
19	霉菌计数	√	√	*	
20	六六六	√	√	*	仅限于食用菌罐头
21	滴滴涕	√	√	*	
22	米酵菌素	√	√	*	仅限于银耳罐头

续表

序号	检验项目	发证	监督	出厂	备注
23	油脂过氧化值	√	√		有此项要求的,如花生米罐头
24	黄曲霉毒素 B_1	√	√	*	
25	苯并[a]芘	√	√		有此项要求的,如猪肉香肠、片装火腿罐头
26	干燥物含量	√	√		有此项要求的,如八宝粥罐头
27	着色剂	√	√	*	有此项要求的,如糖水染色樱桃罐头、什锦果酱罐头、苹果山楂型酱罐头
28	二氧化硫	√	√	*	
29	复合磷酸盐	√	√		有此项要求的,如西式火腿罐头、其他腌制类罐头
30	组胺	√	√		鲐鱼罐头需测指标
31	微生物指标(罐头食品商业无菌要求)	√	√	√	
32	标签	√	√		

注:1. 依据标准 GB 13100—2005、GB 11671—2003、GB 7098—2003、GB 14939—2005 等。

2. 企业的出厂检验项目中注有"*"标记的,企业应当每年检验两次。

二、综合实训——罐头某理化指标的分析检测

略,参考"酸乳某理化指标的分析检测"。

第五节 粮油及其制品的检验

一、知识讲解

1. 粮油及其制品概述

(1) 粮油原料的分类 我国在对粮油作物进行分类时,一般是根据其化学成分与用途的不同而进行的。可分为以下四大类:禾谷类作物(如小麦、水稻、高粱、玉米、大麦、燕麦等)、豆类作物(如大豆、蚕豆、赤豆等)、油料作物(如油菜、芝麻、向日葵、大豆、花生等)、薯类作物(如木薯、马铃薯、甘薯等)。

(2) 粮油制品 以粮油作物为原料加工生产的食品。

下面以方便面产品为例,对粮油及其制品的检验要求做一详细介绍。

2. 方便面概述

实施食品生产许可证管理的方便面产品是指以小麦粉、荞麦粉、绿豆粉、米粉等为主要原料,添加食盐或面质改良剂,加适量水调制、压延、成型、汽蒸,经油炸或干燥处理,达到一定熟度的方便食品。包括油炸方便面、热风干燥方便面等。

3. 方便面的生产加工工艺

配粉→压延→蒸煮→油炸(或热风干燥)→包装。

4. 方便面容易出现或者可能出现的质量安全问题

(1) 食品添加剂超范围和超量使用 例如,标准要求在方便面中严禁添加防腐剂(苯甲酸和山梨酸),但方便面的原材料小麦粉中允许添加 0.06g/kg 的过氧化苯甲酰,其降解产物为苯甲酸,方便面酱包的原材料酱油和酱类中允许添加分别为 1.0g/kg 和 0.5g/kg 的苯

甲酸和山梨酸。此外，有些天然物质本身含有防腐剂成分，如香辛料桂皮中就含有苯甲醛成分，氧化后变为苯甲酸。这些因素均有可能造成方便面中检出防腐剂。这就要求企业要加强对采购原辅料的控制，防止由于原辅料问题影响到产品的质量。

（2）设备残留物变质、霉变等　由于设备未定期清洗或未清洗干净造成残留物质变质、霉变等。

（3）微生物超标　影响微生物指标的因素较多，主要有油炸（热风干燥）的温度、时间；产品水分的高低；生产设备上残留物质变质、霉变；生产环境不良；操作人员消毒不彻底等。料包卫生好坏对方便面微生物指标的影响很大，往往方便面产品微生物指标的问题很大程度上是由于料包的问题。

5. 方便面生产的关键控制环节

配粉、设备的清洗、油炸（或热风干燥）。

6. 方便面生产企业必备的出厂检验设备

分析天平（0.1mg）、干燥箱、恒温水浴锅、分光光度计、无菌室或超净工作台、微生物培养箱、生物显微镜、灭菌锅。

7. 方便面产品的检验项目

方便面产品涉及的国家标准为：GB 17400—2003《方便面卫生标准》、LS/T 3211—1995《方便面》等。

方便面产品质量检验项目见表13-6。发证检验、监督检验、出厂检验分别按照表13-6中所列出的相应检验项目进行。

表13-6　方便面产品质量检验项目

序号	检验项目	发证	监督	出厂	备注
1	外观和感官	√	√	√	
2	净含量允许偏差	√		√	
3	水分	√	√	√	
4	脂肪	√	√	*	油炸型产品
5	酸价	√	√	√	油炸型产品
6	羰基价	√	√	*	油炸型产品
7	过氧化值	√	√	√	油炸型产品
8	总砷	√	√	*	
9	铅	√	√	*	
10	碘呈色度	√	√	√	
11	氯化物	√	√	*	
12	复水时间	√	√		
13	食品添加剂：山梨酸、苯甲酸	√	√	*	仅适用于调料包，按GB 2760中"酱类"要求判定
14	细菌总数	√	√	√	
15	大肠菌群	√	√	√	
16	致病菌	√	√	*	
17	标签	√			

注：企业的出厂检验项目中注有"*"标记的，企业应当每年检验两次。

二、综合实训——方便面某理化指标的分析检测

略，参考"酸乳某理化指标的分析检测"。

附录 国家职业标准针对食品检验工的知识及技能的要求

职业功能	工作内容	初级工要求 技能要求	初级工要求 相关知识	中级工要求 技能要求	中级工要求 相关知识	高级工要求 技能要求	高级工要求 相关知识
一、检验的前期准备及仪器维护	样品制备	抽样、称(取)样、制备样品	抽样				
	常用玻璃器皿及仪器的使用	能使用烧杯、天平等,并能够排除一般故障	常用工具、玻璃器皿和常用辅助设备的种类、名称、规格、用途及维护保养知识	能正确使用容量瓶、滴定管;能安装调试一般常用仪器设备,并能解决一般故障	一般常用仪器设备的性能、工作原理、结构及使用知识	能使用各种食品检验用的玻璃器皿	玻璃器皿的使用常识
	溶液的配制	能配制百分浓度的溶液	常用药品、试剂的初步知识;分析天平的使用知识	能配制物质的量浓度的溶液	滴定管的使用知识;溶液中物质的量浓度的概念	能进行标准溶液的配制	标准溶液配制方法
	培养液的配制			能正确使用天平、高压灭菌装置	培养基的基础知识		
	无菌操作			能正确配制各种消毒剂;掌握杀菌方法	消毒、杀菌的基础知识		
二、检验(按所承担的食品检验类别,选择表中所列十项中的一项)	粮油及制品检验	油脂密度、油脂折射率、水分、灰分、黏度、杂质、含砂量、磁性金属物、面筋、矿物油、碎米、黄粒米、不完善粒、感官、净含量、标签	折射仪和比重瓶的使用及注意事项;重量法的知识	酸度、过氧化值、粗纤维、粗蛋白、细度、斑点、色泽、基价、淀粉、碘价、皂化价、不皂化物、熔点	容量法的知识;微生物的基本知识;可见分光光度仪的使用知识	磷化物、氰化物、汞、铅、砷、镍、磷、过氧化苯甲酰	原子吸收分光光度计的使用
	糕点、糖果检验	水分、比容、酸度、碱度、细度、感官、净含量、标签	真空干燥箱的使用及注意事项;重量法的知识及注意事项	脂肪、蛋白质、总糖、酸价、过氧化值、细菌总数、大肠菌群、霉菌、蔗糖、食用合成色素	容量法的知识;微生物的基本知识;可见分光光度仪的使用知识	铅、砷、铜、锌、致病菌、丙酸钙	细菌鉴定的原理;原子吸收分光光度计的使用
	乳及乳制品检验	水分、溶解度、灰分、酸度、杂质、感官、净含量、标签	离心机和真空干燥箱的使用及注意事项;重量法的知识	脂肪、蛋白质、乳糖、蔗糖、细菌总数、大肠菌群、脲酶、亚硝酸盐、硝酸盐、膳食纤维、非脂乳固体、霉菌、酵母菌、乳酸菌	容量法的知识;微生物的基本知识;可见分光光度仪的使用知识	铅、砷、铜、锌、铁、锰、锡、汞、钾、钠、钙、镁、铬、致病菌、商业无菌	细菌鉴定的原理;原子吸收分光光度计的使用
	白酒、果酒、黄酒检验	酒精度、pH、固形物、感官、净含量、标签	酒精计和pH计的使用及注意事项;重量法的知识	总酸、还原糖、细菌总数、大肠菌群、氨基酸态氮、滴定酸、挥发酸、二氧化硫、干浸出物、总酯	容量法的知识;微生物的基本知识;可见分光光度仪的使用知识	氰化物、铅、铁、锰、氧化钙	原子吸收分光光度计的使用

续表

职业功能	工作内容	初级工要求		中级工要求		高级工要求	
		技能要求	相关知识	技能要求	相关知识	技能要求	相关知识
二、检验（按所承担的食品检验类别，选择表中所列十项中的一项）	啤酒检验	总酸度、浊度、色度、泡沫、二氧化碳、感官、净含量、标签	浊度仪、色度仪和pH计的使用及注意事项；重量法的知识	酒精度、细菌总数、大肠菌群、原麦芽汁浓度、双乙酰、总酸、二氧化硫	比重瓶的使用知识；容量法的知识；微生物的基本知识；可见分光光度仪的使用知识	重金属、苦味质、铅	细菌鉴定的原理；原子吸收分光光度计的使用
	饮料检验	pH、水分、总固形物、灰分、可溶性固形物、二氧化碳、感官、净含量、标签	pH计的使用及注意事项；重量法的知识	总酸、蛋白质、脂肪、细菌总数、大肠菌数、霉菌、酵母菌、乳酸菌、总糖、人工合成色素	容量法的知识；微生物的基本知识；可见分光光度仪的使用知识	铅、钠、钾、钙、镁、锌、砷、锡、铜、商业无菌、维生素C、果汁含量、茶多酚、咖啡因	细菌鉴定的原理；原子吸收分光光度计的使用
	罐头食品检验	总干物质、pH、果胶质、固形物、可溶性固形物、感官、净含量、标签	pH计的使用及注意事项；重量法的知识	脂肪、蛋白质、总糖、亚硝酸盐、复合磷酸盐、组胺、氯化钠	容量法的知识；可见分光光度仪的使用知识	铅、砷、锡、铜、汞、致病菌、商业无菌	细菌鉴定的原理；原子吸收分光光度计的使用
	肉、蛋及其制品检验	pH、水分、灰分、感官、净含量、标签	pH计的使用及注意事项；重量法的知识	挥发性盐基氮、脂肪、酸价、过氧化值、细菌总数、大肠菌数、亚硝酸盐、人工合成色素、胆固醇、淀粉、三甲胺氮、组胺、复合磷酸盐、氯化钠	容量法的知识；微生物的基本知识；可见分光光度仪的使用知识	铅、汞、锌、铜、钙、致病菌	细菌鉴定的原理；原子吸收分光光度计的使用
	调味品、酱腌制品检验	pH、水分、无盐固形物、灰分、白度、粒度、水不溶性杂质、水溶性杂质、感官、净含量、标签	白度仪和pH计的使用及注意事项；重量法的知识	氨基氮、食盐、细菌总数、大肠菌数、霉菌、亚硝酸盐、总酸、铵盐、亚铁氰化钾、醋酸、不挥发酸、谷氨酸钠、硫酸盐、透光率	容量法的知识；微生物的基本知识；可见分光光度仪的使用知识	铅、砷、锌、致病菌	细菌鉴定的原理；原子吸收分光光度计的使用
	茶叶检验	茶叶粉末和碎茶的含量、水分、水浸出物、水溶性灰分、水不溶性灰分、感官、净含量、标签	重量法的知识	水溶性灰分、碱度、粗纤维、氟、霉菌、酵母菌	容量法的知识；微生物的基本知识	茶多酚、咖啡碱、游离氨基酸总量、铅、铜	原子吸收分光光度计的使用
三、检验结果分析	检验报告编制	能正确记录原始数据；能正确使用计算工具报出检验结果	数据处理一般知识	能正确计算与处理实验数据	误差一般知识和数据处理常用方法	编制检验报告	误差和数据处理的基本知识

续表

职业功能	工作内容	技师要求		高级技师要求	
		技能要求	相关知识	技能要求	相关知识
一、检验的前期准备及仪器维护	进口分析仪器的使用	能按说明书安装、调试进口分析仪器，并能发现一般故障	分析仪器的原理及构造		
	正确标定溶液	能进行标准溶液的标定及校核	标准溶液的标定方法		
	选择和配备分析仪器			能发现工作中使用仪器的故障，并能提出解决方案	分析仪器的原理及构造
	分析样品制备中的误差			能分析和解决标准溶液和样品制备过程中的误差	食品成分定性、定量检验方法的原理
二、检验（按所承担的食品检验类别，选择表中所列十项中的一项）	粮油及制品检验	有机磷农药残留、有机氯农药残留、浸出油溶剂残留、黄曲霉毒素B_1、BHA、BHT、残留溶剂	液相色谱仪和气相色谱仪的使用	能解决加工工艺中的质量问题；能开展新的检测方法研究与误差分析；能解决检验中的疑难问题	生产工艺知识；质量管理知识
	糕点、糖果检验	苯甲酸、山梨酸、糖精钠、甜蜜素、BHA、BHT	液相色谱仪和气相色谱仪的使用		
	乳及乳制品检验	六六六、滴滴涕、维生素类、抗生素	荧光光度计、液相色谱仪和气相色谱仪的使用		
	白酒、果酒、黄酒检验	甲醇、杂醇油、β-苯乙醇、风味成分、酒的真伪、黄曲霉毒素B_1、乙酸乙酯、己酸乙酯	荧光光度计和气相色谱仪的使用		
	啤酒检验	酒精度、黄曲霉毒素B_1	荧光光度计和气相色谱仪的使用		
	饮料检验	糖精钠、山梨酸、苯甲酸	液相色谱仪和气相色谱仪的使用		
	罐头食品检验	食品添加剂、农药残留量	液相色谱仪和气相色谱仪的使用		
	肉、蛋及其制品检验	有机磷农药残留、有机氯农药残留、兽药残留、山梨酸、苯甲酸、抗生素、糖精钠	液相色谱仪和气相色谱仪的使用		
	调味品、酱腌制品检验	苯甲酸、山梨酸、三氯丙醇、乙酰丙酸	荧光光度计、液相色谱仪和气相色谱仪的使用		
	茶叶检验	六六六、滴滴涕、其他农药残留	液相色谱仪和气相色谱仪的使用		
三、检验结果分析	检验报告编制	能正确计算与处理实验数据并能对由于仪器造成的系统误差做出分析	误差和数据处理的基本理论知识；食品检验中仪器分析的原理及构造	能按产品的特性对实验结果做出系统误差分析和综合评定	误差和数据处理的基本理论知识及应用；本职业的生产工艺与分析项目检测值内在关系；食品检验分析中各种误差和基本消除方法
四、传授技艺	理论知识培训	对本专业初级工、中级工、高级工进行专业知识培训	教学法一般知识	能撰写本专业培训讲义	编写培训讲义的有关知识
	工作指导	能制定组织实施技能培训计划；能对初级工、中级工、高级工的工作进行技术指导	技能培训计划的编制方法	能对技师的工作进行指导	

续表

职业功能	工作内容	技师要求		高级技师要求	
		技能要求	相关知识	技能要求	相关知识
五、技术管理	解决技术难题	能根据检测结果分析判断生产过程中出现的质量问题	质量管理基本方法和手段	能发现和解决新产品检验过程中出现的质量问题	有关产品检验质量保证的知识
	常规检验技术管理	能起草检验规程	标准化管理有关知识	能编制检验规程和进行开发型产品的检验审核；能制定技术管理有关制度	技术管理过程中的有关知识

注：高级别包括低级别的要求。

参 考 文 献

[1] 张意静. 食品分析技术. 北京：中国轻工业出版社，2006.
[2] 杨惠芬，李明元，沈文等. 食品卫生理化检验标准手册. 北京：中国标准出版社，1997.
[3] 穆华荣，于淑萍. 食品检验技术. 北京：化学工业出版社，2005.
[4] 徐春. 食品检验工（初级）. 北京：机械工业出版社，2006.
[5] 黄高明. 食品检验工（中级）. 北京：机械工业出版社，2006.
[6] 刘长春. 食品检验工（高级）. 北京：机械工业出版社，2006.
[7] 鲁长豪. 食品理化检验学. 北京：人民卫生出版社，2001.
[8] 中华人民共和国国家标准. 食品卫生检验方法：理化部分（一，二）. 北京：中国标准出版社，2004.
[9] 黄伟坤. 食品检验与分析. 北京：中国轻工业出版社，2004.
[10] 张英. 食品理化与微生物检测实验. 北京：中国轻工业出版社，2004年.
[11] 叶世柏. 食品理化检验方法指南. 北京：北京大学出版社. 2003.
[12] 大连轻工业学院. 食品分析. 北京：中国轻工业出版社，1994.
[13] 大连轻工业学院等八大院校. 食品分析. 北京：中国轻工业出版社，2006.
[14] 黎源倩. 食品理化检验. 北京：人民卫生出版社，2006.
[15] 章银良. 食品检验教程. 北京：化学工业出版社，2006.
[16] 张水华等. 食品感官鉴评. 广州：华南理工大学出版社，1999.
[17] 朱红，黄一贞，张弘. 食品感官分析入门. 北京：中国轻工业出版社，1993.
[18] 丁耐克. 食品风味化学. 北京：中国轻工业出版社，1996.
[19] 刘珍. 化验员读本（上、下册）. 北京：化学工业出版社，1998.
[20] 王叔淳. 食品卫生检验技术. 北京：化学工业出版社，1988.
[21] 何照范，张迪清. 保健食品化学及其检测技术. 北京：中国轻工业出版社，1998.
[22] 卫生部发布. 中华人民共和国食品卫生检验方法. 北京：中国标准出版社，2001.
[23] 庄无忌编. 各国食品和饲料中农药兽药残留限量大全. 北京：中国对外经济贸易出版社，1995.
[24] 刘莲芳，周亿民，付之亦等. 食品添加剂分析检验手册. 北京：中国轻工业出版社，1999.
[25] 姜洪文，陈淑刚. 化验室的组织与管理. 北京：化学工业出版社，2004.
[26] 夏玉宇. 食品卫生质量检验与监督. 北京：北京工业大学出版社，2002.
[27] 王绪卿，吴永宁. 色谱在食品安全分析中的应用. 北京：北京工业大学出版社，2004.
[28] 国家质量监督检验检疫总局产品质量监督司. 食品质量安全市场准入审查指南. 北京：中国标准出版社，2005.
[29] 高职高专化学教材编写组. 分析化学. 第2版. 北京：高等教育出版社，2000.
[30] 赵玉娥. 基础化学. 北京：化学工业出版社，2003.
[31] 杜岱春等. 分析化学. 上海：复旦大学出版社，1993.
[32] 叶锡模等. 分析化学. 浙江：浙江大学出版社，1995.
[33] 宁开桂等. 无机与分析. 北京：高等教育出版社，1999.
[34] 李锡霞. 分析化学. 北京：人民卫生出版社，2002.
[35] 呼世斌. 无机与分析化学. 北京：高等教育出版社，2005.
[36] 刘密新，罗国安，张新荣等. 仪器分析. 第2版. 北京：清华大学出版社，2002.
[37] 林新花. 仪器分析. 广州：华南理工大学出版社. 2002.
[38] 刘世纯，戴文凤，张德胜. 分析检验工. 北京：化学工业出版社，2004.
[39] 黄一石. 分析仪器操作技术与维护. 北京：化学工业出版社，2005.
[40] 黄一石. 仪器分析. 北京：化学工业出版社，2002.
[41] 朱明华. 仪器分析. 北京：高等教育出版社，2000.

［42］詹益兴．实用气相色谱分析．湖南：湖南科学技术出版社，1985．
［43］严衍禄．现代仪器分析．北京：北京农业大学出版社，2001．
［44］王竹天，兰真等．GB/T 5009—2003《食品卫生检验方法》理化部分简介．中国食品卫生杂志，2005，17（3）：193-211．
［45］席兴军，刘文．国际食品法典标准体系及其发展趋势．中国标准化，2004（4）：72-75．
［46］张爱霞等．感官分析技术在食品工业中的应用．中国乳品工业，2005，33（3）：39-40．
［47］陈亚非．我国食品标准急需与国际接轨．中国标准化，2004（1）：57-60．
［48］陈斌，韩雅珊等．食品分析技术进展．营养学报，2003，25（2）：135-138．
［49］李素力．如何正确出具食品检验报告．中国质量技术监督．2006，6：46．
［50］董俊荣，甘春芳．毛细管气相色谱法测定冷饮中的甜蜜素．广西师院学报：自然科学版，2000，17（2）：50-53．
［51］张暧民，刘力福．GC测定饮料中的甜蜜素．食品科学，1992，6：47-49．
［52］李智红，赵红玲，曾华学．反相离子对高效液相色谱法快速分离和定量测定食品中的甜蜜素．色谱，1999，7（3）：279-282．